21世纪重点大学规划教材

Java 程序设计与应用开发

黄 俊　孙燮华　编著

机械工业出版社

本书分为两篇，上篇 Java 基础由前 10 章组成，内容包括概论、Java 语言基础、数组与字符串、Java 面向对象特性、界面控件与事件、布局管理器、Applet 编程、图形 GUI 设计、多线程和 JDBC 与数据库。下篇 Java 应用开发共有 5 章，内容包括多媒体技术、动画设计、注册软件与学生信息系统、网络编程和游戏编程初步。书中所有算法原理和程序都经过反复核对，并编译通过运行。本书注重应用，在应用开发部分中除了常见的动画和信息系统外，特别编写了游戏编程初步一章，其目的是引导读者能够在游戏中学习游戏编程和算法。

本书通俗易懂，深入浅出，适合大中专院校相关专业的教学和自学者使用，也适合软件开发人员及其他有关人员学习参考。

本书配套授课电子课件，需要的教师可登录 www.cmpedu.com 免费注册、审核通过后下载，或联系编辑索取（QQ：2399929378，电话：010-88379753）。

图书在版编目（CIP）数据

Java 程序设计与应用开发/黄俊，孙燮华编著.—北京：机械工业出版社，2013.12
21 世纪重点大学规划教材
ISBN 978-7-111-44824-2

Ⅰ.①J… Ⅱ.①黄… ②孙… Ⅲ.①JAVA 语言—程序设计—高等学校—教材 Ⅳ.①TP312

中国版本图书馆 CIP 数据核字（2013）第 274513 号

机械工业出版社（北京市百万庄大街 22 号 邮政编码 100037）
责任编辑：郝建伟 孙文妮
责任印制：李 洋
北京振兴源印务有限公司印刷
2014 年 1 月第 1 版·第 1 次印刷
184mm×260mm·22.5 印张·558 千字
0001–3000 册
标准书号：ISBN 978-7-111-44824-2
定价：49.00 元

凡购本书，如有缺页、倒页、脱页，由本社发行部调换

电话服务	网络服务
社服务中心：（010）88361066	教材 网：http：//www.cmpedu.com
销售一部：（010）68326294	机工官网：http：//www.cmpbook.com
销售二部：（010）88379649	机工官博：http：//weibo.com/cmp1952
读者购书热线：（010）88379203	封面无防伪标均为盗版

出 版 说 明

随着我国信息化建设步伐的逐渐加快，对计算机及相关专业人才的要求越来越高，许多高校都在积极地进行专业教学改革的研究。

加强学科建设，提升科研能力，这是许多高等院校的发展思路。众多重点大学也是以此为基础，进行人才培养。重点大学拥有非常丰富的教学资源和一批高学历、高素质、高科研产出的教师队伍，通过多年的科研和教学积累，形成了完善的教学体系，探索出人才培养的新方法，搭建了一流的教学实践平台。同学科建设相匹配的专业教材的建设成为各院校学科建设的重要组成部分，许多教材成为学科建设中的优秀成果。

为了体现以重点建设推动整体发展的战略思想，将重点大学的一些优秀成果和资源与广大师生共同分享，机械工业出版社策划开发了"21世纪重点大学规划教材"。本套教材具有以下特点：

1）由来自于重点大学、重点学科的知名教授、教师编写。
2）涵盖面较广，涉及计算机各学科领域。
3）符合高等院校相关学科的课程设置和培养目标，在同类教材中，具有一定的先进性和权威性。
4）注重教材理论性、科学性和实用性，为学生继续深造学习打下坚实的基础。
5）实现教材"立体化"建设，为主干课程配备了电子教案、素材和实验实训项目等内容。

欢迎广大读者特别是高校教师提出宝贵意见和建议，衷心感谢计算机教育工作者和广大读者的支持与帮助！

机械工业出版社

前　言

Java 语言是"网络语言"。在当今网络时代，随着互联网（Internet）和手机无线网络通信的日益扩大和普及，Java 语言的使用也随之扩大和普及。在许多计算机、通信和信息技术公司，当涉及网络、手机、游戏或嵌入式产品开发时，已经离不开 Java 语言。最近，二维码因手机照相功能的使用得到普及，Java 语言在手机二维码识别中又增加了一项重要的应用。

Java 语言是一种优秀的语言，其优越性可以从 Microsoft 公司推出的最新一代语言 C#.NET 中看出。C#.NET 语言虽然属于 C 系列语言——C/C++/C#，但它更像是 Java 语言。它与 Java 语言一样取消了指针，取消了类的多继承。总之，它更多地采用 Java 语言的体制。因此，学习和掌握 Java 语言对了解最新一代 C#.NET 语言是有很大帮助的。

本书共分为两篇，上篇 Java 基础由前 10 章组成，包括概论、Java 语言基础、数组与字符串、Java 面向对象特性、界面控件与事件、布局管理器、Applet 编程、图形 GUI 设计、多线程和 JDBC 与数据库。下篇 Java 应用开发共有 5 章，包括多媒体技术、动画设计、注册软件与学生信息系统、网络编程和游戏编程初步。本书可供计算机专业和非计算机专业学生和自学者选学。

编者认为，要熟练掌握一门编程语言，不经过大量的编程和实践是不可能的。因此，本书选配了大量相关习题。除了通常的选择题和编程题外，还列入了实践题。实践题是为了让学生在计算机上输入程序时能反复体会程序中使用的有关语句、算法和技术。另外在实践题的选择上还注重趣味性和应用性。本书选配的习题有些选自国内外的习题集，大量的习题及其内容完全覆盖 Java 二级程序员考试大纲，其目的是使本书不仅适用于计算机专业教学，也适用于非计算机专业的教学和自学者使用。

本书由黄俊、孙燮华编写完成。在此对本书写作过程中参考和引用过的一些参考书的作者们表示感谢。对本书出版前作为讲义试用期间，提出过宝贵意见和做过工作的所有老师和学生表示感谢。

本书的全部程序在 J2SDK1.5 和 J2SE1.5 下编译通过，重要之处还增加了较为详细的注释。虽然本书在成书前经过多次教学和修改，在出版前又进行多次校对，但在书中还难免存在一些疏漏之处，敬请读者批评指正。

编　者

目 录

出版说明
前言

上篇 Java 基础

第 1 章 概论 ································· 1
1.1 初识 Java ······························ 1
    1.1.1 第一个 Java 独立应用程序 ······ 1
    1.1.2 第一个 Java 小应用程序 ········ 2
    1.1.3 第一个 MIDlet 手机程序 ········ 3
1.2 Java 程序开发 ·························· 5
    1.2.1 在文本编辑器中编写 Java 程序 ······ 5
    1.2.2 在 JCreator 中编写 Java 程序 ······ 7
    1.2.3 在 Eclipse 中编写 Java 程序 ······ 9
1.3 习题 ································ 12

第 2 章 Java 语言基础 ···················· 14
2.1 标识符与关键词 ····················· 14
    2.1.1 标识符 ························ 14
    2.1.2 关键词 ························ 15
2.2 Java 数据类型 ························ 16
    2.2.1 基本数据类型 ················ 16
    2.2.2 数据类型的转换 ·············· 17
    2.2.3 变量、说明和赋值 ············ 18
    2.2.4 复合数据类型 ················ 19
2.3 表达式与语句 ························ 20
    2.3.1 运算符与表达式 ·············· 20
    2.3.2 语句 ·························· 28
    2.3.3 变量的作用域 ················ 28
2.4 程序控制流 ·························· 29
    2.4.1 if 语句 ······················· 30
    2.4.2 switch 语句 ··················· 31
    2.4.3 while 和 do-while 语句 ········· 33
    2.4.4 for 语句 ······················ 35
    2.4.5 跳转语句 ····················· 35
2.5 习题 ································ 38

第 3 章 数组与字符串 ···················· 42
3.1 数组 ································ 42
    3.1.1 一维数组 ····················· 42
    3.1.2 多维数组 ····················· 47
    3.1.3 数组的复制 ··················· 50
3.2 数组作为参数或返回值的方法调用 ···· 52
    3.2.1 传递数组 ····················· 52
    3.2.2 返回值为数组类型的方法 ······ 52
3.3 字符串类和字体类 ····················· 54
    3.3.1 字符串类 ····················· 54
    3.3.2 StringBuffer 类 ··············· 60
    3.3.3 字体类 ························ 62
3.4 习题 ································ 65

第 4 章 Java 面向对象特性 ··············· 67
4.1 概述 ································ 67
4.2 类和对象 ···························· 68
    4.2.1 类的定义 ····················· 68
    4.2.2 对象的创建、初始化和使用 ···· 70
    4.2.3 构造方法 ····················· 71
    4.2.4 成员变量和成员方法 ·········· 73
    4.2.5 成员方法的递归 ·············· 76
    4.2.6 方法的重载 ··················· 78
4.3 类的继承和多态 ····················· 81
    4.3.1 继承的概念 ··················· 81
    4.3.2 继承的实现 ··················· 82
    4.3.3 单重继承 ····················· 83
    4.3.4 多态性 ························ 83
    4.3.5 方法和域的覆盖 ·············· 83
4.4 包与接口 ···························· 88
    4.4.1 包 ····························· 88
    4.4.2 接口 ·························· 89
4.5 习题 ································ 92

第 5 章　界面控件与事件·············94

5.1　文本框与文本域·············94
- 5.1.1　Swing 文本框与文本域······94
- 5.1.2　AWT 文本框与文本域·······97

5.2　标签与按钮················98
- 5.2.1　Swing 标签··············98
- 5.2.2　AWT 标签··············100
- 5.2.3　Swing 按钮·············103
- 5.2.4　AWT 按钮·············106

5.3　复选框与单选按钮·········107
- 5.3.1　Swing 复选框与单选按钮···107
- 5.3.2　AWT 复选框与单选按钮····110

5.4　面板与框架···············112
- 5.4.1　Swing 和 AWT 面板······112
- 5.4.2　Swing 和 AWT 框架······114

5.5　菜单大类··················117

5.6　事件与监视器接口·········119
- 5.6.1　事件类················119
- 5.6.2　事件的起源·············121
- 5.6.3　事件与监视器接口·······121
- 5.6.4　实例——键盘事件······122

5.7　习题······················126

第 6 章　布局管理器···········128

6.1　网格布局管理器············128
- 6.1.1　带有间隔的网格布局管理器······128
- 6.1.2　整数类 Integer、浮点数类 Float 和数学类 Math·······130
- 6.1.3　简单加法器的网格布局·····131

6.2　边界布局管理器············134
- 6.2.1　完全边界布局············134
- 6.2.2　不完全边界布局·········135

6.3　不使用布局管理器实现布局·····138
- 6.3.1　不使用布局管理器的布局方法·····139
- 6.3.2　数码 Puzzle 游戏界面设计·····141

6.4　习题······················144

第 7 章　Applet 编程···········146

7.1　Applet 基础···············146
- 7.1.1　Applet 类的定义与成员方法······147
- 7.1.2　Applet 的生命周期·······147
- 7.1.3　独立应用程序与 Applet 的转换·····149
- 7.1.4　确保 Applet 正常运行·····152

7.2　HTML 与标记<APPLET>·····153
- 7.2.1　<APPLET>标记的属性·····153
- 7.2.2　利用标记参数向 Applet 传递信息·······156

7.3　Applet 的应用··············159
- 7.3.1　Applet 与图形用户界面····159
- 7.3.2　实例——Applet 应用·····160

7.4　习题······················163

第 8 章　图形 GUI 设计········165

8.1　Graphics 类与 Color 类·····165
- 8.1.1　Graphics 类············165
- 8.1.2　Color 类···············166

8.2　建立绘图程序···············167
- 8.2.1　Point 类及其应用········167
- 8.2.2　布尔标志的设计与绘图程序·······169

8.3　图形与图像的显示··········173

8.4　异或绘图模式···············175

8.5　习题······················177

第 9 章　多线程···············179

9.1　关于线程··················179
- 9.1.1　不调用和调用多线程比较试验·····179
- 9.1.2　线程的状态·············184
- 9.1.3　与线程有关的类·········185

9.2　创建线程··················188
- 9.2.1　扩展线程类·············188
- 9.2.2　利用 Runnable 接口······190

9.3　线程同步··················193
- 9.3.1　线程不同步产生的问题····193
- 9.3.2　同步线程···············197

9.4　异常处理··················198
- 9.4.1　Java 异常处理机制······199
- 9.4.2　异常的处理·············199
- 9.4.3　MediaTracker 类和异常处理应用···200

9.5　习题······················203

第 10 章　JDBC 与数据库 ············ 205

10.1　关系数据库与 SQL 语言 ········ 205
10.1.1　关系数据库的基本概念 ······ 205
10.1.2　数据定义语言 ············ 206
10.1.3　数据操纵语言 ············ 207
10.1.4　数据查询语言 ············ 207

10.2　使用 JDBC 连接数据库 ········ 208
10.2.1　JDBC 结构 ·············· 208
10.2.2　4 类 JDBC 驱动程序 ······· 209
10.2.3　JDBC 编程要点 ·········· 210
10.2.4　常用的 JDBC 类与方法 ····· 210
10.2.5　实例——安装 ODBC 驱动程序 ······················ 213

10.3　JDBC 编程实例 ··············· 215
10.3.1　创建和删除数据表 ········· 215
10.3.2　插入记录 ················ 217
10.3.3　更新数据 ················ 218
10.3.4　删除记录 ················ 220
10.3.5　查询数据库 ·············· 221

10.4　习题 ························· 224

下篇　Java 应用开发

第 11 章　多媒体技术 ··············· 226

11.1　综合案例——多媒体电子相册设计 ····················· 226
11.1.1　界面设计 ················ 226
11.1.2　在独立应用程序中播放音乐的方法 ······················ 227
11.1.3　独立应用程序中图像的载入和图像类 ···················· 230
11.1.4　图片翻动功能设计 ········· 235
11.1.5　加入显示缩放功能 ········· 235
11.1.6　多媒体电子相册的实现 ····· 237
11.1.7　文件的输入与输出 ········· 241

11.2　综合案例——音乐日历时钟的图形设计 ··············· 245
11.2.1　整体界面和图形设计 ······· 245
11.2.2　日历类和双缓冲技术 ······· 247

11.2.3　图像映射 ················ 252
11.3　习题 ························· 254

第 12 章　动画设计 ·················· 256

12.1　综合案例——文字动画 ········ 256
12.1.1　逐个显示字符串 ··········· 256
12.1.2　文字浮动的多线程程序 ····· 259
12.2　综合案例——图形动画 ········ 262
12.2.1　音乐日历时钟的完全实现 ··· 262
12.2.2　多媒体动画 welcomeYou ···· 270
12.3　习题 ························· 278

第 13 章　注册软件与学生信息系统 ······· 280

13.1　综合案例——注册软件的实现 ······················· 280
13.1.1　界面实现 ················ 280
13.1.2　加入监视器 ·············· 285
13.1.3　完成实例 LoginDemo ······ 287

13.2　综合案例——学生信息系统的实现 ····················· 289
13.2.1　添加功能的实现 ··········· 289
13.2.2　删除功能的实现 ··········· 290
13.2.3　修改功能的实现 ··········· 291
13.2.4　实现学生信息系统 ········· 291

13.3　习题 ························· 301

第 14 章　网络编程 ·················· 304

14.1　URL 类和 URLConnection 类 ····· 304
14.1.1　URL 类的功能及应用 ······· 304
14.1.2　URLConnection 类的功能及应用 ······················ 308

14.2　综合案例——Socket 网络通信 ······················· 308
14.2.1　Socket 基本概念 ·········· 309
14.2.2　Socket 类与 ServerSocket 类 ···· 309
14.2.3　客户机端程序 ············· 311
14.2.4　服务器端程序 ············· 313

14.3　综合案例——简易聊天室 ······ 315
14.3.1　简易聊天室服务器端程序 ··· 315
14.3.2　简易聊天室客户机端程序 ··· 317

14.4 习题……………………………………320

第15章 游戏编程初步……………………322

15.1 综合案例——数码 Puzzle 游戏……………………………………322
　15.1.1 界面设计………………………322
　15.1.2 数码 Puzzle 游戏的实现…………324
15.2 综合案例——拼图游戏…………328
　15.2.1 用 JLabel 实现拼图游戏…………328
　15.2.2 用鼠标实现移动图片……………332
　15.2.3 用画布实现拼图游戏……………335
　15.2.4 用框架实现拼图游戏……………340
15.3 综合案例——Puzzle 游戏的改进和推广…………………………………345
15.4 习题……………………………………345

附录 部分习题答案……………………350

参考文献…………………………………352

上篇 Java 基础

第 1 章 概 论

什么是 Java 语言？Java 语言有什么用处？学过其他语言的读者还会问"已掌握了一门语言，为什么还要学习 Java 语言？"本章将要回答这些问题，并介绍 Java 语言的开发包 J2SDK 及其应用。

1.1 初识 Java

传统的第一个 Java 程序是"Hello Java!"。然而，随着 Java 的发展 Java 语言已经成为"第一网络语言"，仅提供一个简单的"Hello Java!"程序已经不能满足目前读者的需要了。当今的"网络"概念不仅仅是连接计算机的 Internet 网络，而是一个包括手机，还有连接各种家用电器等的相当广泛的网络。因此，本节提供了三个程序：Java 独立应用程序、Java 小应用程序和 MIDlet 手机程序。

1.1.1 第一个 Java 独立应用程序

独立应用程序（Application）就是包含 main()方法，如同 C 语言程序能独立运行的 Java 语言程序。下面的程序将在 DOS 屏幕上显示几行文字。

【例 1-1】 第一个 Java 独立应用程序。

```java
//Welcome.java
public class Welcome{
    public static void main(String[] args){
        String[] greeting = new String[2]; //定义字符串数组 greeting
        greeting[0] = "Welcome to Java!";
        greeting[1] = "Hi, Java!";
        for (int i = 0; i < greeting.length; i++){
            System.out.println(greeting[i]);
        }
    }
}
```

程序运行结果如下：

```
Welcome to Java!
Hi, Java!
```

此处和下面的两个程序将不作任何解释，仅仅是认识一下 Java 的程序代码，其意思将在以后章节解释。

1.1.2　第一个 Java 小应用程序

小应用程序即 Applet。Applet 是由单词 Application 开头的三个字母和英语后缀 "-let（小）"组合而来的。Java 还创造了 Servlet（小服务器程序）、MIDlet（小 MID 程序）等名词。下面的例 1-3 就是一个 MIDlet。科学和工程上似乎有一个以 "-let" 命名的 "趋势"，可能是由 Wavelet（小波）这个名词引发的。

下面来看第一个 "小" 应用程序。它不能独立运行，只能嵌入在 Web 页面的 HTML 文件中。因此，它与独立应用程序的主要区别是须有下面的语句：

```
import java.applet.Applet;    //或使用通配符"*"语句 import java.applet.*;
public class AppletFileName extends Applet{}
```

本程序要在 Web 中运行，还需要相应的 HTML 文件。

【例 1-2】　第一个 Java Applet 源程序及其 HTML 文件。

```
//Hello.java
import java.awt.*;
import java.applet.Applet;
public class Hello extends Applet{
    public void paint(Graphics g){
        g.setFont(new Font(" ", Font.BOLD, 36));
        g.drawString("Welcome!", 60, 60);
        g.drawString("您好，来自 Java 的问候!", 60, 100);
    }
}
//Hello.html，嵌入在网页中的 html 文件
<html>
    <applet code = Hello.class width = 500 height = 300>
    </applet>
</html>
```

在 J2SE1.5.0 的模拟显示器中显示的结果如图 1-1 所示。

图 1-1　在模拟显示器中显示的结果

在 Internet Explorer（网页浏览器）中的实际显示如图 1-2 所示。中文在 Java 中的显示有时会出现乱码，其主要原因是 Interrnet Explorer 中没有安装 JRE（Java 运行时环境，Java

Runtime Environment)。读者可以到网站 http://java.sun.com 上免费下载 JRE。

图 1-2 在 Internet Explorer 中显示的 Applet

1.1.3 第一个 MIDlet 手机程序

用 Java 编写手机程序的集成开发环境较多。下面以 WKToolkit1.04 为例，介绍手机程序的编写、编译和运行。如图 1-3 所示的是 WKToolkit1.04 开发环境界面。

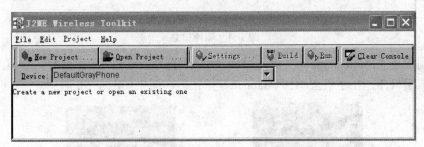

图 1-3 WKToolkit1.04 开发环境界面

【例 1-3】 第一个用 J2ME 编写的手机程序。

```java
package com.mycom;
import javax.microedition.midlet.*;
import javax.microedition.lcdui.*;

public class HelloWorld extends MIDlet{
    Display display;
    Form form;
    Image image;

    public HelloWorld(){
        display = Display.getDisplay(this);
        form = new Form("我的第一个 MIDP 程序");
        form.append("Hello World!");
        try{
```

```
            image = Image.createImage("/com/mycom/_dukeok8.png");
            form.append(image);
        }catch(Exception ex){}
    }
    public void startApp(){
        display.setCurrent(form);    System.out.println("Hello World!");
    }
    public void pauseApp(){}
    public void destroyApp(boolean conditional){}
}
```

单击"Build"按钮，进行编译，结果如图 1-4 所示。

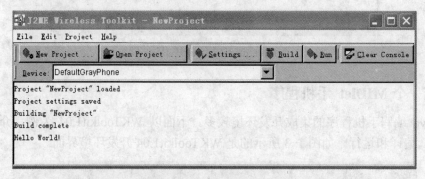

图 1-4 编译信息

在得到信息"Build complet"后，单击"Run"按钮，运行 Java 程序，出现如图 1-5a 所示的模拟手机图。在手机上单击"launch"按钮后，结果如图 1-5b 所示。

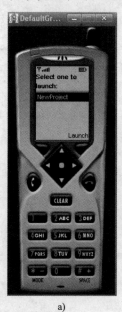 

a)   b)

图 1-5 模拟手机图

a) 单击"Run"按钮后的模拟手机图   b) 单击"lanch"按钮后的模拟手机图

1.2 Java 程序开发

Java2 目前发展出如下的几个版本。
（1）**J2EE Enterprise Edition**
企业使用的专业版，具有 EJB 与 Servlet 等功能。
（2）**J2SE Standard Edition**
Java2 的标准版，通常使用在 PC 上。
（3）**J2ME Micro Edition**
J2ME 是适用于为家用电器或嵌入式设备编写程序的版本。目前在开发移动电话程序中得到广泛应用。当前流行的二维码经手机的照相机摄取，然后用手机的处理器进行解码。其中进行图像处理和解码等所使用的语言正是 J2ME。
（4）**Java Card**
适用于 IC 卡（智能卡）上使用的版本。

Java 开发运行环境是指 Java 的开发工具和相应的软/硬件环境。目前有许多编写 Java 程序的开发工具，比如 Sun 公司的 J2SDK 和 Java Workshop，Borland 公司的 Jbuilder，IBM 公司的 Visual Age for Java，Microsoft 公司的 Visual J++，Symantec 公司的 Visual Café 等。适用于手机 Java 程序的开发工具也有多种。那么，对初学者选择学习哪一种开发工具比较好呢？Microsoft 公司的 VJ++开发工具是购买了 Sun 公司的 JDK 工具包发展起来的。Borland 公司的 JBuilder 的内核也是 JDK。一般地说，Sun 公司的 J2SDK 是所有这些开发工具的基础。所以本书将以 Sun 公司的 J2SDK1.5 作为开发工具。我们可以通过 Internet 下载这些 Java 开发工具。比如，通过

> http://java.sun.com

下载 J2SDK-1_5_0_04-windows-i586-p.exe 。注意，它有几个版本，分别适用于 Solaris SPARC/x86、Linux x86、Microsoft Windows 等操作系统。我们要按照自己的计算机操作系统选择适用的版本。比如，自己的计算机操作系统是 Windows 2000/XP，那么应选择 Microsoft Windows 版本的 J2SDK。

1.2.1 在文本编辑器中编写 Java 程序

1. 简单的 Java 程序编译和运行举例

【例 1-4】 编译运行例 1-1 的 Welcome.java 程序。
编译命令：

> javac␣Welcome.java[Enter]

其结果生成 Welcome.class 文件。有了这个文件，就可以运行 Java 程序了。
运行命令：

> java␣Welcome[Enter]

结果将出现如下的两行文字：

```
Welcome to Java!
Hi, Java!
```

【例 1-5】 编译运行例 1.2 的程序 Hello.java。

例 1-2 是一个 Applet，其编译与独立应用程序相同，使用相同的编译命令与格式。

编译命令如下：

```
javac↵Hello.java[Enter]
```

其结果生成 Hello.class 文件。在例 1-2 中已编写了相应的 Hello.html 文件，用户可以在 Java 的模拟器中运行 Applet。

运行 Applet 命令如下：

```
appletviewer↵Hello.html[Enter]
```

运行结果如图 1-1 所示。

对于第三个手机 Java 程序，在这里不再介绍，有兴趣的读者可参考本书的参考文献[5]。

由于 J2SDK 没有自己的集成开发环境，一般普通的文本编辑器，如 Windows 的 Edit 编辑器、NotePad、UltraEdit 等都可作为编写 Java 源代码的编辑器。因为 javac.exe 存放在 J2sdk/bin，不少初学 Java 的学生就将自己编写的 Hello.java 放在 bin 子目录下进行编译和运行。这样固然方便，但这是不良的习惯。编写的源码一般要与 J2SDK 开发软件包分开。因此，要将 Java 程序和 HTML 文件等源码单独存放在一个子目录中。但这样一来要调用存放在其他目录/子目录中的命令就很麻烦。使用批处理文件，进行编译和运行 Java 程序就会相当方便。比如，用批处理文件 jc.bat 编译 hello.java，只要输入如下语句即可：

```
jc↵Hello.java[Enter]
```

使用批处理文件是提高效率的一个有效方法。上述批处理命令语句比原来使用的命令语句还简单些。读者不妨试试。

2．Java 源程序的结构

下面学习 Java 程序的基本结构及其重要的规则。

```
Java 源程序              说明
===========================================
package 语句;           //包声明语句，定义程序中的类存放的包。一个程序
                        //只能有一个包，或没有包
import 语句;            //引入类的声明语句，可以是 JDK 中的标准类或其他已有
                        //的类，该语句可以没有或有多句

public class{类定义}    //公有类的定义。一个源程序只能有一个 public class
class{类定义}           //类的定义。可以有任意数目(0 个或多个)的 class
……
interface{接口定义}     //接口定义。可以有任意数目(0 个或多个)的 interface
===========================================
```

6

几点说明如下：
- 源程序中的三部分要素必须以包声明、引入类声明、类和接口的定义顺序出现。如果源程序中有包语句，只能是源文件中除空语句和注释语句之外的第一个语句。
- main 方法作为 Java 独立应用程序的入口点，其声明必须是 public static void main(String args[]){}，且该方法应放在程序的 public class 中。
- 一个源文件只能有一个 public class 的定义，且源文件的名字与包含 main()方法的 public class 的类名相同（包括大小写也要一致），扩展名须是.java。

【例1-6】 第一个 Java 独立应用程序源代码如下。

```
//Welcome.java            Java 文件名
public class welcome{     //public 类名
  public static void main(String[] args){
    String[] greeting = new String[2]; //定义字符串数组 greeting
    greeting[0] = "Welcome to Java!";
    greeting[1] = "Hi, Java!";
    for (int i = 0; i < greeting.length; i++){
      System.out.println(greeting[i]);
    }
  }
}
```

这个程序在编译时将发生错误，因为程序名为 Welcome.java，此处的 W 是大写字母，而类名 welcome 中的 w 是小写字母。Java 语言规定，Java 程序名必须与其类名相同，因为 Java 是区分大小写的，所以编译器认为发生错误。因此，英文大小写对于 Java 来说是敏感的。初学者可能会在英文大小写方面出现较多的错误，请引起注意。

1.2.2 在 JCreator 中编写 Java 程序

JCreator 是一个免费软件，在网上可下载。下面介绍在 JCreator 中运行程序的方法。

1）单击"JCreator"按钮 JCreator Pro，运行 JCreator，出现界面如图 1-6 所示。

图 1-6　JCreator 界面

2）选择菜单"文件"→"新建"→"文件",出现"文件向导"对话框。在"名称:"旁边的文本框中填入 Java 程序的文件名,比如 Welcome.java,单击与"位置:"同一行的图标，选择 Java 文件存放的路径,如图 1-7 所示。

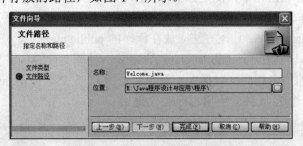

图 1-7　文件向导对话框

3）单击"完成"按钮,将出现编辑窗口。或者,选择"文件"→"打开",在出现的"打开"对话框中,选择文件 Welcome.java 的路径,从而打开 Java 文件,如图 1-8 所示。

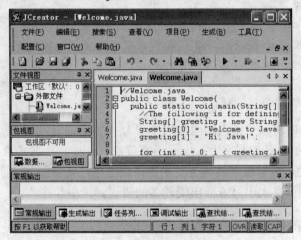

图 1-8　编辑窗口

4）选择"生成"→"编译文件",在"生成输出"窗口,显示"处理已完成"表明编译无错误,如图 1-9 所示。

图 1-9　编译文件界面

5）运行程序。选择"生成"→"执行文件",结果如图 1-10 所示。

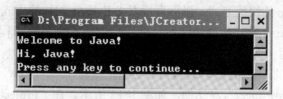

图 1-10　运行程序结果

1.2.3　在 Eclipse 中编写 Java 程序

对于 Java 的初学者，Sun 等公司并不鼓励使用集成开发环境编写 Java 程序，因为集成开发环境一方面将某些 Java 功能"屏蔽"了，另一方面，又将 Java 程序组成了一个"项目"（Project），形成了复杂的结构，不利于初学者学习。但是，考虑到目前免费开发工具 Eclipse 和 NetBeans 的流行，本书在此对 Eclipse 作简要的介绍。

可从 Eclipse.org 网站"http://www.eclipse.org/downloads/"下载 Eclipse 发布的版本。目前较为稳定的版本是 Eclipse3.4。下载后，直接解压即可使用。解压后，在磁盘上生成一个 eclipse 文件夹，进入 eclipse 文件夹，双击 eclipse.exe 可执行文件，在出现的"Workspace Launcher"对话框中，选择 Java 项目存放的目录，如图 1-11 所示。单击"OK"按钮，将出现如图 1-12 所示的 Eclipse 起始页面。

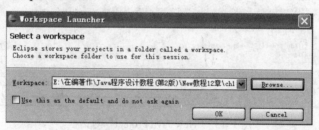

图 1-11　选择有效目录

图 1-12　Eclipse 起始界面

为了使用方便，可右键单击 eclipse.exe 文件，选择"发送到"→"桌面快捷方式"之后在桌面上将出现 Eclipse 的快捷方式。以后直接双击 Eclipse 的快捷方式，即可启动 Eclipse。

下面介绍用 Eclipse 开发一个 Java 工程。开发一个基本的 Java 工程包括以下三个步骤。

1．创建 Java 项目

在如图 1-9 所示的工作台主窗口中，依次选择"File"→"New"→"Java Project"命令，将出现"New Java Project"对话框，如图 1-13 所示。在"Project name"栏中输入项目名"Welcome"，其他选项默认，单击"Finish"按钮就创建了一个项目。

图 1-13 "New Java Project"对话框

项目"Welcome"将出现在左边的包探索器中（Package Explorer），如图 1-14 所示。

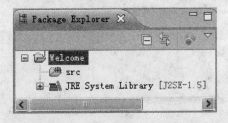

图 1-14 项目"Welcome"

2．创建 Java 包

在 Explorer 中右键单击项目"Welcome"，在出现的菜单中选择"New/Package"，出现"New Java Package"对话框，如图 1-15 所示。在"Name"栏中输入"org.Welcome"，单击"Finish"按钮完成包"org"的创建。

3．创建 Java 类

右键单击项目"Welcome"，在出现的菜单中选择"New"→"Class"，出现"New Java

Class"对话框,如图 1-16 所示。

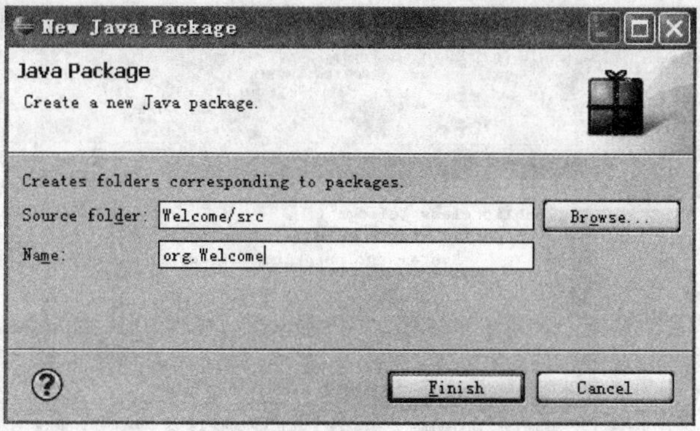

图 1-15 创建 Java 包

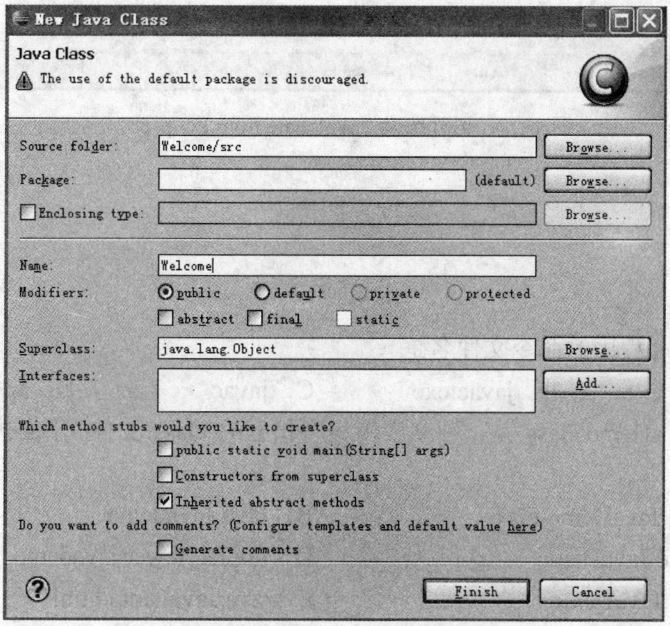

图 1-16 创建 Java 类

在"Name"栏中输入类名"Welcome",单击"Finish"按钮完成类的创建。这时可以编写 Java 程序了。双击"Welcome.java",输入源程序如下:

```
public class Welcome {
    public static void main(String[] args){
        System.out.println("Welcome from Eclipse!");
    }
}
```

选择"Run"→"Run as"→"Java Application"命令,运行 Java 程序,将在控制台上显示下面的结果:

Welcome from Eclipse!

运行结果如图 1-17 所示。

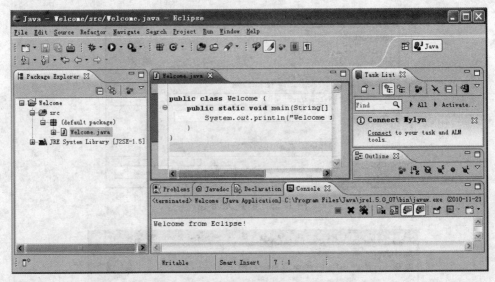

图 1-17 运行结果"Welcome from Eclipse!"

1.3 习题

1．基础知识

1.1 编译 Java 程序的命令文件名是（　　）。

　　A．java.exe　　B．javac.exe　　C．javac　　D．appletviewer.exe

1.2 已知 JavaDemo.class 是一独立应用程序相应的 class 文件，下面执行语句中正确的语句是（　　）。

　　A．java JavaDemo.class　　　　B．java Javademo

　　C．javac JavaDemo　　　　　　D．appletviewer javademo

　　E．java JavaDemo　　　　　　　F．java Javademo.html

1.3 JaveAppletDemo.java 是一个 Applet 程序，它的 Web 文件是 JavaAppletDemo.html。现在要显示这个 Applet，下列语句中正确的是（　　）。

　　A．appletviewer　javaAppletDemo.java

　　B．appletviewer　JavaAppletDemo.class

　　C．appletviewer　JavaAppletDemo.htm

　　D．appletviewer　JavaAppletDemo.html

1.4 编译 Java 程序 filename.java 后，生成的程序是（　　）。

　　A．filename.html　　　　　　B．filename.jav

　　C．filename.class　　　　　　D．filename.jar

1.5 Java 编译器将源代码翻译成独立于平台的格式是（　　）。

　　A．opcodes　　　　　　　　B．bytecodes

　　C．virtual machines　　　　　D．applet

1.6 可以用来创建 Java 程序的工具集是（　　）。
   A．JRE　　　　B．JNI　　　　C．JVM　　　　D．JDK
1.7 下面声明 Java 独立应用程序 main()方法中，正确的是（　　）。
   A．public static void main(String args[]){…}
   B．private static void main(String args[]){…}
   C．public void main(String args[]){…}
   D．public static void main(){…}
   E．public static void main(String args){…}
1.8 Java 语言与其他主要语言相比较，独有的特点是（　　）。
   A．面向对象　　B．多线程　　　C．平台无关性　　D．可扩展性

2．编程题

2.1 试编写一个显示"Hello Internet!"的独立应用程序并编译运行。
2.2 试编写一个显示"Hello Internet!"的 Applet 程序并编译运行。
2.3 Babbage 函数 f(x)=x*x+x+41 是一个奇特的多项式。它几乎只产生素数。试编程用 x=0,1,…,9 产生 10 个整数，观察有多少个是素数。

3．实践题

3.1 下载并安装 J2SE.5.0 以上版本，以及 Java API 文档，编译和运行程序例 1-1 和例 1-2。
3.2 下载并安装 J2SE1.5.0 以上版本，试验在 Internet Explorer 中运行 Java Applet。

第 2 章 Java 语言基础

本章学习 Java 语言的基本语法，包括标识符、基本数据类型、表达式、语句和程序控制等。

2.1 标识符与关键词

标识符与关键词在编程中经常遇到。比如，需要定义一个变量，即给变量取一个名字。这个名字就是一个标识符，它既需要满足标识符的一些规定，也不能与 Java 已有关键词相同。

2.1.1 标识符

1. 标识符的定义规则

在 Java 中，对变量、类、接口和方法等进行命名所使用的字符串称为**标识符**。一个合法的标识符要满足以下的规则：
- 以英文大小写字母、下划线 "_"、或 "$" 开始的一个字符序列。
- 数字不能作为标识符的第 1 个字符。
- 标识符不能是 Java 的关键词。
- 标识符大小写敏感且长度没有限制。

例如，下面的字符串都是合法的标识符：

> USERNAME, _sys_VAR, $change, thisOne

Java 不用通常的 ASCII 代码集，而是采用国际标准字符集 Unicode。在字符集 Unicode 中，每个字母用 16 位表示。它对英文字母 A~Z、a~z 和数字 0~9 是兼容的，但涵盖了中文、日文、德文等多国语言中的符号，所以 Java 中使用字母的范围更为广泛。

一般情况下，标识符中使用的字母包括下面几种：
- A~Z。
- a~z。
- 字符集 Unicode 中序号大于等于 0x00c0 的所有国际语言中相当于一个字母的任何 Unicode 字符。

为了准确应用 Unicode 字符，可以用 Character 类中的方法 isJavaIdentifierStart(char ch) 和 isJavaIdentifierPart(char ch)，测试参数变量中 Unicode 字符 ch 是否可以作为标识的开始字符或后续字符。

2. 标识符风格约定

为了使命名更为规范,Java 对标识符还有如下一些约定。这些约定不是强制性的,但我们在使用标识符时应尽量使程序符合规范。

- 对于变量名和方法名,不能用下划线"_"、和"$"作为标识符的第 1 个字符。因为这两个字符对于 Java 内部类具有特殊意义。
- 类名、接口名、变量名和方法名采用大小写混合形式,每个英文单词的首字母用大写,其余用小写,无空格连接,如 HelloWorldFromJava。但变量名和方法名的首字母用小写,如 firstVariableName。类名和接口名的首字母用大写,如类名 HelloWorld。
- 常量名完全用大写,且用下划线"_"作为标识符中每个单词的分隔符,如 MAX_SIZE。
- 方法名应使用动词,类名和接口名使用名词。例如:

```
class Employee
interface EmployeeList
balanceAccount()
```

- 变量名应有一定的意义,尽量不使用单个字符作为变量名。但临时性的变量,如循环控制变量可以用 i、j、k 等。

2.1.2 关键词

关键词是 Java 的保留字。Java 编译器在词法扫描时需要区分关键词和一般的标识符。因此,用户自定义的标识符不能与这些关键词重名,否则会出现编译错误。另外,true、false 和 null 虽然不是关键词,但也被保留,同样不能用来定义标识符。表 2-1 列出了 Java 的关键词。

表 2-1 Java 的关键词

abstract	double	int	strictfp
boolean	else	interface	super
break	extends	long	switch
byte	final	native	synchronized
case	finally	new	this
catch	float	package	throw
char	for	private	throws
class	goto*	protected	transient
const*	if	public	try
continue	implements	return	void
default	import	short	volatile
do	instanceof	static	while

其中,带*者为目前废弃的关键词。

2.2 Java 数据类型

Java 数据类型共分为两大类，一类是**基本类型**，另一类是**复合数据类型**。基本类型共有 8 种，分为 4 个小类，分别是逻辑型、字符型、整型和浮点型。复合数据类型包括数组、类和接口等。其中，数组是一个很特殊的概念，它是对象而不是一个类，一般地把它归为复合数据类型中。本节介绍基本数据类型，复合数据类型将在后面的章节中介绍。

Java 语言的数据类型如图 2-1 所示。

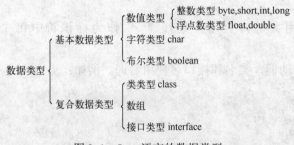

图 2-1 Java 语言的数据类型

2.2.1 基本数据类型

下面先介绍基本数据类型，它们都可用作常量和变量。

1．布尔类型——boolean

boolean 的逻辑值有两个状态，它们常被写作 on 和 off、true 和 false 或者 yes 和 no。在 Java 中，这样的值用 **boolean（布尔）类型**表示。布尔类型有时也称作**逻辑类型**。Java 的 boolean 类型有两个常量值：**true** 和 **false**，全用小写。

Java 是一种严格的类型语言，它不允许数值类型和布尔类型之间进行转换。有些语言，如 C 和 C++，允许用数值表示逻辑值，如用 0 表示 false，非 0 表示 true。但 Java 不允许这么做，使用布尔值的地方不能用其他值代替。

2．字符类型——char

单个字符用 char 类型表示。一个 char 表示一个 Unicode 字符，其值用 16 位无符号整数表示，范围为 0～65535。char 类型的常量值必须用一对单引号（''）括起来。

【例 2-1】 字符示例。

'a'　　　　表示字符 a
'\t'　　　　表示 Tab 键
'\u????'　　表示一个具体的 Unicode 字符，????表示 4 位十六进制数字

3．整型——byte、short、int 和 long

Java 语言提供 4 种整型量，分别是 byte、short、int 和 long。这 4 种类型的区别在于表示相应整型量时所用"位"的长度不相同，参见表 2-2。在一般的程序中，用什么类型并不严格，只要程序通过编译运行即可。但在开发某些软件过程中，比如在开发语音和图像处理，特别是数据和图像压缩软件中，则要求运行速度快且所占的资源尽可能少。编写这些程序时就要考虑节约用"位"的问题，节约用"位"就是节约资源，提高计算效率。

整型常量可用十进制、八进制或十六进制表示，以 1～9 开头的数为十进制数，以 **0** 开头的数为八进制数。以 **0x** 开头的数为十六进制数。Java 中 4 种整型量都是有符号的。

【**例 2-2**】 整数示例。

2　　　　　表示十进制数 2

077　　　　表示八进制数 77，等于十进制数 63

0xBABE　　表示十六进制数 BABE，等于十进制数 47806

Java 中所有的整型量都是有符号数。整型常量是 int 型的。如果想表示一个长整型常量，需在数后明确写出字母"**L**"。L 表示它是一个 long 型量。注意，此处使用大写 L 或小写 l 均有效。但一般用大写 L，因为在有些情况下，分辨不清小写 l 和数字 1。

【**例 2-3**】 长整型常量示例。

2L　，0.77 L　，0xBABE L

表 2-2 列出了 4 种整型量的大小和可表示的范围。Java 语言规范中定义的表示范围用 2 的幂次来表示，这是独立于平台的。

表 2-2　Java 整型量

整 型 类 型	整 数 长 度	表 示 范 围
byte	8 位	$-2^7 \sim 2^7-1$
short	16 位	$-2^{15} \sim 2^{15}-1$
int	32 位	$-2^{31} \sim 2^{31}-1$
long	64 位	$-2^{63} \sim 2^{63}-1$

4．浮点型——float 和 double

Java 浮点类型遵从标准的浮点规则，用 Java 编写的程序可运行在任何机器上。浮点型有两种：一种是单精度浮点数，用 float 关键字说明；另一种是双精度浮点数，用 double 关键字说明。它们都是有符号数。如果数值常量中包含小数点、指数部分（字符 E），或其后跟有字母 F 或字母 D，则为浮点数。浮点数常量是 double 型的，除非用字母 f 明确说明它是 float 型的。浮点常量中的字母 F 或 D 既可以是大写，也可以是小写。

【**例 2-4**】 浮点数示例

5.3　　 -39.27　　　**5f**　　　0.001 327e+6

浮点数的表示范围列在表 2-3 中。

表 2-3　Java 的浮点数

浮 点 类 型	浮点数长度	表 示 范 围
float	32 位	1.4e-45f～3.402 823 5e+38f
double	64 位	4.9e-324d～1.797 693 134 862 315 7e+308d

2.2.2　数据类型的转换

整型、浮点型、字符型数据可以混合运算。运算时，不同类型的数据先转换为同一类型，然后进行运算。转换的一般原则是位数少的类型转换为位数多的类型，这称作**自动类型转换**。转换规则见表 2-4。

表 2-4　不同类型数据的转换规则

操作数 1 类型	操作数 2 类型	转换后的类型
byte 或 short	int	int
byte 或 short 或 int	long	long
byte 或 short 或 int 或 long	float	float
byte 或 short 或 int 或 long 或 float	double	double
char	int	int

现在考虑把一种类型的值赋给另外一种类型的变量。如果这两种类型是兼容的，即使低优先级类型的值赋给高优先级类型的变量。例如一个 int 型值可以赋值给一个 long 型的变量，则 Java 自动执行转换。若将高优先级类型的值赋给低优先级的变量，例如，将一个 long 型值赋给一个 int 型变量，则可能造成信息的丢失。这时，Java 不能执行自动转换，编译器需要程序员通过**强制类型转换**方式确定这种转换。

Java 通过强制类型转换将一表达式类型强制为某一指定类型，其一般形式为：

(type)expression

例如：

```
int i = 3;
byte b = (byte)i;
```

上面的语句将 int 型变量 i 赋给 byte 型变量 b 之前，先将 i 强制转为 byte 型。一般地，高级类型转为低级类型时，截断高位内容，因此会导致精度下降或数据溢出。

2.2.3　变量、说明和赋值

变量使用之前，要先说明。下面的程序表明如何说明整型、浮点型、布尔型和字符型变量，并为之赋值。

【例 2-5】 变量的说明和赋值举例。

```
//Assign.java
public class Assign{
    public static void main(String args[]){
        byte   b  = 127;          //byte 范围(-128=-2^7)~(2^7-1=127)
        short s   = 32767;        //short 范围(-32768=-2^15)~(2^15-1=32767)
        int    i  = -2147483648; //int 范围(-2147483648=-2^31)~(2^31-1=2147483647)
        long   l  = 12345678910111213L;//声明长整型变量并赋值
        float f   = 3.1414f;      //声明浮点型变量并赋值
        double d = 3.1415926;    //声明双精度型变量并赋值
        boolean TrueFalse;        //声明布尔类型变量
        char c = 'A';             //声明字符类型变量并赋值
        TrueFalse = 6>7;          //给布尔类型变量赋值

        System.out.println("byte    b = " + b);
```

```
            System.out.println("short s = " + s);
            System.out.println("int    i = " + i);
            System.out.println("long   l = " + l);
            System.out.println("float f = " + f);
            System.out.println("double d = " + d);
            System.out.println("char   c = "+c);
            System.out.println("boolean TrueFalse = " + TrueFalse);
    }
}
```

程序运行结果如下：

```
byte    b = 127
short   s = 32767
int     i = -2147483648
long    l = 12345678910111213
float   f = 3.1414
double  d = 3.1415926
char    c = A
boolean TrueFalse = false
```

2.2.4 复合数据类型

早期的程序设计语言把变量看做是孤立的东西。例如，如果在一个程序中需要处理日期，则往往声明三个独立的整数，分别代表日、月、年。如下所示：

> int day，month，year;

该语句做两件事。第一件事，它表明当遇到日、月或年时，在内存中处理的是一个整型而不是其他类型；第二件事，它还为这些整数分配了存储空间。虽然这种方法容易理解，但它有两点明显的不足。其一，如果程序需要处理多个日期，则需要更多的说明。例如要保存两个生日，需如下说明：

> int myBirthDay，myBirthMonth，myBirthYear;
> int yourBirthday，yourBirthMonth，yourBirthYear;

这种方法因使用多个变量变得混乱，容易出错。同时，又占用了过多的命名空间。其二，更重要的是每个值都是独立的变量。从概念上来讲，日、月、年之间是有联系的，它们是同一日期的各个部分。如果用三个整型量表示一个日期，则这三个整型变量之间互相没有约束，它们的取值范围只受整型位数限制。事实上，日期三部分的取值互有约束，比如，日期的值范围为 0~31，月的值范围为 1~12。除此之外，对应于不同的月份，日期的取值范围还稍有不同。遇到闰年或平年，2 月份的天数也不一样。

对大多数程序设计语言，如 PASCAL、C、C++等都提供类型变量（Typed Variable）概念。类型变量是一个值，可以是整数、浮点数或一个字符。每种语言本身都有几种内置类型，但我们对新类型的定义更感兴趣。如果用户使用某种语言能定义新的类型，那该语言的处理能力可得到很大扩展。一般地，称用户定义的新类型为**复合数据类型**。

在有些语言中，复合数据类型又称作结构类型或记录类型。复合数据类型由程序员在源程序中定义。一旦有了定义，该类型就可像其他类型一样使用。

在使用系统内置类型定义变量时，因为每种类型都是预定义的，所以无需程序员详细列出变量的存储结构。例如，对下面整型变量 day 的定义：

```
int day;
```

Java 知道要分配多大的存储空间，它还能解释所存储的内容。而对于新定义的复合数据类型，因系统不知道它的具体内容，所以要由程序员指定其详细的存储结构。这里存储空间的大小不是以字节来衡量，也不是位，而是按已知的其他类型来考虑。

Java 是面向对象的程序设计语言，它为用户提供复合数据类型，即类和接口。我们将在第 4 章 Java 面向对象特性中详细地介绍类和接口。

2.3 表达式与语句

表达式是计算机语言的一种基本语法单位。一个程序常常包含许多表达式，程序执行时的一项主要工作就是计算表达式。所有变量以及运算式都属于表达式，但表达式不是语句。下面将介绍运算符与表达式、语句等。

2.3.1 运算符与表达式

Java 的运算符与 C 基本相同，C 语言中提供的运算符几乎完全适合于 Java，但有两方面不同。一是，Java 是强类型语言，其类型限制比 C 语言严格，表现在表达式上就是运算符的操作对象类型会受到更多的限制。二是，C 语言提供的指针运算符等，在 Java 中不再提供，而 Java 增加了对象运算符"instanceof"、字符串运算符"＋"和零填充的右移">>>"等。

1．概述

Java 中，运算符可以分为如下的类别：算术运算符、关系和条件运算符、位运算符、逻辑运算符和赋值运算符。

- **算术运算符**：+，−，*，/，%，++，−−。
- **关系运算符**：>，>=，<，<=，==，!=。
- **逻辑运算符**：&，|，!，^，&&，||。
- **赋值运算符**：=，+=，−=，*=，/=，%=，&=，|=，^=，<<=，>>=，>>>=。

在上面的赋值运算符中，除了赋值操作符"="外，其他的运算符是由算术、关系或逻辑运算符和赋值操作符"="两部分复合而成。这类运算符称为**扩展赋值运算符**。比如运算符"+="，由算术运算符"+"与赋值操作符"="组成。

另外，赋值运算符遵循从右向左的结合性。例如，a=b=c=5 等价于 a=(b=(c=5))；a=5+(c=6)−(d=2)的执行结果是 d=2，c=6，a=9。

2．算术运算符和算术表达式

算术表达式由操作数和算术运算符组成。在算术表达式中，操作数只能是整型或浮点型。Java 的算术运算符有两种：**二元算术运算符**和**一元算术运算符**。

二元算术运算符涉及两个操作数，共有 5 种：+、−、*、/、%，如表 2-5 所示。这些算术运算符适用于所有数值型数据类型。

表 2-5 二元算术运算符

运算符	表达式	名称及功能
+	op1+op2	加
-	op1-op2	减
*	op1*op2	乘
/	op1/op2	除
%	op1%op2	模数除（求余）

整型、浮点型经常进行混合运算。运算中，不同类型的数据先转换为同一类型，然后进行运算。这种转换是按照如下优先关系自动进行的：

低───>高
byte —> short —> char —> int —> long —> float —> double

按照这种优先级关系，在混合运算中低级数据转换为高级数据时，将会自动进行类型转换。转换规则如表 2-6 所示。

表 2-6 低级数据向高级数据的自动转换规则

操作数 1 类型	操作数 2 类型	转换后类型
byte 或 short	int	int
byte 或 short 或 int	long	long
byte 或 short 或 int 或 long	float	float
byte 或 short 或 int 或 long 或 float	double	double
char	int	int

注意：
- 即使两个操作数全是 byte 型或 short 型，表达式的结果也是 int 型。
- "/" 运算和 "%" 运算中除数为 0 时，会产生异常。
- 与 C 和 C++不同，取模运算符 "%" 的操作数可以为浮点数，例如 9.5%3=0.5。
- "+" 运算符可以用来连接字符串，例如：

```
String salutation ="Dr.";
String name ="Peter "+"Symour";
String title = salutation+name;
```

则 title 的值为 Dr. Peter Symour。

下面给出一些混合算术运算的例子，如表 2-7 所示。

表 2-7 混合算术运算示例

操作数 1	操作数 2	算术运算表达式	表达式结果及其类型
8	3	8/3	2, int
5	2.0	5/2.0	2.5, double
byte i=4	byte j=7	i*j	28, int
long r=40L	int a=2	r/a	20L, double

(续)

操作数 1	操作数 2	算术运算表达式	表达式结果及其类型
float x=6.5f	float y=3.1f	x+y	9.6f,float
double b=2.5	int a=2	b%a	0.5,double
float x=6.5f	int c=28	x-c	-21.5f,float
'a'	60	'a'+60	157,int

一元算术运算符涉及的操作数只有一个，共有 4 种：+，-，++，—。各种一元算术运算符、用法以及功能如表 2-8 所示。

表 2-8 一元算术运算符

运算符	用法	功能描述
+	+op	如果 op 是 byte、short 或 char 类型，则将 op 型提升为 int 型
-	-op	取 op 的负值
++	op++	op 加 1；先求 op 的值再把 op 加 1
++	++op	op 加 1；先把 op 加 1 再求 op 的值
—	op—	op 减 1；先求 op 的值再把 op 减 1
—	—op	op 减 1；先把 op 减 1 再求 op 的值

下面举一个一元算术运算符使用的例子，注意 i++ 与 ++i 之间的区别。

【例 2-6】 一元算术运算符的使用。

```
//TestUnary.java
public class TestUnary{
  public static void main(String args[]){
    int i = 0;
    System.out.println("i = 0; (i++) = " + (i++));//先输出 i，后 i 加 1，结果(i++) = 0
    System.out.println("i = " + i);              //i=1
    i = 0;
    System.out.println("i = 0; (++i) = " + (++i));//先将 i 加 1，再输出 i=1
    int j = 0;
    System.out.println("j = 0; (j--) = " + (j--)); //先输出 j，后 j 减 1，结果(j--) = 0
    System.out.println("j = " + j);              //j=-1
    j = 0;
    System.out.println("j = 0; (--j) = " + (--j));  //先将 i 加 1，再输出 j=-1
    int x = 4, y = 8;
    System.out.println("x = 4; y = 8; x(x++)*(--y) = " + (x++)*(--y));
  }
}
```

程序运行结果如下：

```
i = 0;      (i++) = 0
i = 0; (i++)后，i = 1
i = 0;      (++i) = 1
i = 0; (i++)后，i = 1
```

```
j = 0;      (j--) = 0
j = 0; (j--)后, j = -1
j = 0;      (--j) = -1
j = 0; (--j)后, j = -1
x = 4; y = 8; x(x++)*(--y) = 28
```

另外，Java 中没有幂运算符，必须采用 java.lang.Math 类的方法 pow()。该方法定义如下：

public static double pow(double a, double b);   //返回的 a 的 b 次幂

java.lang.Math 类提供了大量科学和工程函数。例如，pi 和 e 都分别有常熟表示，而且为双精度类型，非常精确。Math 类包含了平方根、自然对数、乘幂、三角函数等科学函数。另外，它包含了一些基本方法，例如可对浮点数进行四舍五入运算的 round()方法，计算同样类型两个数字的最大值和最小值的方法 max()和 min()，计算绝对值的方法 abs()等。

3．关系运算符与关系表达式

关系运算符用来比较两个操作数，由两个操作数和关系运算符构成一个关系表达式。关系运算符的操作结果是布尔类型的，即如果运算符对应的关系成立，则关系表达式结果为 true，否则为 false。关系运算符都是二元运算符，共有 6 种，如表 2-9 所示。例如：

表达式   3 > 5   的值为 false
表达式   3 <= 5   的值为 true
表达式   3 == 5   的值为 false
表达式   3 != 5   的值为 true

表 2-9 关系运算符

运算符	表达式	返回 true 值时的情况
>	op1>op2	op1 大于 op2
<	op1<op2	op1 小于 op2
>=	op1>=op2	op1 大于或等于 op2
<=	op1<=op2	op1 小于或等于 op2
==	op1==op2	op1 等于 op2
!=	op1!=op2	op1 不等于 op2

Java 中，任何类型的数据（包括基本数据类型和复合类型）都可以通过"=="或"!="来比较是否相等（这与 C、C++不同）。

4．逻辑运算符与逻辑表达式

逻辑表达式由逻辑型操作数和逻辑运算符组成。一个或多个关系表达式可以进行逻辑运算。Java 中逻辑运算符共有 6 种，5 个二元运算符和 1 个一元运算符。这些运算符及其使用方法、功能与含义如表 2-10 所示。

表 2-10 逻辑运算符

运算符	用法	返回 true 时的情况
&&	op1&&op2	op1 和 op2 都为 true，并且在 op1 为 true 时才求 op2 的值
||	op1||op2	op1 或 op2 为 true，并且在 op1 为 false 时才求 op2 的值
!	!op	op 为 false
&	op1&op2	op1 和 op2 都为 true，并且总是计算 op1 和 op2 的值
|	op1|op2	op1 或 op2 为 true，并且总是计算 op1 和 op2 的值
^	op1^op2	op1 和 op2 的值不同，即一个取 true，另一个取 false

表 2-10 中，有两种"与"和"或"的运算符：&&、|| 和&、|。这两种运算符的运算过程有所差别。

- &&、|| 分别称为**短路与、短路或运算**。之所以用"短路"来修饰"与"和"或"运算是因为在表达式求值过程中先求出运算符左边的表达式的值，对于或运算如果为 true，则整个布尔逻辑表达式的结果确定为 true，从而不再对运算符右边的表达式进行运算。这与电学中的短路是相似的。同样对于与运算，如果左边表达式的值为 false，则不再对运算符右边的表达式求值，整个布尔逻辑表达式的结果已确定为 false。
- &、| 分别称为**不短路与、不短路或运算**，即不管第一个操作数的值是 true 还是 false，仍然要把第二个操作数的值求出，然后进行逻辑运算，求出表达式的值。

5. 位运算符

对于任何一种整数类型的数值，可以直接使用位运算符对这些组成整型的二进制位进行操作。这意味着可以利用屏蔽和置位技术来设置或获得一个数字中的单个位或几位，或者将一个位模式向右或向左移动。由位运算符和整型操作数组成位运算表达式。

位运算符分为**位逻辑运算符**和**移位运算符**。

（1）位逻辑运算符

位逻辑运算符有 3 个二元运算符和 1 个一元运算符。二元运算在两个操作数的每个对应位上进行相应的逻辑运算。一元运算是对操作数按位进行相应的运算。位逻辑运算符以及操作规则如表 2-11 所示。表 2-12 给出了位逻辑运算&、|、^的表达式取值规则。

表 2-11 位逻辑运算符的操作规则

运算符	位运算表达式	操作描述
&	op1&op2	按位与
|	op1|op2	按位或
^	op1^op2	按位异或
~	~op2	按位取反

表 2-12 位逻辑运算表达式取值规则

op1	op2	op1&op2	Op1	op2	op1|op2	op1	op2	op1^op2
0	0	0	0	0	0	0	0	0
0	1	0	0	1	1	0	1	1
1	0	0	1	0	1	1	0	1
1	1	1	1	1	1	1	1	0

按位取反运算符"～"对数据的每个二进制位取反，即把 1 变为 0，把 0 变为 1。
下面是几个位逻辑运算的例子：

00101101 & 01001111 = 00001101
00101101 | 01001111 = 01101111
00101101 ^ 01001111 = 01100010
～01001111 = 10110000

（2）移位运算符

Java 使用补码来表示二进制数，因此移位运算都是针对整型数二进制补码进行的。在补码表示中，最高位为符号位，正数的符号位为 0，负数的为 1。补码的规定如下：

- 对正数来说，最高位为 0，其余各位代表数值本身（以二进制表示），例如+42 的补码为 00101010。
- 对负数而言，把该数绝对值的补码按位取反，然后对整个数加 1，即得该数的补码。例如，-1 的补码为 11111111（-1 绝对值的补码为 00000001，按位取反再加 1 为 11111110+1=11111111）。用补码来表示数，0 的补码是唯一的，都为 00000000。

移位运算符把它的第一个操作数向左或向右移动一定的位数。Java 中的移位运算符及其操作的描述如表 2-13 所示。

表 2-13 移位运算符

运算符	用法	操作描述
>>	op1>>op2	将 op1 向右移动 op2 个位
<<	op1<<op2	将 op1 向左移动 op2 个位
>>>	op1>>>op2	将 op1 向右移动 op2 个位（无符号）

1）右移运算中右移一位相当于除 2 取商；在不产生溢出的情况下，左移一位相当于乘 2。用移位运算实现乘、除法比执行乘、除法的速度要快。例如：

-256 >> 4 结果是 $-256/2^4 = -16$

128 >> 1 结果是 $128/2 = 64$

-16 << 2 结果是 $-16*2^2 = -64$

128 << 1 结果是 $128*2 = 256$

2）右移运算符>>和>>>之间的区别如下：

- 称 ">>" 为**带符号的右移**：进行向右移位运算时，最高位移入原来高位的值，即移位操作是对符号位的复制，例如：

1010…>>2 结果是 111010…

- 称 ">>>" 为**无符号右移**：进行向右移位运算时，最高位以 0 填充。例如：

1010…>>>2 结果是 001010…

3）逻辑运算的运算符：&、|、^ 和位逻辑运算的运算符&、|、^ 相同。实际运算时根据操作数的类型判定进行何种运算。如果操作数的类型是 boolean，则进行逻辑运算；如果操作数的类型是整数类型，则进行位逻辑运算。

下面是移位运算的例子。

【例 2-7】 设

1357 =00000000,00000000,00000101,01001101

-1357=11111111,11111111,11111010,10110011

则有：

1357>>5   =00000000,00000000,00000000,00101010

-1357>>5   =11111111,11111111,11111111,11010101

1357>>>5   =00000000,00000000,00000000,00101010

```
-1357>>>5    =00000111,11111111,11111111,11010101
1357<<5      =00000000,00000000,10101001,10100000
-1357<<5     =11111111,11111111,01010110,01100000
```

6．赋值运算符和赋值表达式

赋值表达式由变量、赋值运算符和表达式组成。赋值运算符把一个表达式的值赋给一个变量。赋值运算符分为赋值运算符"＝"和扩展赋值运算符两种。在赋值运算符两侧的类型不一致的情况下，如果左侧变量类型的级别高，则右侧的数据被转化为与左侧相同的高级数据类型后赋给左侧变量；否则，需要使用强制类型转换运算符。例如：

```
byte b = 121;
int    i = b;                //自动类型转换
byte c = 13;
byte d = (byte)(b+c);        //强制类型转换
```

在赋值运算符"＝"前加上其他运算符"operator"，即构成扩展赋值运算符"operator="。其意义

<变量> operator= <表达式>

等价于

<变量> = <变量> operator <表达式>

例如 a+=6 等价于 a=a+6， b%=6 等价于 b=b%6。

表 2-14 列出了 Java 中的扩展赋值运算符及等价的表达式。扩展赋值运算符的特点是可以使程序表达简洁，还能提高程序的编译速度。

表 2-14 Java 中的扩展赋值运算符及等价的表达式

运 算 符	表 达 式	等效表达式
+=	op1+=op2	op1=op1+op2
-=	op1-=op2	op1=op1-op2
*=	op1*=op2	op1=op1*op2
/=	op1/=op2	op1=op1/op2
%=	op1%=op2	op1=op1%op2
&=	op1&=op2	op1=op1&op2
|=	op1|=op2	op1=op1|op2
^=	op1^=op2	op1=op1^op2
>>=	op1>>=op2	op1=op1>>op2
<<=	op1<<=op2	op1=op1<<op2
>>>=	op1>>>=op2	op1=op1>>>op2

7．其他运算符

Java 支持的其他运算符、使用方法与功能描述如表 2-15 所示。

表 2-15 其他运算符

运算符	格式	操作描述
?:	op1?op2:op3	如果 op1 是 true,返回 op2,否则返回 op3
[ ]	type [ ]	声明类型为 type 的数组
.		用于访问对象实例或类的成员函数
( )		方法调用
(type)	(type)op1	将 op1 强制类型转换为 type 类型
new		创建一个新的对象或新的数组
instanceof	op1 instanceof op2	如果 op1 是 op2 的实例,则返回 true

8. 运算符的优先级和结合性

具有两个或两个以上运算符的复杂表达式在进行运算时,要按运算符的优先顺序依次从高到低进行。除了赋值运算符和条件运算符外,同级的运算符按从左到右的方向进行运算。我们称这些运算符具有**左结合性**。而赋值运算符和条件运算符则具有**右结合性**,即其运算方向是从右到左进行的。各运算符的优先级见表 2-16。

使用括号()可以显式地标明运算次序,括号中的表达式首先被计算。适当地使用括号可以使表达式的运算结构更为清晰。例如对下面的表达式

a >= b && c < d || e == f

可以使用括号,表示为

((a>=b) && (c < d)) || (e == f)

这使运算的次序表达得更为明确,增加了程序语句的可读性。

表 2-16 Java 运算符的优先级

优先级	运算符类别	运算符
1	后缀运算符	[ ]、.、(params)、expr++、expr--
2	一元运算符	++expr、--expr、+expr、-expr、~、!
3	创建或强制类型转换	new (type)expr
4	乘、除法、求余	*、/、%
5	加、减	+、-
6	移位	<<、>>、>>>
7	关系运算	<>、<=、>=、instanceof
8	相等性判定	==、!=
9	按位与	&
10	按位异或	^
11	按位或	|
12	逻辑与	&&
13	逻辑或	||
14	条件运算	?:
15	赋值	=、+=、-=、*=、/=、%=、&=、^=、|=、<<=、>>=、>>>=

2.3.2 语句

在 Java 语言中语句以";"为**终结符**。一条语句构成了一个执行单元。Java 中有三类语句。

1．表达式语句

若下列表达式以终结符";"终结，则构成了语句，称为**表达式语句**。表达式语句还可细分为：

- 赋值表达式语句。
- 增量表达式（使用++或--）语句。
- 方法调用表达式语句。
- 对象创建表达式语句。

表达式语句举例如下：

```
aValue=8933.234 ;                              //赋值语句
aValue++;                                      //增量语句
System.out.println(aValue);                    //方法调用语句
Integer integerObject=new Integer(4);          //对象创建语句
```

2．声明语句

声明语句用于声明变量或方法，例如：

```
double aValue=8933.234;                        //声明语句
```

3．程序流控制语句

程序流控制语句控制程序中语句的执行顺序。例如，for 循环和 if 语句都是程序流控制语句。语句块由"{ }"括起来的 0 个或多个语句组成，可以出现在任何单个语句出现的位置，例如：

```
if(Character.isUpperCase(aChar)){              // if 语句块
    System.out.println("The character"+aChar+" is upper ease.");
}
else{                                          // else 语句块
    System.out.println("The character"+aChar+" is lower case.");
}
```

在程序流控制语句中，即使只有一条语句也最好使用语句块，这样能够增加程序的可读性，并且之后对代码进行增删时不易发生语法错误。本书由于考虑压缩版面，所以在例题程序中使用"紧凑"形式，有时不使用语句块，从而使程序的可读性有所下降。作为编程初学者在这方面应该养成良好的编程习惯。下节将详细介绍程序控制语句。

2.3.3 变量的作用域

上面已提及了语句块，那么，什么是语句的"块"呢？所谓"块"或"复合语句"是指用一对花括号括起来的任意数量的简单 Java 语句。块内定义着本块变量的**作用域**

(scope)。一个块内可嵌入另一个块内。比如：

```
public static void main(String[] args){
  int n;
  …
  {
    int k;
    …
  }              //变量 k 仅在块内起作用，到块外失去作用
}
```

然而，不可在两个嵌套的块内声明两个完全同名的变量。例如，下面的程序

```
public static void main(String[] args){
  int n;
  …
  {
    int k;
    int n;       //错误，不可在内层块中再次定义变量 n
    …
  }
}
```

在编译时将发生错误。这个错误是因为内层括号的内部仍属于变量 n 的作用域，所以，再次定义变量 n 将发生重复定义的错误。

2.4 程序控制流

控制语句用于改变程序执行的顺序。程序利用控制语句有条件地执行语句、循环地执行语句或者跳转到程序中的其他部分执行语句。本节介绍利用 if-else 和 while 这类语句来控制程序的流程。

当编写程序的时候，如果没有使用控制语句，计算机将按顺序执行所有的语句。如果要改变程序的流程，可以在程序中使用控制语句来有条件地选择执行语句或重复执行某个语句块。

Java 的控制语句有：
- if-else 语句。
- switch 语句。
- while 和 do-while 语句。
- for 语句。
- 跳转语句。
- 异常处理语句。

表 2-17 列出了 Java 语言提供的控制语句的分类和关键字。

表 2-17 Java 控制语句的分类和关键字

语句	关键字
判断语句	if-else, switch-case
循环语句	while，do-while，for
跳转语句	break，continue，label，return
异常处理	try-catch-finally，throw, throws

控制语句的基本语法格式为：

```
控制语句(参数){
    语句块;
}
```

如果语句块中只有一条语句，则可略去花括号"{}"。本书推荐使用"{}"，这样代码更易阅读，也可避免在修改代码时发生错误。

2.4.1 if 语句

if 语句可以使程序根据条件有选择地执行语句。例如，如果要在程序中根据布尔型变量 DEBUG 的值来打印调试信息，当 DEBUG 是 true 时，程序就打印出调试信息，否则就不打印。这段程序可用 if 语句表达如下：

```
if(DEBUG){
    System.out.println("DEBUG: x= " + x);
}
```

if 语句有两种语法格式。第一种 if 语句的语法格式为：

```
if(表达式){
    语句块;
}
```

如果想在 if 判断表达式为 false 的时候执行不同的语句，可以使用另一种 if 语句，即 if-else 语句。第二种 if 语句的语法格式为：

```
if(表达式){
    语句块 1;
}
else {
    语句块 2;
}
```

这种类型的 if 语句，如果 if 部分为 false，则执行 else 语句块。else 语句的另外一种格式是 else if。一个 if 语句可以有任意多个 "else if"，但只能有一个 else。

【例 2-8】 java.util.Random 类的方法 nextInt()产生随机整数。试生成两个随机整数，用 if-else 语句找出其中的较小者。

```
//IfElse.java
import java.util.Random;
public class IfElse {
    public static void main(String[] args){
        Random random=new Random();      //声明随机数类对象并实例化
        int m = random.nextInt();          //产生随机整数
        System.out.println("m = " + m);
        int n = random.nextInt();          //产生下一个随机整数
        System.out.println("n = " + n);
        if(m < n)      System.out.println("The minimum of m and n is " + m);
        else if (n < m) System.out.println("The minimum of m and n is " + n);
        else            System.out.println("m is equal to n");
    }
}
```

根据每次产生的随机数，将会产生不同的运行结果，其中一个可能的结果是：

```
m = 1880815048
n = -1797812064
The minimum of m and n is -1797812064
```

2.4.2 switch 语句

switch 语句是一个多路选择语句，也称为**开关语句**。它可以根据一个整型表达式有条件地选择一个语句执行。其语句的格式如下：

```
switch(整型表达式){
    case c1:
        语句组 1;
        break;
    case c2:
        语句组 2;
        break;
    ......
    case ck:
        语句组 k;
        break;
    [default:              //可以没有 default 部分
        语句组;
        break;]
}
```

由于 switch 使用整型表达式，所以此处整型表达式的值必须是与 int 兼容的类型，即可以是 byte，short，char 和 int 型，不能使用 float，double 或 long 型，且各子句中的 c1，…，ck 都是 int 型或 char 型常量。switch 语句都可以用 if-else-if 语句来实现。但在某些情况下，使用 switch 语句更简单，程序的可读性强，且程序运行效率更高。但 switch 语句在数据类型上受到"整型表达式"的限制。

例 2-8 提供了产生随机整数的方法，其整数范围是–214 748 364 8～214 748 364 7。下面的例 2-9 中将提供产生在任何指定范围内的随机整数方法。这种方法在程序开发中是常用的。注意其算法如下：

1）用 java.util.Random 类的方法 nextFloat ()产生 0.0～1.0 的随机浮点数。
2）然后将其转换成在适当范围内的浮点数 x。
3）用 Math.round(float x)将 x 四舍五入为整数。

【例 2-9】 产生从 1～12 的随机整数 month，根据 month 的值显示相应的月份。

```java
//SwitchExample.java
import java.util.Random;
public class SwitchExample{
    public static void main(String[]args){
        Random random=new Random();      //声明随机数类对象并实例化
        float x  = random.nextFloat();    //产生 0.0～1.0 的随机浮点数
        int month=Math.round(11*x+1);     //产生 1～12 的随机整数
        switch(month){
          case 1: System.out.println("January"); break;
          case 2: System.out.println("February"); break;
          case 3: System.out.println("March"); break;
          case 4: System.out.println("April"); break;
          case 5: System.out.println("May"); break;
          case 6: System.out.println("June"); break;
          case 7: System.out.println("July"); break;
          case 8: System.out.println("August"); break;
          case 9: System.out.println("September"); break;
          case 10: System.out.println("October"); break;
          case 11: System.out.println("November"); break;
          case 12: System.out.println("December"); break;
        }
    }
}
```

程序运行结果将随机地输出从 January 到 December 中的某个月份。所有的 switch 分支都可用 if 语句实现。例如，本例题可用如下的 if 语句实现：

```java
if(month==1)         System.out.println("January");
else if(month==2)    System.out.println("February");
…
```

选择使用 if 语句还是 switch 语句主要是根据可读性以及其他因素来决定。if 语句可以根据多种条件表达式来决定，而 switch 语句只有根据单个整型变量来做决定。另外一点必须注意的是，switch 语句在每个 case 之后有一个 break 语句。每个 break 语句都终止 switch 语句，并且控制流程继续执行 switch 块之后的第一个语句。break 语句是必需的，若没有 break 语句，则控制流程按顺序逐一地执行 case 语句，这就起不到控制的作用。关于 break 语句，将在 2.4.5 节中进行介绍。

2.4.3 while 和 do-while 语句

Java 语言提供了两种 while 语句，即 while 语句和 do-while 语句。

1．while 语句

当条件保持为 true 的时候，while 语句重复执行语句块。while 语句的基本语法为：

```
while(表达式){
    循环体;
}
```

首先，while 语句计算括号中的表达式，它将返回一个布尔值(true 或 false)。如果表达式返回 true，则执行花括号中的循环体。然后 while 语句继续测试表达式确定是否执行循环体，直到该表达式返回 false。

【例 2-10】编写一个程序，使用 while 语句复制一个给定字符串的各个字符，直到程序找到给定字符 u 为止。

```java
//WhileExample.java
public class WhileExample{
    public static void main(String[] args){
        String copyFromMe = "Copy every letter until you encounter 'n'.";

        StringBuffer copyToMe = new StringBuffer();       //创建一个空的串变量
        int    i = 0;
        char c = copyFromMe.charAt(i);                    //该串变量的第一个字符赋给 c
        while(c != 'n'){
            copyToMe.append(c);
            c = copyFromMe.charAt(++i);
        }
        System.out.println(copyToMe);
    }
}
```

运行结果如下：

```
Copy every letter u
```

这里顺便提及一下字符串的分类，它分为：**串常量**和**串变量**。

1）串常量分为直接串常量和 String 类的对象。直接串常量的值一旦创建不能再变动，如："你好!"、"123AB"为直接串常量。

```
String s = new String("good!");           //s 为由 String 类创建的串常量
```

2）串变量为 StringBuffer 类的对象。创建串变量的之后允许扩充和修改。

```
StringBuffer my = new StringBuffer("Hello!"); //my 为串变量
```

此外，Java 语言为 String 类、StringBuffer 类提供了许多方法，如：比较串、求子串、检索串等，以提供各种串的运算与操作，详细内容将在第 3 章的 3.3 节介绍。

2．do-while 语句

do-while 语句的格式为

```
do{
    循环体;
}while(表达式);
```

do-while 语句本质上与 while 语句相同，只是它的继续条件放在循环的末尾而不是像 while 语句放在循环的开始。它们之间唯一的区别是在验证继续条件之前，do-while 语句就已经执行了一次。

下面的例 2-11 用 do-while 语句实现**古巴比伦算法**计算 2 的平方根。算法原理如下：设 x 是 $\sqrt{2}$ 的一个近似值，即 x≈$\sqrt{2}$，则 x^2≈2。从而 x≈2/x。不难证明 x 和 2/x 这两个数中，必有一数小于 $\sqrt{2}$，而另一数必大于 $\sqrt{2}$。这一结论是本算法的核心。由此得到这两个数的平均(x +2 / x) / 2 将更接近 $\sqrt{2}$，反复地用

$$x = (x + 2 / x) / 2 \tag{2-1}$$

即求得 $\sqrt{2}$ 的近似值。

【例 2-11】 用古巴比伦算法计算平方根。

```
//DoWhile.java, 用巴比伦算法计算平方根
import java.util.Random;
public class DoWhile {
    public static void main(String[] args){
        final double TOL = 0.5E-15;      //TOL=0.5*10⁻¹⁵
        Random random=new Random();      //声明随机数类对象并实例化
        double x = random.nextDouble();  //产生 0.0 到 1.0 的随机 Double 数
        do{
            x = (x+2.0/x) / 2;
            System.out.println("x = " + x);
        }while(Math.abs(x*x-2.0)>TOL*2*x);
        System.out.println("\nMath.sqrt(2.0) = "+Math.sqrt(2.0));
    }
}
```

程序运行结果如下：

```
x = 2.04932610087054253
x = 1.5126283399907838
x = 1.4174150984667524
x = 1.41421717780511594
x = 1.414213562377717
x = 1.414213562373095

Math.sqrt(2.0) = 1.4142135623730951
```

上述近似值与 Java 的内置方法 sqrt(2.0)的结果相比较，古巴比伦算法仅仅进行 5 次计算就达到了相当高的精度，可见该算法的效率是相当高的。程序中 do-while 的继续条件是 Math.abs(x*x-2.0)>TOL*2*x。即当|x*x-2.0|<=TOL*2*x 时，程序中止计算。这个条件就是

$$|x - 2.0/x| <= \text{TOL}*2 = 1/10^{15}$$

注意到 $\sqrt{2}$ 介于 x 和 2.0/x 之间，所以，这就保证了

$$|x - \sqrt{2}| <= 1/10^{15}$$

在 do-while 程序块中，实际上用 x0 = random.nextDouble()产生了初始值 x_0，然后用

$$x_{n+1} = (x_n + 2.0/x_n)/2 \quad (n = 0,1,\cdots) \quad (2\text{-}2)$$

产生序列 $x_n(n = 0,1,\cdots)$。方程（2.1）或（2.2）将一次运算的输出作为下一次运算的输入，这种算法就是**迭代算法，**或称为**递推算法，**是现代计算常用的算法之一。

2.4.4　for 语句

for 语句提供了一个更简便且灵活的方法来进行循环。for 语句的格式如下：

```
for(初始条件;终止条件;增量){
    循环体;
}
```

在 for 语句中，各语法成份是：
- 初始条件是初始化循环的表达式，它在循环开始的时候就被执行一次。
- 终止条件决定什么时候终止循环。这个表达式在每次循环的开头都要进行检验。当表达式的值为 false 时，循环结束。
- 增量是指循环一次增加多少（即步长）的表达式。
- 循环体是被重复执行的语句块。

实际上，所有的这些部分都是可选的。若前 3 个表达式都省略，则为无限循环。

```
for( ; ; ){
    …… //循环体
}
```

所以，为避免无限循环，上述语句的循环体中应包含能够退出循环的语句。要注意，可以在 for 循环的初始化语句中声明一个局部变量。这个变量的作用域只是在 for 语句循环体中，它可以用在终止条件语句和增量表达式中。如果控制 for 循环的变量没有用在循环体的外部，最好还是在初始化表达式中声明这个变量，限制它们的生命周期，以减少程序中的错误。

2.4.5　跳转语句

Java 语言有 3 种跳转语句：
- break 语句。
- continue 语句。
- return 语句。

下面逐个介绍这几个语句。

1．break 语句

break 语句有两种形式：**无标记**和**带标记**语句。所谓**标记**就是出现在程序块前的标识

符，其后加冒号":"。定义如下：

标记名：程序块

这里的程序块可以是 switch，for，while，do-while 等循环程序块。

（1）无标记的 break 语句

其功能是从该语句所在的 switch 分支或 for、while 等循环中跳转出来，执行后继语句。在前面例 2-9 的 SwitchExample 程序中已经用过无标号的 break 语句。这个 break 语句终止 switch 语句，转到 switch 分支的后继语句。下面的例 2-12 给出了在二重 for 循环中使用 break 语句的方法。注意，如何用 break 语句跳出二重 for 循环。

【例 2-12】 用二重 for 循环和 break 语句查找二维数组中特定的数值。

```java
//BreakExample.java
public class BreakExample{
    public static void main(String[] args){
        int[][] array={{32,87,3},{589,12,1076},{2000,8,622}};
        int search = 1076, i=0, j=0;
        boolean foundIt = false;
        for (i=0; i<3; i++) {
            for (j=0; j<3; j++){
                if (array[i][j] == search) { foundIt = true;   break; }   //跳出内层循环
            }
            if(foundIt) break;                                          //跳出外层循环
        }
        if(foundIt)   System.out.println("Found " + search + " at i = " + i +", j = " + j);
        else          System.out.println(search + " is not in the array");
    }
}
```

这个程序的输出为：

```
Found 1076 at i = 1, j = 2
```

值得注意的是，当找到需要的数值时，第 1 个 break 语句终止了它所在的内层 for 循环，要终止外层 for 循环还需要用第 2 个 break 语句。

（2）带标记的 break 语句

其格式为：

break 标记名;

这里的标记名应出现在某个语句块之前。这个语句的功能是终止并跳出这个标记所标识的语句块，执行该语句块的后继语句。修改例 2-12，用带标记的 break 语句实现跳出二重 for 循环的例子可以参见第 3 章例 3-4 的 array2D.java。

2. continue 语句

continue 语句用于跳过当前的 for、while 或 do-while 循环的剩余部分，并没有终止整个循环。continue 语句也有两种形式：**无标记**和**带标记**的语句。

（1）无标记的 continue 语句

其功能是终止当前这一轮循环，即跳过 continue 语句后面剩余的语句，并计算和判断循环条件，决定是否进入下一轮循环。

【例 2-13】 检查字符串中的所有字符，如果当前字符不是 p，continue 语句就忽略循环的剩余部分并且处理下一个字符。反之，则对计数器增 1，再将 p 转换为大写字母。

```java
//ContinueExample.java
public class ContinueExample{
    public static void main(String[] args){
        StringBuffer searchMe = new StringBuffer(
            "Peter Piper picked a peck of pickled peppers");
        int max = searchMe.length();
        int numPs = 0;
        for(int i = 0;i<max;i++){
            if(searchMe.charAt(i) != 'p') continue; //不是字符 p，跳过
            numPs++;                                //累加 p 的数目
            searchMe.setCharAt(i,'P');              //将'p'转换为'P'
        }
        System.out.println("Found " + numPs + " p's in the old string.");
        System.out.println("The new string is: ");
        System.out.println(searchMe);
    }
}
```

这个程序的输出为：

```
Found 7 p's in the old string.
The new string is:
Peter PiPer Picked a Peck of Pickled PePPers
```

（2）带标记的 continue 语句

带标记的 continue 语句的格式为：

continue→标记名；

它的要求是 continue 后的标记名应标识在外层循环语句前。其作用是使程序的流程转入标记所标识的循环层次，继续执行。

【例 2-14】 用一个嵌套的循环来搜索一个子字符串。

```java
//ContinueWithLabel.java
public class ContinueWithLabel{
    public static void main(String[] args){
        String search = "Look for a substring in me";
        String substring = "sub";
        boolean foundIt = false;
        int max = search.length()-substring.length();
```

```
        test:                              //标记
            for(int i = 0;i<=max;i++){
                int j = i, k = 0,n = substring.length();
                while (n-- != 0) {
                    if(search.charAt(j++) != substring.charAt(k++)){
                        continue test;     //跳到 test 所标识的 for 循环继续进行
                    }
                }
                foundIt = true;    break test;
            }
            System.out.println(foundIt ? "Found it": "Didn't find it");
        }
    }
```

这个程序的输出为:

```
Found it
```

3．return 语句

return 语句的一般形式为:

```
return⏎表达式;
```

return 语句的功能是，退出当前的方法，使控制流程返回到调用该方法的语句之后的下一个语句。例如:

```
return ++count;
```

return 返回值的类型必须与方法的返回类型相一致。return 语句有两种形式：一种有返回值，另一种无返回值。当一个方法被声明为 void 时，没有 return 语句。

2.5 习题

1．选择题

1.1 数据类型能存储值 1.75 是（   ）。
　　A. int　　　B. Boolean　　　C. char　　　D. float　　　E. double

1.2 数据类型能存储值 10 是（   ）。
　　A. int　　　B. Boolean　　　C. char　　　D. float　　　E. double

1.3 数据类型能存储 π(pi)值是（   ）。
　　A. int　　　B. Boolean　　　C. char　　　D. float　　　E. double

1.4 char 的合法值是（   ）。
　　A. A　　　B. 'A'　　　C. 5　　　D. '5'　　　E. 以上都不是

1.5 boolean 的合法值是（   ）。
　　A. true　　　B. false　　　C. 'true'　　　D. 0　　　E. 1

1.6 表达式(int)9.9 的值是（   ）。
   A．9   B．10   C．9.9   D．错误
1.7 如果一个类命名为 MyClass，它的源文件名是（   ）。
   A．MyClass.src   B．MyClass   C．MyClass.java
   D．myclass.java   E．无关紧要
1.8 MyClass 类的默认构造器是（   ）。
   A．new MyClass()   B．MyClass(){}
   C．MyClass{}   D．public class MyClass
1.9 可以定义 MyClass 类的是（   ）。
   A．new MyClass();   B．public MyClass(){}
   C．public class MyClass   D．MyClass{}
1.10 类只能有一个构造器是（   ）。
   A．正确   B．错误
1.11 一个类必须定义一个构造器是（   ）
   A．正确   B．错误
1.12 下面哪一种方法可以从该类的外部访问？（   ）
   A．public void getValue()   B．private void getValue()
   C．void public getValue()   D．void private getValue()
1.13 私有（private）数据不能直接访问是（   ）。
   A．正确   B．错误
1.14 公有（public）方法不能访问私有数据是（   ）。
   A．正确   B．错误
1.15 （   ）定义了一个静态变量。
   A．public static int i;   B．static public int i;
   C．public int static i;   D．int public static i;
   E．static int public i;   F．int public static i;
1.16 判断下列逻辑运算表达式的值，正确的是（   ）。
   A．(true) && (3>4)   B．!(x>0) && (x>0)
   C．(x>0) || (x<0)   D．(x!=0) || (x==0)
   E．(x>=0) || (x<0)   F．(x!=1) == !(x==1)
1.17 switch 变量的有效类型是（   ）。
   A．float   B．int   C．Integer   D．char
1.18 switch 语句用（   ）表示找不到匹配时使用的选择。
   A．default   B．an   C．last   D．none
1.19 switch 语句用来表示块的结束的是（   ）。
   A．done   B．jump   C．last   D．break
1.20 下面有一段代码

switch(x){

```
        case 1:  System.out.println("Two apples");      break;
        case 2:  System.out.println("Two peaches");     break;
        case 3:  System.out.println("Two or Three apples");
        case 4:  System.out.println("Two bananas");     break;
        default: System.out.println("Unknown");
    }
```

如果 x 为 2 时，打印结果是（　　）。
  A．Two apples   B．Two or Three apples
  C．Two peaches   D．Two bananas
  E．Unknown

1.21　表达式"true||true && true && false"的结果是（　　）。
  A．true   B．false

1.22　表达式"true||(true&&true&&false)"的结果是（　　）。
  A．true   B．false

1.23　设 x 是一逻辑表达式。表达式"x&&!x"的结果是（　　）。
  A．true   B．false   C．不能确定

1.24　设 x 是一逻辑表达式。表达式"x||!x"的结果是（　　）。
  A．true   B．false   C．不能确定

1.25　设 x 是一逻辑表达式。表达式"x^!x"的结果是（　　）。
  A．true   B．false   C．不能确定

1.26　下列布尔表达式中合法的运算符的是（　　）
  A．AND，OR，NOT   B．+，-，*
  C．以上都是   D．以上都不是

1.27　对 if 句型，下列 Java 类型中合法的是（　　）。
  A．byte   B．short   C．int
  D．long   E．float   F．double
  G．boolean   H．char   I．Object reference

1.28　下列中至少能执行一次的是（　　）
  A．do 循环   B．for 循环   C．while 循环

2．编程题

2.1　设 n 为自然数。称 n！=1*2*...*n，规定 0!=1 为 **n 阶乘**。试编制程序计算 2！，6！和 8！，并将结果输出到 Dos 屏幕上。

2.2　编写程序输出下列结果。
```
1
1 2
1 2 3
1 2 3 4
1 2 3 4 5
1 2 3 4 5 6
```

2.3 用下面的语句 Random randowm=new Random(); float x = random.nextFloat();

可以产生 0～1 的随机数。编写程序，产生 2～100 的随机数，并测试这些数是否为素数。

2.4 编写程序测试求和公式 1+2+...+n=n(n+1)/2。用习题 2.3 的方法产生一个 0～100 的随机整数 n，求和 sum = 1+2+...+n。将 sum 与用求和公式计算的结果相比较，检验公式的正确性，并将检验的结果在屏幕上显示。

第 3 章 数组与字符串

在程序设计中,数组是常用的数据结构。无论是在面向对象的程序设计中,还是在面向过程的程序设计中,数组都起着重要的作用。从数组的构成形式上可以分为一维数组和多维数组。

3.1 数组

所谓**数组**就是相同数据类型的元素按一定顺序排列的集合。在 Java 语言中数组元素可以由简单数据类型的量组成,也可以由对象组成。数组中的每个元素都具有相同的数据类型,可以用一个数组名和一个下标来唯一地确定数组元素的个数,即数组的**长度**。数组的结构如图 3-1 所示。

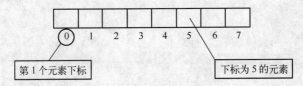

图 3-1 数组结构示意图

Java 语言中,数组的下标是从 0 开始的。如果需要在一个结构中存储不同类型的数据,或者需要长度可以动态改变的结构,可以考虑使用向量 Vector 类型。

一般地说,数组有如下几个特点:
- 数组是相同数据类型元素的集合。
- 数组中各元素是有先后顺序的,它们在内存中按照这个先后顺序连续存放在一起。
- 数组元素用整个数组的名字和它自己在数组中的顺序位置来表示。例如,a[0]表示名字为 a 的数组中的第一个元素,a[1]代表数组 a 的第二个元素,依次类推。

3.1.1 一维数组

一维数组是最简单的数组,其逻辑结构是线性表。要使用一维数组,需要经过定义、初始化和应用等过程。

1.定义

使用数组,一般要经过三个步骤:声明数组,分配内存空间,数组元素赋值。前两个步骤的语法如下:

```
数据类型 数组名[ ];            //声明一维数组
数组名＝new 数据类型[个数];     //给数组分配内存
```

在数组的声明格式里,"数据类型"是声明数组元素的数据类型,可以是 Java 中任意的数据类型,包括简单类型和结构类型。"数组名"是用来统一这些相同数据类型的名称,其命名规则和变量的命名规则相同。"[]"指明该变量是一个数组类型变量,它可以放到数组名的前面,也可以放在数组名的后面。与 C、C++不同,Java 在数组的定义中并不为数组元素分配内存,因此"[]"中不用给出数组中元素的个数(即数组的长度),但必须为它分配内存空间后才可使用。

数组声明之后,接下来便是要分配数组所需的内存,这时必须用运算符 new,其中"个数"是告诉编译器所声明的数组要存放多少个元素。所以 new 运算符是通知编译器根据括号里的个数,在内存中分配一块空间供该数组使用。利用 new 运算符进行数组元素占用内存空间分配的方式称为**动态内存分配方式**。

下面举例来说明数组的定义,例如:

```
int x[];            //定义一个数组 x
x = new int[10];    //为数组分配内存
```

在声明数组时,也可以将两个语句合并成一行,格式如下:

数据类型▯数组名[ ] = new▯数据类型[个数];

利用这种格式在声明数组的同时,也分配了一块内存供数组使用。如上面的两语句可以写成如下的一句:

```
int x[] = new int[10];
```

等号左边的 int[]相当于定义了一个特殊的变量符号 x,x 的数据类型是一个对 int 型数组对象的引用,x 就是一个数组的引用变量,其引用的数组元素个数不定。等号右边的 new int[10]就是在内存中创建一个具有 10 个 int 型变量的数组对象。"int x[] = new int[10];"就是将右边的数组对象赋值给左边的数组引用变量。若利用两行的格式来声明数组,其意义也是相同的。如执行第二句 x = new int[10]后,在内存里创建了一个数组对象,为这个数组对象分配了 10 个整型单元,并将数组对象赋给了数组引用变量 x。引用变量指向引用对象,就相当于 C 语言中的指针变量,而数组对象就是指针变量指向的那个内存块。所以说,在 Java 内部还是有指针的,只是把指针的概念对用户隐藏起来了,而用户所使用的是引用变量。

用户也可以改变 x 的值,使它指向另外一个数组对象,或者不指向任何数组对象。要想让 x 不指向任何数组对象,只需要将常量 null 赋给 x 即可,如 x = null。

执行完 x = null 语句后,原来通过 new int[10]产生的数组对象不再被任何引用变量所引用,也就成了垃圾,直到垃圾回收器来将它释放掉。

说明:数组用 new 运算符分配内存空间的同时,数组的每个元素都会被自动赋予一个默认值:整数为 0,实数为 0.0,字符为 "\0",boolean 型为 false,引用型为 null。这是因为数组实际是一种引用型的变量,每个元素是引用型变量的成员变量。

2. 访问

当定义了一个数组,并用运算符 new 为它分配了内存空间以后,就可以引用数组中的

元素了。要想使用数组里的元素,可以利用数组名和下标来实现。数组元素的引用方式为:

数组名[下标]

其中"下标"可以是整型数或表达式,如 a[3+i](i 为整数)。Java 数组的下标是从 0 开始的。如:

```
int x [] = new int[10];
```

其中 x[0]代表数组第 1 个元素,x[1]代表第 2 个元素,x[9]为第 10 个元素,也就是最后一个元素。另外,与 C、C++不同,Java 对数组元素要进行越界检查以保证安全性。同时,对于每个数组都有一个属性 length 指明它的长度,如 x.length 指出数组 x 所包含的元素个数。

【例 3-1】 声明一个一维数组,其长度为 5,利用循环对数组元素进行赋值,然后再利用另一个循环逆序输出数组元素的内容。程序代码如下:

```java
//Array1D_1.java      一维数组
public class Array1D_1 {
    public static void main(String args[]) {
        int i;
        int a[];                //声明一个数组 a
        a = new int[5];         //分配内存空间供整型数组 a 使用,其元素个数为 5
        for(i = 0; i < 5; i++)  //对数组元素进行赋值
            a[i] = i;
        for(i = a.length-1; i >= 0; i--)                //逆序输出数组的内容
            System.out.print("a[" +i + "]=" + a[i] + ",\t");
        System.out.println("\n 数组 a 的长度是:" + a.length);   //输出数组的长度
    }
}
```

运行结果如下:

```
a[4]=4, a[3]=3, a[2]=2, a[1]=1, a[0]=0
数组a的长度是: 5
```

3. 初始化

对数组元素的赋值,既可以使用单独方式进行(如上例),也可以在定义数组的同时就为数组元素分配空间并赋值。这种赋值方法,称为对数组的**静态内存分配方式**,也称为对数组的**初始化**。其格式如下:

数据类型 数组名[ ] = {初值 0,初值 1,……,初值 n};

在大括号内的初值会依次赋值给数组的第 1,2,…,n+1 个元素。此外,在声明数组的时候,并不需要将数组元素的个数列出,编译器会根据所给的初值个数来决定数组的长度。如:

```
int a[] = {1, 2, 3, 4, 5};
```

在上面的语句中，声明了一个整型数组 a，虽然没有特别指明数组的长度，但是由于大括号里的初值有 5 个，编译器会分别依次指定各元素存放，a[0]为 1，a[1]为 2，…，a[4]为 5。

注意：在 Java 语言中声明数组时，无论用何种方式定义数组，都不能指定其长度。如以"int a[5];"方式定义数组将是非法的，该语句在编译时将出错。

4．引用

当数组经过初始化后，就可以通过数组名和下标来引用数组中的每一个元素。一维数组元素的引用格式如下：

```
数组名[下标];
```

其中数组名是经过声明和初始化的标识符，数组下标是指元素在数组中的位置。数组下标的取值范围是 0～（数组长度-1）。下标值可以是整型常量或整数型变量表达式。比如，下面的两句引用是合法的。

```
int [] A=new int[10];      //定义数组，分配内存
A[3]=8;                    //引用合法
A[4+5]=80;                 //引用合法
```

但下面的赋值引用

```
A[10]=9;                   //引用非法，引用下标越界错误
```

是错误的。因为 Java 要对引用的数组元素进行下标是否越界的检查，在现在定义的数组 A 中不存在元素 A[10]。下面给出数组引用的一些例子。

【例 3-2】 设数组中有 n 个互不相同的数，不用排序求出其中的最大值和次最大值。

```java
//Array1D_2.java 比较数组元素值的大小
public class Array1D_2 {
  public static void main(String args[]){
    int max, sec, t;
    int a[] = {8, 50, 20, 7, 81, 55, 76, 93};   //声明数组 a，并赋初值
    System.out.println("All elements are: ");
    for(int i = 0; i < a.length; i++)
       System.out.print(a[i]+" ");          //输出数组 a 中的各元素

    max = a[0]; sec = a[1];
    if(max < sec){
       max = a[1]; sec = a[0];
    }

    for(int i = 2; i < a.length; i++){
       if(a[i] > max){                      //若 a[i]大于最大值
         sec = max;   max = a[i];           //原最大值降为次最大值，a[i]为新的最大值
       }
```

```
            else                          //a[i]不是新的最大值
               if(a[i] > sec) sec = a[i];      //若 a[i]大于次最大值,a[i]为新的次最大值
        }
        System.out.print("\nThe maximum is: " + max);          //输出最大值
        System.out.println(", The second maximum is: "+ sec);//输出次最大值
    }
}
```

运行结果如下:

```
All elements are:
8 50 20 7 81 55 76 93
The maximum is: 93, The second maximum is: 81
```

【例 3-3】（**约瑟夫环问题**） 设有 N 个人围坐一圈并按顺时针方向从 1 到 N 编号，从第 s 个人开始进行 1 到 M 报数，报数到第 M 的人，此人出圈，再从他的下一个人重新开始从 1 到 M 报数，如此进行下去直到所有人出圈为止。给出这 N 个人的出圈顺序。

```
//Array1D_3.java
public class Array1D_3{
    public static void main(String args[]){
        final int N = 13;          //总人数 N
        final int S = 3;           //从第 S 个人开始报数
        final int M = 5;           //报数 M 的人出圈
        int p[] = new int[N];      //存出圈人编号
        int i, s, w, j;
        s = S;
        for(i = 1;i<= N;i++)
           p[i-1] = i;             //对每个人进行编号
        for(i = N;i>=2;i--){       //总人数为 N,依次减 1
           s = (s+M-1)%i;          //计算下一个报数为 M 的人的位置
           if(s==0) s = i;         //最后一个出圈人的位置存入变量 s 中
           w=p[s-1];               //将出圈人的编号保存到变量 w 中
           for(j = s;j<=i-1;j++)
              p[j-1] = p[j];       //从 s 位置开始，数组的内容依次前移
           p[j-1] = w;             //将 w 存入数组 p 中
        }
        System.out.println("\n 出圈顺序为: ");
        for(i=p.length-1;i>=0;i--) System.out.print(" "+p[i]);
    }
}
```

程序运行后的输出结果如下:
出圈顺序为：

```
 7 12 4 10 3 11 6 2 1 5 9 13 8
```

此题是著名的**约瑟夫环问题**。首先将每个人的编号存入数组，因为每次是从第 S 个人

开始报数，若是直队的话，则下一个开始报数的人所在的数组下标是 S+M-1，但这里是要建立一个环，即最后一个人报完数后下一个人接着报数。所以这时下一个开始报数的人所在的数组下标是(S+M-1)%i，其中 i 是此时圈中的总人数。若所得的结果为 0，则说明要开始报数的人是最后一个人。在此人前面的那个人就是要出圈的人，使用循环将要出圈的人移至数组的最后，即将出圈人的顺序反向存入数组 p 中。开始时，总人数为 N，以后依次减 1，直到最后一个人出圈。

3.1.2 多维数组

虽然一维数组可以处理简单的数据，但是在实际的应用中仍显不足，所以 Java 语言提供了多维数组。但在 Java 语言中并没有真正的多维数组，所谓多维数组只是数组的数组。

1．二维数组

二维数组的声明方式与一维数组类似，内存的分配也一样是用 new 运算符。其声明与分配内存的格式如下：

```
数据类型␣数组名[ ][ ];
数组名= new␣数据类型[行数][列数];
```

与一维数组不同的是，二维数组在分配内存时，必须告诉编译器二维数组行与列的个数。因此在上面格式中，“行数”是告诉编译器所声明的数组有多少行，“列数”则是赋值每行中有多少列，如：

```
int a[][];              //声明整型数组 a
a=new int[3][4];        //分配一块内存空间，供 3 行 4 列的整型数组 a 使用
```

同样也可以用较为简洁的方式来声明数组，其格式如下：

```
数据类型␣数组名[ ][ ] = new␣数据类型[行数][列数];
```

以该种方式声明的数组，在声明的同时就分配一块内存空间供该数组使用。如：

```
int a[][] = new int[3][4];
```

虽然在应用上很像 C 语言中的多维数组，但两者还是有区别的，在 C 语言中定义一个二维数组，必须是一个 m×n 二维矩阵块，如图 3-2 所示。Java 的多维数组不一定是规则的矩阵形式，如图 3-3 所示。这种各维长度不相等的多维数组称为**不平衡数组**（ragged array）。

1	2	3	4
5	6	7	8
9	10	11	12

图 3-2　C 语言中二维数组必须是矩形

1	2		
5	6	7	8
9	10	11	

图 3-3　Java 语言的二维数组不一定是矩形

例如，定义如下的数组：

```
int x[][];
```

它表示定义了一个数组引用变量 x，第一个元素为 x[0]，第 n 个元素变量为 x[n-1]。x 中从 x[0]到 x[n-1]的每个元素变量正好又是一个整数类型的数组引用变量。需要注意的是，这里只是要求每个元素都是一个数组引用变量，并没有要求它们所引用数组的长度是多少，也就是每个引用数组的长度可以不一样。例如：

    int[][] x;
    x = new int[3][];

这两句代码表示数组 x 有 3 个元素，每个元素都是 int[]类型的一维数组。相当于定义了 3 个数组引用变量，分别是 int x[0][ ]，int[] x[1]和 int[] x[2]，完全可以把x[0]当做一个普通的变量名。另外 int x[0][]，int[] x[1]这两个数组引用变量只是书写方式不同而已，其作用是一样的。这样表示的目的是帮助读者把 x[0]和 x[1]当成普通变量名来理解。

由于 x[0]、x[1]和 x[2]都是数组引用变量，因此必须对它们赋值，指向真正的数组对象，才可以引用这些数组中的元素。

    x[0] = new int[3];
    x[1] = new int[2];

由此可以看出，x[0]和 x[1]的长度可以是不一样的，数组对象中也可以只有一个元素。程序运行到此之后的内存分配情况如图 3-4 所示。

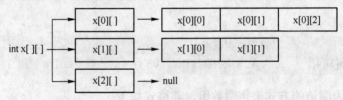

图 3-4　Java 语言中的二维数组可以看成是多个一维数组

x[0]中的第二个元素用 x[0][1]来表示，如果要将整数 100 赋给 x[0]中的第二个元素，写法如下：

    x[0][1]=100;

如果数组对象是一个 m×n 形式的规则矩阵，可不必像上面的代码一样，先创建高维的数组对象后，再逐一创建低维的数组对象。完全可以用一句代码在创建高维数组对象的同时，创建所有的低维数组对象。如：

    int x[][] = new int[2][3];

上面的代码创建了一个 2×3 形式的二维数组，其内存分配如图 3-5 所示。

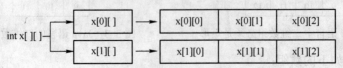

图 3-5　规则的二维数组内存分配

在二维数组中，若要取得二维数组的行数，只要在数组名后加上属性".length"即可。若要取得数组中某行元素的个数，则须在数组名后加上该行的下标，再加上".length"。例如：

```
x.length;        //计算数组 x 的行数，参见例 3-5
x[0].length;     //计算数组 x 的第 1 行元素的个数，参见例 3-5
x[2].length;     //计算数组 x 的第 3 行元素的个数
```

注意：与一维数组相同，用 new 运算符为数组申请内存空间时，很容易在数组各维数的指定时出现错误，二维数组要求必须指定高层维数，例如：
- 正确的申请方式，只指定数组的高层维数：

```
int MyArray[][] = new int[10][];
```

- 正确的申请方式，指定数组的高层维数和低层维数，如：

```
int MyArray[][] = new int[10][3];
```

- 错误的申请方式，只指定数组的低层维数，如：

```
int MyArray[][] = new int[][5];
```

- 错误的申请方式，没有指定数组的任何维数，如：

```
int MyArray[][] = new int[][];
```

如果想直接在声明二维数组时就给数组赋初值，可以利用"{}"实现，只要在数组的声明格式后面再加上初值的赋值即可。其格式如下：

数据类型 数组名[ ][ ] = {{第 1 行初值}，{第 2 行初值}，{……}，{第 n+1 行初值}};

同样需要注意的是，用户并不需要定义数组的长度，因此在数组名后面的方括号里并不必填写任何内容。此外，在花括号内还有几组花括号，每组花括号内的初值会依次赋值给数组的第 1，2，…，n+1 行元素。如：

```
int a[][] = {{11, 22, 33, 44}, {66, 77, 88, 99}};   //二维数组的初始赋值
```

该语句中声明了一个整型数组 a，数组有 2 行 4 列共 8 个元素。花括号里的两组初值会分别依次给各行里的元素存放，a[0][0]为 11，a[0][1]为 22，…，a[1][3]为 99。注意，与一维数组一样，在声明多维数组时不能指定其长度，否则出错。如 int b[2][3]={{1, 2, 3}, {4, 5, 6}}; 该语句在编译时将出错。

【例 3-4】 在不平衡的二维数组中查找指定元素。

```
//Array2D.java
public class Array2D{
    public static void main(String[] args){
        int[][] array    = {{32, 87}, {589, 12, 88, 1076}, {2000, 8, 622}};
        int search       = 1076;
```

```
            boolean foundIt = false;
            int i = 0,   j = 0;

            forfor:                                    //用 forfor 标记二重 for 循环
            for (i = 0; i<array.length; i++) {         //arry.length，数组 arry 的行数
               for (j = 0; j < array[i].length; j++){  //array[i].length，第[i]行元素个数
                  if (array[i][j] == search) {
                     foundIt = true;
                     break forfor;                     //跳出二重 for 循环 forfor
                  }
               }
            }
            if(foundIt)
               System.out.println("Found " + search + " at i = " + i +", j = " + j);
            else
               System.out.println(search + " is not in the array");
         }
      }
```

运行结果如下：

```
Found 1076 at i = 1, j = 3
```

2．三维以上的多维数组

通过对二维数组的介绍，不难发现，要想提高数组的维数，只要在声明数组的时候将下标与方括号再加一组即可，所以三维数组的声明为 int a[][][]，而四维数组为 int a[][][][]，依次类推。使用多维数组时，输入、输出的方式和一、二维相同，但是每增加一维，嵌套循环的层数就必须多一层，所以维数越高的数组其复杂度也就越高。

3.1.3 数组的复制

可以将一个数组通过赋值复制给另一个数组，但这两个变量引用的都是相同的数组。比如，将数组 array1 赋予数组 array3：

```
int[] array3 = array1;
array3[1]=117;        //array3[1]的值也是 117
```

其结果如图 3-6 和图 3-7 所示。

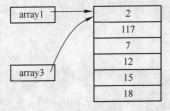
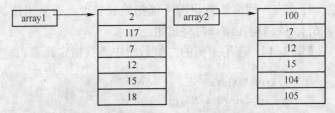

图 3-6　数组简单赋值示意图　　　　图 3-7　使用 arraycopy()方法结果示意图

在应用中常常需要把一个数组的所有值或部分值复制到另一数组，对其中一个数组某

些成员的值作改变，但不能影响另一数组的值，即两个数组引用不同的数据。对这种情况需要使用 System 的 arraycopy()方法：

System.arraycopy(object from, int fromIndex, object to, int toIndex, int count);

其意义是将数组 from 从下标 fromIndex 开始的 count 个元素复制到 array2 下标为 toIndex 及以后的元素处。下面的例 3-5 证实了上面的结果。

【例 3-5】 数组复制的方法。

```
// ArrayCopy.java
public class ArrayCopy{
  public static void main(String[] args){
    int[] array1 = {2,5,7,12,15,18};
    int[] array2 = {100,101,102,103,104,105};

    int[] array3 = array1;              //数组 array1 简单赋值给 array2
    array3[1] = 117;                    //改变 array1[1]的数据
    System.out.println("array1[1]="+array1[1]+"; array3[1]="+array3[1]);
    System.out.println();

    //将 array1 从下标 2 开始的 3 个元素复制到 array2 下标为 1 及以后元素处
    System.arraycopy(array1, 2, array2, 1, 3);
    for(int i=0;i<array2.length;i++)
      System.out.println("array2["+i+"] = "+array2[i]);
    System.out.println();
    for(int i=0;i<array1.length;i++)
      System.out.println("array1["+i+"] = "+array1[i]);
  }
}
```

运行结果如下：

```
array 1[1]=17; array3[1]=117

array2[0]=100
array2[1]=7
array2[2]=12
array2[3]=15
array2[4]=104
array2[5]=105

array1[0]=2
array1[1]=117
array1[2]=7
array1[3]=12
array1[4]=15
array1[5]=15
array1[5]=18
```

3.2 数组作为参数或返回值的方法调用

Java 的方法不仅可以用来传递一般的变量，也可以用来传递数组。这里的"方法"在 C 语言中相当于"函数"。之所以称为"方法"是因为方法只能放在类中，而函数没有这个限制。关于类的概念，将在第 4 章中介绍。

3.2.1 传递数组

要传递数组到方法里，只要声明输入的参数是一个数组即可。在调用方法时，可用数组名作为实参输入。

【例 3-6】 以一维数组为参数的方法调用，求若干数的最小值。

```
//ArrayParam1.java   以数组为参数的方法调用
public class ArrayParam1{            //定义主类
  public static void main(String args[]){
    int a[] = {8, 3, 7, 88, 9, 23};   //定义一维数组 a
    LeastNumb MinNumber = new LeastNumb();
    MinNumber.least(a);              //数组名 a 作为实参，调用方法 least()
  }
}

class LeastNumb{
  public void least(int array[]){    //声明形参 array 是数组
    int temp = array[0];
    for(int i = 0; i < array.length; i++)
      if(temp > array[i]) temp = array[i];
    System.out.println("最小的数为: " + temp);
  }
}
```

程序运行结果如下：

```
最小的数为: 3
```

该例将一个一维数组传递到 least()方法中，least()方法接收到此数组后，便把该数组的最小值输出。从该例可以看出，如果要将数组传递到方法中，只需在方法名后的括号内写上数组的名字即可，也就是说实参只需给出数组名即可。

二维数组的传递与一维数组的传递相似，只要在方法中声明传入的参数是一个二维数组即可。

3.2.2 返回值为数组类型的方法

一个方法如果没有返回值，则在该方法的前面用 void 来修饰；如果返回值的类型为简单数据类型，只需在声明方法的前面加上相应的数据类型即可。同理，若需要方法返回一个数组，则必须在该方法的前面加上数组类型的修饰符。如果要返回一个一维整型数组，则必须在该方法前加上 int[]，若要返回二维整型数组，则需加上 int[][]，依此类推。下面举例说明。

【例 3-7】 将一个矩阵转置后输出。

```java
//ArrayParam2.java
public class ArrayParam2{
    public static void main(String args[]){
        int a[][]  = {{1, 2, 3}, {4, 5, 6}, {7, 8, 9}};//定义二维数组
        int b[][]  = new int[3][3];
        trans pose = new trans();
        b = pose.transpose(a);
        for(int i = 0; i < b.length; i++){
            for(int j = 0; j < b[i].length; j++)
                System.out.print(b[i][j] + " ");
            System.out.print("\n");
        }
    }
}

class trans{
    int temp;
    int[][] transpose(int array[][]){
        for(int i = 0; i < array.length; i++){
            //将二维数组的行与列互换
            for(int j = i+1; j < array[i].length; j++){
                temp = array[i][j];
                array[i][j] = array[j][i];
                array[j][i] = temp;
            }
        }
        return array;
    }
}
```

运行结果如下：

```
1 4 7
2 5 8
3 6 9
```

trans 类中的 transpose()方法接收二维数组，且其返回值类型也是二维整型数组。该方法用 array 数组接收传递进来的数组参数，转置后又存入该数组，即用一个数组实现转置，最后用 return array 语句返回转置后的数组。

Java 语言在为被调用方法的参数赋值时，只采用传值的方式。所以，基本类型数据传递的是该数据的值本身；而引用类型数据传递的也是这个变量的值本身，即对象的引用变量，而非对象本身。通过方法调用，可以改变对象的内容，但对象的引用变量是不能改变的。简而言之，就是当参数是基本数据类型时，则是传值方式调用；而当参数是引用型的变

量时，则是传址方式调用。

3.3 字符串类和字体类

字符串是多个字符的序列，是编程中常用的数据类型。从某种意义上说，字符串有些类似于字符数组。实际上在 C 语言中，字符串就是用字符数组来实现的。但在纯面向对象的 Java 语言中，将字符串数据类型封装为字符串类，无论是字符串常量还是字符串变量，都是用类的对象来实现的，可以说字符串类是字符串的面向对象的表示。

Java 语言提供了两种具有不同操作方式的字符串类：String 类和 StringBuffer 类。它们都是 java.lang.Object 的子类。用 String 类创建的对象在操作中不能变动和修改字符串的内容，因此也被称为**字符串常量**。而用 StringBuffer 类创建的对象在操作中可以更改字符串的内容，因此也被称为**字符串变量**。也就是说，对 String 类的对象只能进行查找和比较等操作，而对于 StringBuffer 类的对象可以进行添加、插入、修改等操作。

3.3.1 字符串类

字符串类（String 类）的对象一经创建其字符串常量便不能变动。在前面的程序中我们已经多次使用了字符串常量。例如输出语句中的参数之一"Input an Integer data\n"就是字符串常量，只是当时并未明确提出这个概念。在学习 String 类的知识之前，先强调一点，那就是请读者把本章要学习的字符串常量与我们在第 2 章中学习过的字符常量加以区分。字符常量是用单引号括起的单个字符，例如，"'A' '\n'"等。而字符串常量是用双引号括起的字符序列，例如，""A" "\n" "Java Now""等。在 Java 语言中，字符串常量通常是作为 String 类的对象而存在的，有专门的成员方法来表明它的长度。本节主要讨论 String 类对象的创建、使用和操作等。

1. 创建 String 对象

Java 语言规定字符串常量必须用双引号括起，一个串可以包含字母、数字和各种特殊字符，如+、-、*、/、$等。在我们前面的程序范例中已多次使用过字符串常量，例如：

> System.out.println("OK!");

中的"OK!"就是字符串常量。Java 的任何字符串常量都是 String 类的对象，只不过在没有明确命名时，Java 自动为其创建一个匿名 String 类的对象，所以，它们也被称为匿名 String 类的对象。我们可以用下面的方法创建 String 类的对象，例如：

> String c1= "Java";

该语句创建 String 类的对象，并通过赋值号将匿名 String 类的对象"Java"赋值给 c1 引用，我们将此对象称为对象 c1，如图 3-8 所示。String 类的对象一经创建，便有一个专门的成员方法来记录它的长度。

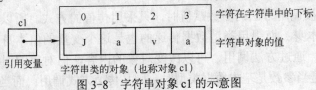

图 3-8 字符串对象 c1 的示意图

2. String 类的构造方法

String 类中提供了多种方法来创建 String 类的对象，见表 3-1。

表 3-1 String 类的构造方法

构 造 方 法	说　　明
String()	创建一个空字符串对象
String(String value)	用串对象 value 创建一个新的字符串对象
String(char value[])	用字符数组 value[]来创建字符串对象
String(char value[], int offset, int count)	从数组 value 下标 offset 开始，创建 count 个字符的串对象
String(byte ascii[])	用 byte 型字符串数组 ascii 创建串对象
String(byte ascii[], int offset, int count)	从数组 ascci 下标 offset 开始，创建 count 个字节串对象
String(StringBuffer Buffer)	创建字符串对象，其值为字符串的当前内容

【例 3-8】 String 类的 7 种构造方法的使用。

```
//String1.java
import java.io.*;

public class String1{
    public static void main(String[] args){
        char charArray[] = {'b','i','r','t','h',' ','d','a','y'};
        byte byteArray[] = {-61,-26,-49,-14,-74,-44,-49,-13};
        StringBuffer buffer;
        String s, s1, s2, s3, s4, s5, s6, s7;
        s = new String("hello");        //用字符串创建一个新的字符串对象 s
                                        //创建字符串变量 buffer
        buffer = new StringBuffer("Welcome to java programming!");
        s1 = new String();              //创建一个空字符串对象
        s2 = new String(s);             //用串对象 s 创建新的字符串对象 s2
        s3 = new String(charArray);     //用字符数组创建字符串对象 s3
        s4 = new String(charArray,6,3); //从下标为 6 的元素开始取 3 个创建对象 s4
        s5 = new String(byteArray);     //用数组 byteArray 按缺省编码方案创建 s5
        s6 = new String(byteArray,2,4); //从下标为 2 的元素开始，取 4 个创建 s6
        s7 = new String(buffer);        //用字符串变量 buffer 构造新对象 s7
        System.out.println("s1 = " + s1); System.out.println("s2 = " + s2);
        System.out.println("s3 = " + s3); System.out.println("s4 = " + s4);
        System.out.println("s5 = " + s5); System.out.println("s6 = " + s6);
        System.out.println("s7 = " + s7);
    }
}
```

运行结果如下：

```
s1 =
s2 = hello
s3 = birth day
s4 = day
s5 = 面向对象
s6 = 向对
s7 = Welcome to java programming!
```

其中 s5 是由字节数组 byteArray 创建的字符串，数组的每个字节的值代表汉字的国际机内码。汉字的国际机内码（GB2312 码）用两个字节编码构成一个汉字，数组的码构成"面向对象"4 个汉字。−61 与−26 组成汉字"面"，其余类推。

3．String 类的常用方法

在创建一个 String 类的对象后，使用相应类的成员方法对创建的对象进行处理，即可完成编程所需要的功能。Java.lang.String 类的常用成员方法如下。

- length()　　　　　　返回当前串对象的长度。
- charAt(int index)　返回当前串对象下标 index 处的字符。
- indexOf(char ch)　返回当前串中第一个与指定字符 ch 相同的下标，若找不到，返回−1。如"abcd". indexOf('c')的值为 2,"abcd". indexOf('Z')值为−1。
- indexOf(String s，int fromIndex) 从当前下标 fromIndex 处开始搜索，返回第一个与指定字符串 s 相同的串的第一个字母在当前串中的下标，若找不到，则返回−1。例如，"abcd". indexOf("cd", 0)的值为 2。
- substring(int beginIndex); 　返回当前串中从下标 beginIndex 开始到串尾的子串。例如，String s="abcde".substring(3), s 值为"de"。
- substring(int beginIndex，int endIndex) 返回当前串中从下标 beginIndex 开始到下标 endIndex − 1 结束的子串。例如，String s = "abcdetyu". substring(2, 5)，s 值为"cde"。

【例 3-9】 字符串对象常用成员方法应用举例。

```
//String2.java
public class String2 {
  public static void main(String args[]){
    String s = "Java Application";

    int len = s.length();          //返回串 s 的长度
    char c  = s.charAt(3);         //返回串 s 中下标为 3 的字符

    int n1 = s.indexOf('a');       //返回串 s 中第一个字符'a'的下标
    int n2 = s.indexOf("va", 1);   //从下标 1 开始查找串"va"，返回 v 的下标

    String s2 = s.substring(4);    //返回串 s 中下标 4 到末尾的子串
    String s3 = s.substring(4, 9); //返回串 s 中从下标 4 到(9-1)=8 的子串

    System.out.println("s = " + s + ", length = " + len);
    System.out.println("s.charAt(3) = " + c);
    System.out.println("s.indexOf('a') = " + n1);
    //注意在双引号下输出双引号的方法
    System.out.println("s.indexOf(\"va\", 1) = " + n2);
    System.out.println("s.substring(4) = " + s2);
    System.out.println("s.substring(4，9) = " + s3);
  }
}
```

运行结果如下：

```
s = Java Application, length = 16
s.charAt(3) = a
s.indexOf('a') = 1
s.indexOf("va", 1) = 2
s.substring(4) = Application
s.substring(4, 9) =  Appl
```

在上述程序中值得注意的语句是

System.out.println("s.indexOf(\"va\", 1) = " + n2);

Java 用反斜杠加双引号" \" "表示保留字符双引号' " '，解决了放在双引号下的字符串中含有双引号的表示问题。

4. 字符串比较

常用的字符串比较成员方法有 equals()、equalsIgnoreCase()及 compareTo()。它们用法及功能如下：

1）str1.equals(str2)，当且仅当字符串 str1 与 str2 的字符(包括大小写)均相同时，返回 true，否则返回 false。例如表达式 "Computer".equals("computer") 的结果为 false，因为第一个字符的大小写不同。

2）str1.equalsIgnoreCase(str2)与 equals()方法的功能类似，不同之处是不区分字母的大小写。例如表达式 "Computer".equalsIgnoreCase("computer") 的结果为 true。

3）str1.compareTo(str2)，将字符串 str1 和 str2 按在字典中先后出现为序进行比较，若返回值 n=str1.compareTo(str2)<0，则 str1<str2，即在 Java 字典排序中字符串 str1 排在 str2 之前。类似地，得到 n=0，即 str1=str2，包括大小写两串均相同。当 n>0，则 str1>str2，在字典中字符串 str2 排在 str1 之前。注意这里的 Java 字典排序是按字母在 Unicode 字符集中的值排列的，与英语字典排序有所不同，比如，大写字母比所有小写字母的值更小，所以会出现"Welcome"< "java"，即"Welcome"排在 "java"之前。

【例 3-10】 若干字符串比较成员方法的使用。

```
//String3.java
public class String3{
  public static void main(String args[]){
    String s1 = "Java",      s2 = "java",     s3 = "Welcome",
      s4 = "welcome",    s5 = "student";
    String str, str1 = "s3 > s2", str2 = "s3 < s2", str3 = "s3 = s2";

    int p = s3.compareTo(s2);
    if(p > 0) str = str1;
    else if(p == 0) str = str3;
    else str = str2;
    System.out.println("s1 = " + s1 + ", s2 = " + s2 + ", s3 = " + s3 +
              ", s4 = " + s4 + ", s5 = " + s5);
    System.out.println("s3.equals(s4) = " + s3.equals(s4));
    System.out.println("s1.equalsIgnoreCase(s2) = " + s1.equalsIgnoreCase(s2));
```

```
        System.out.println("s1.compareTo(s2) = " + s1.compareTo(s2));
        System.out.println("s5.compareTo(\"student\") = " + s5.compareTo("student"));
        System.out.println("s3.compareTo(s2): " + str);

        if(s3==s4) System.out.println("s3 = s4");
        else       System.out.println("用\"s3==s4\"进行了错误的比较!");
    }
}
```

运行结果如下:

```
s1 = Java, s2 = java, s3 = Welcome, s4 = welcome, s5 = student
s3.equals(s4) = false
s1.equalsIgnoreCase(s2) = true
s1.compareTo(s2) = -32
s5.compareTo("student") = 0
s3.compareTo(s2): s3 < s2
```

这里需要特别注意的是两个字符串是否相等的比较。在其他语言中，比如，C/C++语言中常用等于号"=="来比较两个变量的值是否相等。Java 对于字符串的比较是否相等时不能用等于"=="。如果用了等于号进行比较，在编译时系统并不给出错误的信息，但在比较结果时，即使实际上 s3==s4，系统也将作出"s3!=s4"的错误判断。上面例 3-10 运行结果证实了这一点。

5．字符串操作

字符串操作是指用已有的字符串对象产生新的字符串对象。常用的成员方法有 concat()、replace()、toLowerCase()及 toUpperCase()。

【**例 3-11**】 字符串的连接、替换和字母大小写转换操作。

```
//String4.java
public class String4{
    public static void main(String args[]){
        String s1 = "Java", s2 = "java", s3 = "Welcome", s4 = "Welcome";
        System.out.println("s1 = "+ s1 +", s2 = " + s2 + ", s3 = " + s3 + ", s4 = " + s4);
        System.out.println("s2.toUpper() = "+s2.toUpperCase());           //小写换大写
        System.out.println("s3 + s1 = " + s3 + s1);                       //与下一句功能相同
        System.out.println("s3.concat(s1) = " + s3.concat(s1));           //与上一句功能相同
        System.out.println("s3.replace('e', 'r') = " + s3.replace('e', 'r'));  //字符 e 换成 r
        System.out.println("s4.toLowerCase() = " + s4.toLowerCase());     //大写换小写
    }
}
```

运行结果如下:

```
s1 = Java, s2 = java, s3 = Welcome, s4 = Welcome
s2.toUpper() = JAVA
s3 + s1 = WelcomeJava
s3.concat(s1) = WelcomeJava
s3.replace('e', 'r') = Wrlcomr
s4.toLowerCase() = welcome
```

6. 字符串与其他类型数据的转换

String 类中的 valueOf()方法可以将其他类型的数据转换成字符串。这些类型可以是 boolean，char，int，long，float，double 等。

【例 3-12】 将其他类型的数据转换成字符串。

```java
//String5.java
public class String5 {
    public static void main(String args[]){
        double dbl  = 3.456;
        char[ ] js  = {'J', 'a', 'v', 'a'};
        boolean bln = true;

        //将 double 型值转换成字符串
        System.out.println("dbl = " + dbl + ", String.valueOf(dbl) = " + String.valueOf(dbl));
        //将字符数组 js 转换成字符串
        System.out.println("String.valueOf(js) = " + String.valueOf(js));
        //将字符数组 js 下标为 2 起的 2 个字符转换成字符串
        System.out.println("String.valueOf(js, 2, 2) = " + String.valueOf(js, 2, 2));
        //将布尔值转换成字符串
        System.out.println("bln = " + bln + ", String.valueOf(bln) = " + String.valueOf(bln));
    }
}
```

运行结果如下：

```
dbl = 3.456, String.valueOf(dbl) = 3.456
String.valueOf(js) = Java
String.valueOf(js, 2, 2) = va
bln = true, String.valueOf(bln) = true
```

在应用中常常也要将从文本框等控件接收的字符串转换为 int，float，double 等数据类型，然后可以进行运算。可以用方法 Integer.parseInt(String s)，Float.valueOf(String s)，Double.valueOf(String s)解决此类问题。

7. main()方法中的参数 String

在 Java 独立应用程序中，必须写 public static void main(String[] args)。main()方法中有一个参数是字符串数组 args，这个数组的元素 args[0]，args[1]，…，args[n]的值都是字符串，args 就是命令行的参数。在 Java 解释器解释用户的字节码文件时，运行命令可以包括需要传给 main()方法的参数。一般形式为：

java␣[类文件名]␣[字符串 1]␣[字符串 2]␣…␣[字符串 n]

其中，类文件名和各字符串间用空格分隔。

【例 3-13】 运行时需要输入参数的 main()方法。

```java
//String6.java
public class String6 {
    public static void main(String[] args) {
```

```
        for(int i=0;i<args.length;i++)
            System.out.println(args[i]);
    }
}
```

程序运行时输入"java╍String6╍Hello╍World！"命令，则有如下的结果：

```
C:\Temp>java String6 Hello World!
Hello
World!
```

3.3.2 StringBuffer 类

StringBuffer 类（字符串缓冲器类）也是 java.lang.Object 的子类。与 String 类不同，StringBuffer 类是一个在操作中可以更改其内容的字符串类，即在创建 StringBuffer 类的对象后，在操作中可以更改和变动字符串的内容。也就是说，对于 StringBuffer 类的对象与 String 类的对象一样，能进行查找和比较等操作，还可以进行对 String 类的对象不能操作的添加、插入和修改之类的操作。但是使用 StringBuffer 类占用计算机系统的资源更多，所以在不需要进行添加、插入和修改之类的操作时，建议使用简单 String 类。这也是 Java 语言设计者将对字符串的这些操作分为两个类的目的所在。

1．创建 StringBuffer 对象

StringBuffer 类提供了多种构造方法来创建类 StringBuffer 的对象，见表 3-2。

表 3-2　StringBuffer 类的构造方法

构 造 方 法	说　　明
StringBuffer()	创建一个空字符串缓冲区，默认初始长度为 16 个字符
StringBuffer(int length)	用 length 指定的初始长度创建一个空字符串缓冲区
StringBuffer(String str)	用指定的字符串 str 创建一个字符串缓冲区，其长度为 str 的长度再加 16 个字符

2．StringBuffer 类的常用方法

创建一个 StringBuffer 对象后，同样可使用它的成员方法对创建的对象进行处理。Java.lang.StringBuffer 的常用成员方法如表 3-3 所示。

表 3-3　Java.lang.StringBuffer 的常用成员方法

成 员 方 法	说　　明
int length()	返回当前缓冲区中字符串的长度
char charAt(int index)	返回当前缓冲区中下标为 index 的字符
void setCharAt(int index，char ch)	将下标 index 处的字符改变成 ch
int capacity()	返回当前缓冲区长度
StringBuffer append(Object obj)	将 obj.toString()返回的串添加到当前串末尾
StringBuffer append(type var)	将 var 转换成字符串添加到当前串的末尾
StringBuffer append(char[] str，int offset，int len)	将 str 从 offset 开始的 len 个字符添加当前串末尾

(续)

成员方法	说明
StringBuffer insert (int offset, Object obj)	将 obj.toString()返回的字符串插入当前字符下标 offset 处
StringBuffer insert (int offset, type variable)	将变量值转换成字符串，插入到当前字符数组中下标为 offset 的位置处
String toString()	将可变字符串转化为不可变字符串

3．StringBuffer 类的测试缓冲区长度的方法

StringBuffer 类提供了 length()和 capacity()等成员方法来测试缓冲区长度和容量。例 3-14 提供了缓冲区的长度和容量及其比较。

【例 3-14】 测试缓冲区长度和容量。

```java
//StringBuffer1.java
public class StringBuffer1{
    public static void main(String[] args) {
        StringBuffer buf1 = new StringBuffer();          //创建空字符串变量
        StringBuffer buf2 = new StringBuffer(10);        //长度为 10 个字符
        StringBuffer buf3 = new StringBuffer("hello");   //用"hello"创建字符串变量
        //使用 StringBuffer 的 toString 方法将 StringBuffer 对象转换成 String 对象
        System.out.print("buf1 = " + buf1.toString()+"          , ");
        System.out.print("buf2 = " + buf2.toString()+"          , ");
        System.out.print("buf3 = " + buf3.toString()+"\n");
        //返回当前字符串长度
        System.out.print("buf1.length()    = "+buf1.length()+",   ");
        System.out.print("buf2.length()    = "+buf2.length()+",   ");
        System.out.print("buf2.length()    = "+buf3.length()+"\n");
        //返回当前缓冲区长度
        System.out.print("buf1.capacity() = "+ buf1.capacity()+", ");
        System.out.print("buf2.capacity() = "+ buf2.capacity()+", ");
        System.out.print("buf3.capacity() = "+ buf3.capacity()+"\n");
    }
}
```

运行结果如下：

```
buf1 =              , buf2 =              , buf3 = hello
buf1.length()    = 0, buf2.length()    = 0, buf2.length()    = 5
buf1.capacity() = 16, buf2.capacity() = 10, buf3.capacity() = 21
```

4．StringBuffer 类的 append()、insert()和 setCharAt()方法

StringBuffer 类提供了 append()、insert()和 setCharAt()方法，可以进行添加、插入和修改等的操作，这些方法的意义如下：

append(Object obj)、append(type variable)和 append(char[] str, int offset, int len) 将相应的参数转换为字符串附加到当前字符串的后面。

insert(int offset, Object obj)和 insert(int offset, type variable) 将相应的参数转换为字符串插入到当前字符串中，其中的参数 offset 是指出插入处的位置。

setCharAt(int index, char ch)方法是将当前字符串下标为 index 的字符改变成字符 ch。

【例3-15】 StringBuffer 类方法 appeng(), insert(), setCharAt()应用举例。

```java
//StringBuffer2.java
public class StringBuffer2{
    public static void main(String[] args) {
        Object h  = "Hello";
        String s  = "good bye";
        char cc[ ] = {'a', 'b', 'c', 'd', 'e', 'f'};
        boolean b = false;
        char c    = 'Z';
        long k    = 12345678;
        int  i    = 88;
        float f   = 2.5f;
        double d = 3.1415926;

        StringBuffer bufApp = new StringBuffer();
        bufApp.append(h);        bufApp.append(f);        bufApp.append(cc);
        bufApp.append(i);        bufApp.append(b);        bufApp.append(k);
        bufApp.append(s);        bufApp.append(d);        bufApp.append(c);
        System.out.println("bufApp = " + bufApp);

        StringBuffer bufIns = new StringBuffer();
        bufIns.insert(0, h);     bufIns.insert(0, f);     bufIns.insert(0, cc);
        bufIns.insert(0, i);     bufIns.insert(0, b);     bufIns.insert(0, k);
        bufIns.insert(0, s);     bufIns.insert(0, d);     bufIns.insert(0, c);
        System.out.println("bufIns = " + bufIns);

        StringBuffer bufSet = new StringBuffer(s);
        System.out.println("\nbufSet = "+bufSet.toString()
                            +".   After using setCharAt(0,'G')");
        bufSet.setCharAt(0,'G');      //将 bufSet 串下标为 0 的字符改写为'G'
        bufSet.setCharAt(5,'B');      //将下标为 5 的字符改写为'B'
        System.out.println("and setCharAt(5,'B'), bufSet = "+ bufSet.toString());
    }
}
```

运行结果如下：

```
bufApp = Hello2.5abcdef88false12345678good bye3.1415926Z
bufIns = Z3.1415926good bye12345678false88abcdef2.5Hello

bufSet = good bye.   After using setCharAt(0,'G')
and setCharAt(5,'B'), bufSet = Good Bye
```

3.3.3 字体类

下面要学习有关字体、字号的类和方法。

AWT 中有两个类支持字体操作：Font 和 FontMetrics。它们的类方法分别参见表 3-4 和表 3-5。

1. 字体类 Font

Font 类提供了一套基本字体和字体类型。因为 Java 不受操作平台的约束，所以，一些字体如 Times Roman，Helvatica 等常被转换成本地平台支持的字体。字体是一个字符集。字体通过指定其逻辑字体名，字形和字体大小来实例化。对于低层的窗口系统，逻辑字体名被映射成一个本机字体。Java 2 支持的逻辑字体名如下：

Dialog　　　　　SansSerif　　　　Serif
Monospaced　　　Helvetica　　　　TimesRoman
Courier　　　　　DialogInput　　　ZapfDingbats

Font 类用下面的常数来指定字形：

Font.BOLD　　　　　　　（粗体）
Font.ITALIC　　　　　　（斜体）
Font.PLAIN　　　　　　 （原体，不加修饰的体）
Font.BOLD+Font.ITALIC（粗体加斜体）

因为 Font.PLAIN 的值是 0，所以它与 Font.BOLD 或 Font.ITALIC 合并的值没有变化，其值仍然是 Font.BOLD 或 Font.ITALIC。

表 3-4　Font 类的一些方法

方　法	说　明
Font(AttributeSet)	用指定的属性建立新字体
Font(FontObject)	用指定的 Font 对象建立新字体
Font(String,int,int)	用指定的名字，风格和点大小建立新字体
getFontName()	获取字体的字面名（如 Helvetica Bold）
getFamily()	获取字体的族名（如 Helvetica）

2. FontMetrics 类

FontMetrics 类支持与字体相关的度量，包括字符的基线，高度，铅距，升距，降距等。如图 3-9 所示。

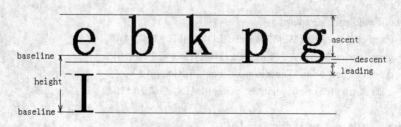

图 3-9　FontMetrics 类的某些概念

表 3-5 列出类的一些方法。

表 3-5　FontMetrics 类的一些方法

方　法	说　明
FontMetrics(Font)	使用指定的字体建立 FontMetrix 对象

(续)

方　法	说　明
bytesWidth(byte[],int,int)	返回字节数组的宽度
charWidth(char)	获取给定字符的宽度
getAscent()	返回字体的 ascent（像素）
getDescent()	返回字体的 descent（像素）
getFont()	返回关联字体
getHeight()	返回字体高度（像素）
getLeading()	返回字体的 leading（像素）
StringWidth(String)	返回指定字符串的像素宽度

下面介绍一些度量的概念。

基线（baseline）是一条假想的直线，象 e,b,k 等正好"坐"在这条基线之上。
升距（ascent）是字符在基线上方部分的高度。
降距（descent）是字符在基线下方部分的高度。
铅距（leading）是上一行的 decent 线和下一行的 ascent 线之间的距离。
高度（height）是上下两行基线之间的距离，即 ascent，descent，leading 的和。

这些概念在使用 FontMetrics 类的方法中需要。例如，方法 getAscent()返回字体的 ascent（像素）。

下面给出应用上述类和方法的例子。

【例 3-16】 试验字体和字号。

```java
//FontTest.java
import java.awt.*;
import java.awt.event.*;
public class FontTest extends Frame{
    public FontTest(){
        super("Font Test");   setSize(550,160);     setVisible(true);
    }
    public void paint(Graphics g){
        g.setFont(new Font("Serif",Font.BOLD+Font.ITALIC,24));
        g.drawString("Serif"+", using BOLD+ITALIC, #24",10,80);
        g.setFont(new Font("TimesRoman",Font.PLAIN,36));
        g.drawString("TimesRoman"+", using PLAIN, #36",10,120);
    }
    public static void main(String args[]){
        FontTest ft=new FontTest();
    }
}
```

程序运行结果如下：

Serif, using BOLD+ITALIC, #24
TimesRoman, using PLAIN, #36

3.4 习题

1．选择题

1.1 下列是正确的 Java 字符串的是（　　）。
　　A．"\"\""　　B．"Oxzabc"　　C．'\'\'　　D．"\t\t\r\n"　　E．"boolean"

1.2 下面 String 值中正确的是（　　）。
　　A．I'm a String
　　B．"No, I'm a String."
　　C．new String()
　　D．'Ha! I am the only real String.'
　　E．new String("I am not a String");

1.3 代码"Green eggs"+"Ham"的结果是（　　）。
　　A．"Green eggs + Ham"
　　B．"Green eggs Ham"
　　C．"Green eggsHam"
　　D．Error

1.4 返回 String 中的字符数的方法是（　　）。
　　A．size()　　B．length()　　C．width()　　D．girth()　　E．以上都不是

1.5 指出下列陈述是对还是错（　　）。如果答案是错，解释为什么。
　　A．当 String 的对象用==比较时，如果 String 包括相同的值则结果为 true。
　　B．一个 String 的对象在被创建后可被修改。

1.6 改变字母形状的字体属性是（　　）。
　　A．style　　B．family　　C．size　　D．shape　　E．pattern

1.7 Font.BOLD 是（　　）字体属性的示例。
　　A．style　　B．family　　C．size　　D．shape　　E．pattern

1.8 字体大小用（　　）单位度量。
　　A．pixels　　B．dots　　C．millimeters　　D．point　　E．inches

1.9 下面不是字体的属性的是（　　）。
　　A．size　　B．family　　C．style　　D．color

1.10 设置控件的字体的方法是（　　）。
　　A．setFont()
　　B．setTextFont()
　　C．setComponentFont()
　　D．以上都不是，必须分别设置每一属性

2．编程题

2.1 试编程序，求下列 5 个正数：
8, 1, 3.7, 100.05, 8
的平均值，并输出大于其平均值的数。

2.2 求一个 3 阶整数矩阵对角线上各元素之和。

2.3 定义三维不平衡数组如下

```
int a[][][]= {{{1,2},{3,4,5}},{{6,7},{8,9,10,11}}};
```

编程实现输出数组 a 各元素，并求各元素之和。

2.4 试编程序，从命令行输入两个字符串，比较这两个字符串是否相等，并输出比较

结果。

2.5 试编程序，从一给定的字符串中删去某一给定的字符。

2.6 设定一个有大小写字母的字符串，先将字符串中的大写字符输出，再将字符串中的小写字符输出。

2.7 设定一个有大小写字母的字符串和一个查找字符，使用类 String 的方法 indexOf() 给出查找字符的下标。

2.8 设定 5 个字符串，只打印以字母"b"开头的串。

2.9 设定 5 个字符串，只打印以字母"ED"结尾的串。

2.10 给定 3 个字符串，寻找其中的最大者。

第 4 章 Java 面向对象特性

Java 是纯粹的面向对象的程序设计语言。本章我们要学习面向对象的程序设计语言的基础，即类和对象、类的继承和多态等重要内容。

4.1 概述

1．使用面向对象技术的原因

在面向对象编程（Object-Oriented Programming，OOP）方法出现之前，软件界广泛流行的是面向过程的程序设计方式。这种方式使用众多的变量名和函数名，它们之间互不约束，令程序员不堪重负。特别是当开发大型系统软件时，多人合作开发项目，每个人负责自己的一部分工作。如果想读懂合作者的代码简直是不可能的，更谈不上能方便地合作使用别人已有的代码了。由于使用面向过程方式设计的程序把处理的主体与处理的方法分开，因此各种成分错综复杂地放在一起，难以理解，容易出错，并且难于调试。

随着开发系统的不断扩大，面向过程的方式越来越不能满足使用者的要求，面向对象的技术应运而生。OOP 技术使得程序结构简单，相互协作容易，更重要的是程序的重用性得到大大地提高。

2．OOP 技术

OOP 技术把问题看成是相互作用事物的集合。用属性来描述事物，将对事物的操作定义为**方法**。在 OOP 中，把事物称为**对象**，属性称为**数据**。于是，所谓对象就是数据加方法。

OOP 中采用了三大技术：封装、继承和多态。将数据及对数据的操作捆绑在一起成为**类**，这就是封装技术。程序员只有一种基本的结构，即类。将一个已有类中的数据和方法保留，并加上自己特殊的数据和方法，从而构成一个新类，这是 OOP 中的**继承**。原来的类是父类，新类是就是子类，子类继承了父类，或者说父类**派生**出子类。继承和派生实际上是同一个概念，从子类出发说成"子类**继承**了父类"，从父类出发就可说成"父类**派生**出子类"。在一个或多个类中，可以让多个方法使用同一个名字，因此类具有**多态性**。多态性保证了对不同类型数据进行等同的操作。所有名字的集合，常称为**名字空间**，也就变得更加宽松。

3．Java 与 C++之间 OOP 能力的比较

Java 是完全的面向对象语言，具有完全的 OOP 能力。它的 OOP 能力与 C++相比略有差异。下面说明两者之间的异同（见图 4-1）。

Java 与 C++都有类的概念，类中的基本内容大同小异。它们之间差别最大的一点是：C++可以多重继承，而 Java 不容许多重继承。**多重继承**是指从多个类派生出一个子类，即一个类可以有多个父类。如图 4-2 所示。

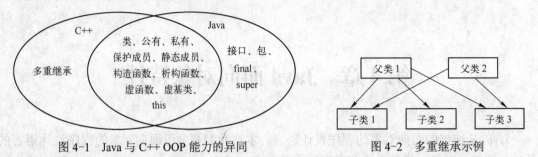

图 4-1 Java 与 C++ OOP 能力的异同　　　　图 4-2 多重继承示例

多重继承关系类似于一个网。如果子类的多个父类中有同名的方法和数据，那么容易造成子类实例的混乱。这是多重继承不可克服的缺点。在 Java 中抛弃了多重继承，只允许**单重继承**。子类与父类之间的关系变得非常清楚，不会造成任何混乱。虽然在 Java 中去除了多重继承，但并没有减弱这方面的能力。Java 提供了"接口"这个新概念。**接口**是一种特殊的类，Java 的"多重继承"的能力需要通过接口来实现。

4.2 类和对象

类与对象的关系，就像汽车设计图与按此设计图生产的许多汽车之间的关系。汽车的设计图相当于类，按此图生产的许多汽车相当于对象。汽车的设计图不是汽车，但它是许多汽车实体的抽象。下面将要学习类的定义、对象的定义和实例化、对象的使用等，这些是面向对象程序设计语言基础的核心。

4.2.1 类的定义

Java 中的类由两部分组成，分别是**成员变量**和**成员方法**。成员变量是类的数据部分，它可以是基本类型的数据或数组，也可以是另一个类的实例。类的成员方法用于处理这些数据。成员方法，简称为**方法**类似于其他语言中的函数。但方法不同于函数，方法只能是类的成员，只能在类中定义。调用一个类的成员方法，实际上是进行对象之间或用户与对象之间的消息传递。下面将给出类的定义和一些类的例子。

定义类，又称为声明类。在 Java 中类定义的一般格式如下：

```
修饰符␣class␣类名␣[extends 父类名]{
    类型␣成员变量1;
    类型␣成员变量2;
    ......
    修饰符␣类型␣成员方法1(参数列表){
        类型␣局部变量;
        方法体
    }
    修饰符␣类型␣成员方法2(参数列表){
        类型␣局部变量;
        方法体
```

```
            }
            ......
        }
```

其中：
- **class** 是关键字，表明其后定义的是一个类。class 前的修饰符可以有多个，用来限定所定义类的使用方式。
- **类名**是用户为该类所起的名字。它应是一个合法的标识符，并尽量遵从命名约定。
- **extends** 是关键字。如果所定义的类是从某一父类派生而来，则父类的名字应写在 extends 之后。

关于类定义还有如下几点说明：

1）Java 的类定义与实现是放在一起保存的，整个类必须在一个文件中，因此有时源文件会很大。

2）Java 文件名必须与 Java 文件中的公有类的类名相同，这里的相同是指区分大小写情况下的相同。

3）在类定义中可以指明父类，也可以不指明。若没有指明从哪个类派生而来，则表明是它是从默认的父类 Object 派生而来。实际上，Object 是 Java 所有类的父类。Java 中除 Object 之外的所有类均有一个且只有一个父类。Object 是唯一没有父类的类。

4）class 定义的大括号之后没有分号";"。

下面给出类定义的示例。用户使用类可以构造所需的各种类。例如，要定义日期（Date）这个类，它含有三部分：日、月、年，分别用 3 个整数来表示。

【例 4-1】 日期（Date）类的声明。

```
public class Date{
    int day; int month; int year;
}
```

这个类仅定义了成员变量，没有明显的成员方法。其实，Java 的每个类都有一个默认的构造方法。关于构造方法参见 4.2.3 节。

【例 4-2】 平面二维点类 Point 的定义。

```
class Point{
    int x, y;
    Point(int x1, int y1){ x = x1;   y = y1; }
    Point(){ this(0, 0); }
    void moveTo (int x1, int y1){ x = x1;   y = y1; }
}
```

这里首次遇到了 this(0, 0)，此处用 **this** 代表当前类 Point。这里的 this(0, 0)在某种意义上相当于 Point(0, 0)。但在程序中，不能用 Point(0, 0)，否则，编译时将会出错。

【例 4-3】 定义和实例化 Customer 类，并调用类成员方法。

```
//Customer.java
```

```java
class Customer{
    String name, address, telephone;            //定义成员变量
    //定义成员方法
    Sting getName(){ return name; }
    String getAddress(){ return address; }
    String getTelephone(){ return telephone; }
    void setName(String name){ this.name = name; }
    void setAddress(String address){ this.address = address; }
    void setTelephone (String telephone){ this.telephone = telephone; }

    public static void main(String[] args){
        Customer customer1 = new Customer();        //定义且实例化 Customer 类对象
        customer1.setName("Wang Ming");             //调用类成员方法
        customer1.setAddress("#188 Beijing Road"); //调用类成员方法
        customer1.setTelephone("0571-23503545");    //调用类成员方法
        System.out.print("The customer is ");
        System.out.println(customer1.getName());
        System.out.print("The customer address is ");
        System.out.println(customer1.getAddress());
        System.out.print("The customer telephone is ");
        System.out.println(customer1.getTelephone());
    }
}
```

程序运行结果如下：

```
The customer is Wang Ming
The customer address is #188 Beijing Road
The customer telephone is 0571-23503545
```

4.2.2 对象的创建、初始化和使用

在上面的例 4-3 中，我们首先定义了一个类 Customer，然后定义和实例化该类的对象 customer1，并使用了这个对象。本节将详细地介绍对象的定义、初始化和使用。

1．对象的定义

定义对象的格式如下：

类名 变量名；

例如，语句"Point p;"定义了 Point 类的对象 p。注意现在的对象 p 还没有实例化，它还没有被分配内存，其初值为 null。

2．对象的初始化

对象的**初始化**又称为**实例化**，其格式如下：

变量名 = new 类名(参数列表)；

对象实例化过程实际上是给对象分配内存。当一个对象实例不被任何变量引用时，Java 会

自动启动垃圾回收线程，回收它的内存空间。另外，当对象作为方法的参数时，它传递的是对象的引用。因此，方法内对参数的任何修改都会影响到方法外。

上面定义对象和实例化对象的两个语句，还可用下面的一句来完成：

> 类名␣变量名 = new␣类名(参数列表);

熟悉 C 和 C++的读者可以把引用看作是一个指针。在大多数类的实现中，它也确实是这样。在引用中实际存放的是对象的地址，或更为严格地说，是对象的句柄。

下面的语句声明 Date 类型的一个对象 mybirth，并为其分配内存。

> Date mybirth;
> mybirth = new Date( );

第一个语句是定义对象，它仅为引用分配空间。第二句为对象 mybirth 使用 new 分配内存空间。这两个操作完成后，程序可以使用对象 mybirth 的各部分了。

3．对象的使用

使用对象的数据和方法的格式如下：

> 对象引用．成员数据；
> 对象引用．成员方法(参数列表);

例如，在例 4-2 中定义了 Point 类基础上，下面的例 4-4 将使用它的实例。

【例 4-4】 定义、实例化对象和使用对象实例。

```
Point p = new Point(1, 1);         //用一句定义对象并实例化
p.x = p.y = 20;                    //给对象的 x、y 赋值
System.out.print("p.x = " + p.x);  //使用成员数据
System.out.println("p.y = " + p.y);//使用成员数据
p.moveTo(30, 30);                  //使用成员方法
System.out.print("p.x = " + p.x);
System.out.println("p.y = " + p.y);
```

前面已经提到，在说明了引用后，要调用 new 为新对象分配空间。在调用 new 时，既可以带有变量，也可以不带变量。例如，在程序中可以写 new Point(1,1)，也可以用 new Point()。系统将根据是否带参数或所带参数的个数和类型，自动调用相应的构造方法。调用构造方法时，步骤如下：

1）给新对象分配空间，并进行默认的初始化。在 Java 中，这个过程是不可分的，从而确保不会出现没有初值的对象。

2）执行显式的成员初始化。

3）执行构造方法。构造方法是一个特殊的方法，下节将着重说明。

4.2.3 构造方法

在前面的例 4-3 中，用语句

```
Customer customer1 = new Customer();
```

定义且实例化对象 customer1 后，再用语句

```
customer1.setName("Wang Ming");
customer1.setAddress("#188 Beijing Road");
customer1.setTelephone("0571-23503545");
```

为对象 customer1 的变量 name, address, telephone 设定初值。这种为对象进行初始化的方法称为**显式初始化**。它是为对象设定初值的一种简单方法。实际上，我们可以用另一种更为高效且简单的方法来完成对象的初始化。比如，创建按钮 Button 对象时，可能需要为按钮取一个名字，也就是在按钮上显示一个字符串。这样就要用一个字符串来进行初始化。显式初始化显然做不到这一点。为了实现这样的功能，系统定义了一个特殊的成员方法，即构造方法来完成对象的初始化工作。

1．构造方法的作用与定义

构造方法（constructor）是特殊的成员方法，有着特殊的功能。它的名字与类名完全相同，没有返回值。在创建对象实例时由 new 运算符自动调用。同时为了方便地创建实例，一个类可以有多个具有不同参数列表的构造方法，即构造方法可以重载。事实上，不论是系统提供的标准类，还是用户自定义的类，往往都含有多个构造方法。构造方法不能声明为 native, abstract, synchronized 或 final。构造方法虽然没有返回值，但在构造方法前不能用修饰词 void，这是因为一个类构造方法的返回值类型就是类本身。在创建对象时，系统首先自动调用构造方法，因此在程序中不需要直接调用构造方法。

下面的例 4-5 改写例 4-3 的 Customer 类，用定义构造方法实现对象初始化，其中拷贝构造方法部分是供后面讲述的内容作验证的，在现在的学习中可以跳过。

【例 4-5】 定义构造方法实现对象初始化

```
//Customer2.java
class Customer2{
  String name, address, telephone;
  /*Customer2(){                    //无参数构造方法，供验证
    this.name="";  this.address="";   this.telephone="";
  } */
  Customer2(String name,String address,String telephone){
    this.name=name;  this.address=address;  this.telephone=telephone;
  }
  Customer2(Customer2 customer){     //拷贝构造方法
    name=customer.name;              address=customer.address;
    telephone=customer.telephone;
  }
  String getName(){ return name; }
  void setName(String name){ this.name = name; }
  String getAddress(){ return address; }
  void setAddress(String address){ this.address = address; }
  String getTelephone(){ return telephone; }
```

```java
        void setTelephone (String telephone){ this.telephone = telephone; }

        public static void main(String[] args){
           //Customer2 customer0 = new Customer2();        //供删除注释号进行验证
           Customer2 customer1 = new Customer2("Wang Ming","#188 Beijing Road","0571-23503545");
           Customer2 customer2 = new Customer2(customer1); //验证拷贝构造方法

           System.out.println("The name of first customer is " + customer1.getName());
           System.out.println("The address of first customer is " + customer1.getAddress());
           System.out.println("The telephone of first customer is " + customer1.getTelephone());
           System.out.println("The name of second customer is " + customer2.getName());
           System.out.println("The address of second customer is " + customer2.getAddress());
           System.out.println("The telephone of second customer is " + customer2.getTelephone());
        }
    }
```

程序运行结果是对象 customer1 与 customer2 的数据完全一样。参见例 4-3 的结果。

2．默认的构造方法

每个类至少有一个构造方法。如果程序员没有为类定义构造方法，系统会自动为该类生成一个默认的构造方法。默认构造方法的参数列表及方法体均为空。比如，在前面 4.2.1 节中，例 4-1 的 Date 类中没有定义构造方法，系统就会为 Date 类生成一个默认的或缺省的构造方法 Date(){}。这个构造方法没有参数列表，有空的方法体"｛ ｝"。在程序中可以使用 new Xxx()来创建对象实例，这里 Xxx 是类名。如果程序员定义了一个或多个构造方法，系统会自动屏蔽掉默认构造方法。在自定义的几个构造方法中最好包含一个参数表为空的构造方法，否则，在调用 new Xxx()时将会出现编译错误。可以删除例 4-5 的 main()方法中的注释号，加以验证。

3．拷贝构造方法

另外，还有一个简单的构造方法，它的参数只是一个指向该构造方法所属类的对象的引用。这种形式的构造方法通常用于复制一个已经存在的对象，因此称这种构造方法为**拷贝构造方法**。我们已在例 4-5 中，用

```java
        Customer2 customer2 = new Customer2(customer1);
```

复制出对象 customer2。

构造方法的重载将在 4.2.6 节中学习。

4.2.4　成员变量和成员方法

当一个变量的声明出现在类体中的任何地方，但不属于任何一个方法时，则该变量就是类的**成员变量**。成员变量又称为**域**或**变量域**，表示类和对象的特征，即**属性**。一个类的成员变量描述了该类的内部信息，它可以是简单变量，也可以是对象、数组等其他结构型数据。

1．定义成员变量

类成员变量的定义或称为声明，与一般变量的声明一样，必须包括变量类型和变量

名，但增加了许多可选的修饰选项。成员变量的定义格式如下：

[修饰符]␣变量类型␣变量名␣[=初值]

其中方括号[ ]中的部分是可选项。域的修饰符可分为**访问控制符**和**非访问控制符**。静态修饰符、最终修饰符、过渡修饰符和易失修饰符等属于非访问控制符。域修饰符的意义参见表 4-1。

表 4-1 域修饰符的意义

修饰符类型	修饰符	意义
访问控制符	public	指定该变量为公共的，它可以被任何对象的方法访问
访问控制符	private	指定该变量只允许自己类的方法访问，其他任何类（包括子类）中的方法均不能访问该变量
访问控制符	protected	指定该变量可以被自己类及其子类的方法访问，在子类中可覆盖此变量
访问控制符	friendly	默认的友元访问控制符。在同一个包中的其他类可以访问该变量，而其他包中的类不能访问该变量
最终修饰符	final	指定该变量的值不能改变
静态修饰符	static	指定该变量被同一类的所有对象使用
过渡修饰符	transient	指定该变量属于系统保留，暂无特别作用的临时性变量
易失修饰符	volatile	指定该变量可以同时被几个线程控制和修改

2．定义成员方法

在 Java 中，方法的定义方式类似于其他语言，尤其与 C 和 C++十分类似。定义方法的一般格式如下：

<修饰符>␣<返回类型>␣<方法名>(<参数列表>)<块>

其中：

<方法名>中使用的名字必须是合法的标识符。

<返回类型>说明方法返回值的类型。如果方法不返回任何值，它应该声明为 void。Java 对待返回值的要求很严格，方法返回值必须与所声明的类型相一致。如果方法声明有返回值，比如说是 int，那么方法从任何一个语句分支中返回时都必须返回一个整型值。

<修饰符>段含几个不同的修饰符，其中限定访问权限的修饰符包括 public，protected 和 private。修饰符 public 表示该方法可以被任何其他代码调用，而 private 表示该方法只能被本类的其他方法调用。

<参数列表>是传送给方法的参数表。表中各元素间以逗号分隔，每个元素由一个类型和一个标识符组成。

<块>表示方法体，是方法实际执行的代码段。

下面对例 4-1 中的 Date 类增加构造方法和 daysInMonth()、printDate()等方法，以完善 Date 类。

【例 4-6】Date 类的完善，大月、小月和闰年 2 月的日期计算方法。

//DateTest.java

```java
public class DateTest{
    private int day, month, year;

    DateTest(int i, int j, int k){          //构造方法
        day = i; month = j; year = k;
    }
    DateTest(){                             //构造方法
        day = 28; month = 2; year = 2010;
    }
    DateTest(DateTest d){                   //构造方法
        day = d.day; month = d.month; year = d.year;
    }
    public void printDate(){
        System.out.println(day + "/" + month + "/" + year);
    }
    public DateTest tomorrow(){
        DateTest d = new DateTest(this);
        d.day++;
        if(d.day>d.daysInMonth()) {
            d.day = 1; d.month++;
            if(d.month > 12){
                d.month = 1; d.year++;
            }
        }
        return d;
    }

    public int daysInMonth() {
        switch(month){
            case 1: case 3: case 5: case 7: //大月
            case 8: case 10:case 12:        //大月
                return 31;
            case 4: case 6: case 9: case 11://小月
                return 30;
            default:
                if((year%100 !=0 && year%4==0)||(year%400==0)){//闰年
                    return 29;              //闰年，2 月
                }
                else return 28;             //非闰年，2 月
        }
    }

    public static void main(String args[]){
        DateTest d1 = new DateTest();
        System.out.print("The current date is(dd/mm/yy) ");
        d1.printDate();
```

```
            System.out.print("Its tomorrow is ");
            d1.tomorrow().printDate();

            DateTest d2 = new DateTest(8, 12, 2010);
            System.out.print("\nThe current date is ");
            d2.printDate();
            System.out.print("Its tomorrow is ");
            d2.tomorrow().printDate();
        }
    }
```

运行结果如下:

```
The current date is(dd/mm/yy) 28/2/2010
Its tomorrow is 1/3/2010

The current date is 8/12/2010
Its tomorrow is 9/12/2010
```

4.2.5 成员方法的递归

递归算法（recursion）有时也称为**递归方法**，是指一个方法直接或间接地调用自己的算法。递归方法会重复调用自身方法，但一次一次地将问题简单化，直到最简单并已存在解答时为止。递归类型有两种，其一是方法调用其自身，就是**直接递归**；其二是一个方法依次调用另一个方法，被称为**间接递归**。下面，以递归方法解 Hanoi 塔问题为例来说明递归方法的应用。

【**例 4-7**】（**Hanoi 塔问题**） 设有 3 根柱子分别记为 A，B，C。A 柱上有 n 个带孔的盘子，按规定大盘必须在小盘的下面，如图 4-3 所示。要求将这 n 个盘子从 A 柱借助于 B 柱移到 C 柱，每次只允许移动一个盘子，且在移动过程中都必须保持大盘在小盘的下面。求其解。

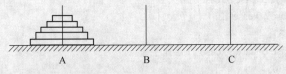

图 4-3 Hanoi 塔问题示意图

```
//Hanoi.java  用递归算法解 Henoi 塔问题
import java.awt.*;

public class Hanoi{
    public Hanoi(int num, char one, char two, char three){
        System.out.println("当 n = " + num + " 时, Hanoi 问题的解如下:");
        hanoi(num, one, two, three);
    }

    public void move(char getone, char putone){
        System.out.print(getone+"=>"+putone+"   ");
```

```
        }
        public void hanoi(int n, char one, char two, char three){
            if(n == 1)
                move(one, three);
            else{
                hanoi(n-1, one, three, two);
                move(one, three);
                hanoi(n-1, two, one, three);
            }
        }

        public static void main(String args[]){
            new Hanoi(3, 'A', 'B', 'C');
        }
    }
```

运行结果如下：

```
当 n = 3 时，Hanoi问题的解如下：
A=>C  A=>B  C=>B  A=>C  B=>A  B=>C  A
```

在上述程序中，方法 hanoi(int n, char one, char two, char three)的定义中两次调用自身方法 hanoi(n-1，one，three，two)和 hanoi(n-1，two，one，three)。但这两次调用的参数是(n-1)，从而保证了递归方法可以归结到 n==1 的已知解答的情形。称这种已知解答的简单情形为**递归基础**。通过有限次递归能够归结到递归基础是递归算法有解的必要条件，否则该算法将进入无限次递归的所谓"死循环"状态。

下面以 Fibonacci 数列 F(n)作为第 2 个递归算法的例题。Fibonacci 数列产生于古老的兔子数。关于"兔子数"的有趣故事，可以在任何一本趣味数学书中找到。然而 Fibonacci 数列在现代计算机密码学、信息隐藏和信号处理等领域中有着重要的应用和研究。

【**例4-8**】（**Fibonacci 数列**） Fibonacci 数列 F(n)，定义如下：

$$\begin{cases} F(2) = F(1) = 1 \\ F(n) = F(n-1)+F(n-2) \quad (n>2) \end{cases}$$

用递归算法编写程序计算 F(n)。

```
//Fibonacci.java 用递归算法计算 Fibonacci 数
import java.awt.*;

public class Fibonacci{
    public Fibonacci(int n){
        System.out.println("Fibonacci("+ n + ") = "+fibonacci(n));
    }
    public int fibonacci(int n){
        if(n == 1)       return 1;
        else if(n == 2) return 1;
        else            return(fibonacci(n-1)+fibonacci(n-2));
```

```
        }
        public static void main(String args[]){
            new Fibonacci(10);
        }
    }
```

运行结果如下：

```
Fibonacci(10) = 55
```

从上述两个例子可以知道，递归方法是一种倒推的方法。要计算第 n 个结果，就要利用包括第（n-1）个结果在内的以前的结果。因此，递归方法必须有一个基础。比如，对于例 4-7 Hanoi 塔问题，已知当 n=1 时其解是 A=>C。又如，对于例 4-8 Fibonacci 数列 F(n)，已知 F(2)=F(1)=1。若没有这样的基础，递归将无结果。注意，递归方法虽然可以使程序简洁，但当递归的深度较大时，即当 n 较大时，运算效率将降低，甚至会出现"死机"现象。

4.2.6 方法的重载

有时需要在同一个类中定义几个功能类似但参数不同的方法。例如，定义一个将其参数以文本形式输出显示的方法。因为不同类型的数据显示格式不同，需要经过不同的处理。因此，要显示 int，float 和 String 类型的数据，则需要为每种类型数据单独编写一个方法，这样就需要定义 3 个方法。比如，将它们命名为 printInt()，printFloat()，printString()。显然这种定义方式不仅显得枯燥，而且要求使用这个类的程序员熟悉多个不同的方法名称，给应用带来麻烦。

Java 语言提供了方法重载（overloading）机制。**方法重载**是允许在一个类的定义中，多个方法使用相同的方法名。当然，前提条件是 Java 能够区分实际调用的是哪个方法。实际上，Java 根据参数来调用适当的方法。

1．成员方法重载

下面以一个输出文本表示的简单方法为例来说明方法的重载。该方法名为 println ()。要重载方法名，可以进行如下声明：

```
    public void println (int i)
    public void println (float f)
    public void println (String s)
```

当调用 prin()方法时，系统根据变量的类型选择相应的一个方法。重载方法有两条规则：

1）调用语句的自变量列表必须足够判明要调用的是哪个方法。自变量的类型可能要进行正常的扩展提升（如浮点变为双精度），但在有些情况下这会引起混淆。

2）方法的返回类型可能不同。如果两个同名方法只有返回类型不同，而自变量列表完全相同也是不够的。因为在方法执行前不知道能得到什么类型的返回值，所以也就不能确定要调用的是哪个方法。重载方法的参数表必须不同，即参数个数或参数类型不同。

实际上，java.lang.System 类的 out 变量是 java.io.PrintStream 类型的。而在 PrintStream 类中对 println()方法进行了重载，定义了多个 println()方法。比如：

public void println()	//换行
public void println(boolean x)	//显示逻辑型值
public void println(char x)	//显示一个字符
public void println(int x)	//显示一个 int 型值
public void println(long x)	//显示一个 long 型值
public void println(float x)	//显示一个 float 型值
public void println(double x)	//显示一个 double 型值
public void println(char[] x)	//显示字符数组的值
public void println(String x)	//显示一个字符串
public void println(Object x)	//显示一个对象的值

下面的例 4-9 对寻求几个不同类型数据最大者的成员方法 max() 进行了重载。在其运行结果中用 println() 方法输出 float、int 等不同类型的数据。不需要对方法 println() 进行重载，正是由于 java 的 PrintStream 类对 println() 已经进行了重载，所以才能方便地对各种数据类型进行输出显示。

【例 4-9】 成员方法重载举例。

```java
//OverLoadingTest.java
import java.util.Random;

public class OverLoadingTest{
    public float max(float f1, float f2){
        if(f1 > f2) return f1;
        else        return f2;
    }

    public int max(int m, int n){
        if(m > n) return m;
        else      return n;
    }

    public int max(int l, int m, int n){
        return max(max(l, m), n);
    }

    public static void main(String[] args){
        OverLoadingTest ol = new OverLoadingTest();
        Random random = new Random();

        float f1 = random.nextFloat();
        float f2 = random.nextFloat();
        float f3 = random.nextFloat();
        int a = Math.round(100*f1);
        int b = Math.round(100*f2);
        int c = Math.round(100*f3);
        //将自动调用 max(int,int)
```

```
            System.out.println("max("+a+","+b+") = " + ol.max(a, b));
            //将自动调用 max(float,float)
            System.out.println("max("+f1+","+f2+") = " + ol.max(f1, f2));
            //将自动调用 max(int,int,int)
            System.out.println("max("+a+","+b+","+c+") = " + ol.max(a,b,c));
        }
    }
```

根据每次产生的随机数，将会产生不同的运行结果，其中一个可能的结果是：

```
    max(8, 18) = 18
    max(0.07937318, 0.1795789) = 0.1795789
    max(8, 18, 4) = 18
```

在这些例子中，对同样的功能—"寻求几个不同类型数据的最大者"，
- 用同一个方法名 max。
- 但用不同的参数列表(int,int)，(float,float)—参数类型不同，
            (int,int,int)   —参数个数不同。

重载了方法 max()。正是对 max()进行了重载，才能方便地对不同类型的数据求其最大者，也正是由于在例 4-9 中没有重载 max(double,double)型方法，所以上述程序不具有"寻求两个双精度类型数据的最大者"的功能。请读者验证这一点，作为练习在补充重载 max(double,double)型方法后，再次验证重载的功能。

2．构造方法重载

构造方法的重载已在例 4-5 和例 4-6 中应用过，这里再举例应用。

【例 4-10】 构造方法重载举例。

```
    public class Xyz{
        int x;                    //成员变量
        public Xyx(){ x=0; }      //不使用参数的构造方法
        public Xyz(int i){ x = i; }  //使用参数的构造方法
    }
```

本例在类 Xyz 中定义了两个构造方法，其中的一个方法参数为空，另一个带有一个 int 型参数。因此，在创建 Xyz 的实例时，可以使用两种形式：

```
    Xyz Xyz1 = new Xyz();     //使用无参数的构造方法
    Xyz Xyz2 = new Xyz(5);    //使用有一个 int 参数的构造方法
```

因为构造方法的特殊性，它不允许程序员按通常调用方法的方法来调用。构造方法中参数列表的说明方式决定了该类实例的创建方式。例如，在 Xyz 类中，不能像下面这样创建实例：

```
    Xyz err1 = new Xyz(1, 1);   //错误! 没有两个 int 参数的构造方法
```

这是因为类 Xyz 中没有定义具有两个变量的构造方法 Xyz(int i, int j)。

4.3 类的继承和多态

在面向对象技术中,继承是类的最为显著的特征之一。当一个类自动拥有另一个类的全部属性时,就称这两个类之间具有**继承关系**。称被继承的类为**父类**(或**超类**),继承了父类的类为**子类**。继承,有时也称为**派生**,是一种由已有的类创建新类的机制。子类不仅可以从父类中继承父类的域和方法,而且可以对这些域和方法重新定义,扩充新的内容。

4.3.1 继承的概念

在程序设计中,有时要建立关于某对象的模型。如雇员 Employee,然后要从这个最初的模型派生出多个具体化的版本,如经理 Manager。显然,一名 Manager 首先是一位 Employee,他具有 Employee 的一般特性。除此之外,Manager 还有 Employee 所不具有的其他特性。例 4-11 可以说明这个问题。

【例 4-11】 Employee 类和 Manager 类。

```
public class Employee{
    private String name;
    private Date hireDate;
    private Date dateOfBirth;
    private String jobTitle;
    private int grade;
    ⋮
}
public class Manager{
    private String name;
    private Date hireDate;
    private Date dateOfBirth;
    private String jobTitle;
    private int grade;
    private String department;
    private Employee[] subordinates;
    ⋮
}
```

该示例说明 Employee 类和 Manager 类之间存在重复部分。实际上,适用于 Employee 类的很多方法可以不经修改就可被 Manager 类所使用。因此,Manager 类与 Employee 类之间存在继承关系,或者说,Manager 类可以从 Employee 类派生而来。

一个父类可以同时拥有多个子类,这时,该父类实际上是所有子类的公共域和方法的集合,而每个子类则是对公共域和方法在功能、内涵方面的扩展和延伸。

总之,父类与子类的关系具有如下特点。

- **共享性**:子类可以共享父类的公共域和方法。
- **差异性**:子类和父类之间一定存在某些差异性,否则就是同一个类。
- **层次性**:由于 Java 规定单重继承性,这使得每个类都处于继承关系的某一个层次。

以电话类为例，如图 4-4 所示，给出了电话类及其子类之间继承关系的层次结构。

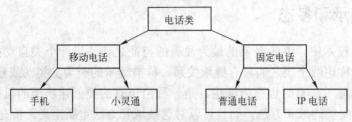

图 4-4　电话类及其子类层次关系示意图

4.3.2　继承的实现

在 Java 中，继承是通过关键字 **extends** 来实现的。其一般格式如下：

```
[类的修饰符] class <子类名> extends <父类名>{
    <域定义>;
    <方法定义>;
}
```

子类可以继承父类所有非私有的数据成员和方法。下面的例 4-12 表明父类的私有数据和方法不能被子类继承。

【例 4-12】　验证类的继承。

```java
//ExtendsTest.java
class Test{
    int x = 25;              //保护变量
    private int y = 10;      //私有变量

    protected void print1(){
        System.out.println("print1()是保护(protected)方法，可以被继承.");
    }

    private void print2(){
        System.out.println("这是私有(private)方法.");
    }
}

class ExtendsTest extends Test{
    public static void main(String[] args){
        Test         test = new Test();
        ExtendsTest ExT  = new ExtendsTest();
        System.out.println("test.x = " + test.x);
        System.out.println("ExT.x = "   + ExT.x);
        ExT.print1();
        /*-----------------------------------------------------
         * 删除以下 System.out.println("ExT.y = "+ExT.y)前的注释号，
         * 编译时出现提示："错误!"
```

```
     *  表明类 Test 中的 private 变量 y 不能被继承
     -------------------------------------------------*/
     //System.out.println("ExT.y = "+ExT.y);
     /*-------------------------------------------------
     *  删除以下 ExT.print2()前的注释号,编译时出现提示:
     *  "错误!"
     *  表明类 Test 中的 private 方法 print2()不能被继承
     -------------------------------------------------*/
     //ExT.print2();
   }
 }
```

运行结果如下:

```
test.x = 25
ExT.x = 25
```

print1()是保护（protected）方法，可以被继承。

4.3.3 单重继承

如果一个类有父类，则其父类只能有一个。Java 只允许子类从一个类即其父类中继承，这种继承称为**单重继承**。Java 规定单重继承的限制，是因为它要让代码的可靠性更高。另一方面，为了保留"多重继承"的功能，Java 提出了"接口"的概念。

虽然一个子类可以从父类继承所有的方法和成员变量，但它不能继承构造方法。有两种途径可让一个类得到构造方法。一种是自己编写一个构造方法；另一种是，因为用户没有编写构造方法，所以系统为类提供唯一一个默认的构造方法。

4.3.4 多态性

多态（Polymorphism）是指类中同名的不同方法共存的情况。这些方法具有相同的名称，因为它们的最终功能和目的是相同的，只是由于完成同一功能的方法时遇到不同情况需要定义包含不同内容的方法。多态是面向对象程序设计中的一个特性，其目的是提高程序的抽象度、封闭性和简洁性。

Java 提供两种多态机制：**重载**（overloading）和**覆盖**（overriding）。4.2.6 节主要介绍了方法的**重载**。本节将要学习另一种多态机制，即方法和域的**覆盖**。

4.3.5 方法和域的覆盖

由于面向对象系统中的继承特性，子类可以继承父类中的方法。但是，子类的某些特征可能与从父类继承而来的特征有所不同。为了体现子类的这种个性，Java 允许子类对父类的同名方法重新进行定义，即子类可以定义与父类方法同名但其内容不同的方法。这种多态就称为**覆盖**，或称为**重写**，还有的称为**隐藏**。由于覆盖的同名方法同时存在于子类和父类之中，所以在方法引用时需要指明引用的是父类的方法还是子类的方法。值得注意的是，在覆盖的同名方法中，子类方法不能比父类方法的访问权限更严格。例如，如果父类方法

method()的访问权限是 public，子类方法 method()的权限就不能是 private，否则会出现编译错误。在子类中，若要使用父类中被隐藏的方法，可以使用 **super** 关键字。super 表示的是当前对象的**直接父类**对象，它是当前对象的直接父类对象的引用。例如，设类 A 派生出子类 B，类 B 派生出自己的子类 C，类 B 是类 C 的直接父类，而类 A 不是类 C 的直接父类。super 仅代表当前类的直接父类。

【例 4-13】 利用例 4-2 中定义的平面二维点类 Point，定义空间的三维点类 Point3D。

```
class Point3D extends Point{
    int z;                                          //新增的成员变量
    public Point3D(int x, int y, int z){ super(x, y);    this.z = z; }//新的构造方法
    public Point3D(){this(0, 0, 0); }               //新的构造方法
}
```

在例 4-13 中，Point3D 是 Point 的子类。使用的关键字 super 代表当前类 Point3D 的直接父类，即类 Point。而关键词 this 代表当前类 Point3D。

由于一些方法存在于不同的父、子类中，在调用方法时需要指明调用哪个类或对象的方法。其调用格式如下：

```
对象名.方法;
类名.方法;
```

下面给出方法覆盖的示例。

【例 4-14】 方法覆盖示例一。

```
//OverridingTest1.java
class OverridingTest1{
    void print(){
        System.out.println("这是父类!");
    }

    public static void main(String args[]){
        OverridingTest1 sup = new OverridingTest1();
        sup.print();
        ExtendTest sub = new ExtendTest();
        sub.print();
    }
}

class ExtendTest extends OverridingTest1{
    //覆盖父类的 print()方法
    void print(){
        System.out.println("这是子类!");
        //通过 super.调用父类的 print()方法
        System.out.print("子类调用父类的方法得到:");
        super.print();
```

```
        }
    }
```

本程序调用子类的 print()方法结束之前，还要再调用父类的 print()方法。程序的执行结果如下：

```
这是父类!
这是子类!
子类调用父类的方法得到：这是父类!
```

注意，如果方法名相同，而参数表不同，这是方法的重载。调用重载方法时，编译器将根据参数的个数和类型，选择对应的方法执行。重载的方法属于同一个类，而覆盖的方法分别属于父与子的不同类。

下面考虑 Employee 和 Manager 类中的这些示例方法。

【例 4-15】 方法覆盖示例二。

```java
public class Employee{
    String name;
    int salary;
    public String getDetails(){
        return "Name："+ name + "\n" + "Salary: " + salary;
    }
}
public class Manager extends Employee{
    String department;
    public String getDetails(){
        return "Name："+ name + "\n" + "Manage of " + department;
    }
}
```

由该例可以看出，Employee 类中有一个 getDetails()方法，而由 Employee 派生的 Manager 类中也有一个同名同参数同返回类型的 getDetails()方法，因此，子类中的方法覆盖或称**隐藏**了父类的方法。

在前面的类定义之后，假定实例化如下两个对象：

```java
Employee e = new Employee();
Manager m = new Manager();
```

此时，e.getDetails()与 m.getDetails()将执行不同的代码。前者是 Employee 对象，将执行 Employee 类中的方法，后者是 Manager 对象，执行的是 Manager 类中的方法。如果这样创建实例：

```java
Employee e = new Manager();
```

则 e.getDetails()调用哪个方法就显得不清楚。实际上，此处遇到的是 Java 面向对象的一个重要特性。Java 执行与对象真正类型（运行时类型）相关的方法，而不是与引用类型（编译时类型）相关的方法。这也是多态的另一个重要性质，常称为**虚方法调用**。因此，上例 e.getDetails()将执行 Manage 类中的方法，因为实例的真正类型是 Manager。

【例 4-16】 在前面定义的二维点类基础上，扩展成三维点类增加求该点到原点距离的方法。

```java
//TestExtend.java
class Point2D{
    int x, y;
    public Point2D(int i, int j){
        x = i; y = j;
    }
    public double distance(){
        return Math.sqrt(x*x+y*y);
    }
}

class Point3D extends Point2D{
    int z;
    public Point3D(int i, int j, int k){
        super(i, j);
        z = k;
    }
    public double distance(){
        return Math.sqrt(x*x+y*y+z*z);
    }
}

public class TestExtend{
    public static void main(String args[]){
        Point2D p2 = new Point2D(1, 1);
        System.out.println("p2.distance() = " + p2.distance());
        Point3D p3 = new Point3D(1, 1, 1);
        System.out.println("p3.distance() = " + p3.distance());
    }
}
```

运行结果如下：

```
p2.distance() = 1.4142135623730951
p3.distance() = 1.7320508075688772
```

方法覆盖与重载相类似，不同的方法都具有相同的名字。覆盖与重载的不同之处有：
- 覆盖与被覆盖的同名方法分别属于不同的父、子类。而重载的同名方法属于同一类。
- 覆盖与被覆盖的同名方法具有相同的参数列表和返回值类型。而重载的同名方法必须具有不同的参数列表。
- 覆盖方法的访问域不能比被覆盖方法的访问域更窄。而重载方法对访问域没有这种限制。

类的域即成员变量也可以覆盖。它们的声明是类似的，只是在不同的类中进行声明。

【例4-17】 域覆盖示例。

```java
//OverridingTest2.java
class ClassA{
    protected int m;
    protected int n;
    void F(){
        m = 66;
        System.out.println("Now in ClassA.F()");
    }
    void G(){
        n = 88;
        System.out.println("Now in ClassA.G()");
    }
    public String toString(){
        return new String("{ m = " + m + ", n = " + n + "}");
    }
}

class ClassB extends ClassA{
    private double n;           //覆盖了域 ClassA.n

    void G(){                   //覆盖了域 ClassA.G()
        n = 3.1415926;
        System.out.println("Now in ClassB.G()");
    }
    public String toString(){   //覆盖了域 ClassA.toString()
        return new String("{ m = "+ m + ", n = " + n + "}");
    }
}

class OverridingTest2{
    public static void main(String[] args){
        ClassA a = new ClassA();
        a.F();
        a.G();
        System.out.println(a.toString()+"\n");
        ClassA b = new ClassB();
        b.F();
        b.G();
        System.out.println(b.toString());
    }
}
```

运行结果如下：

```
Now in ClassA.F()
Now in ClassA.G()
{ m = 66, n = 88}

Now in ClassA.F()
Now in ClassB.G()
{ m = 66, n = 3.1415926}
```

从上述结果中可以清楚地看出，域 b.n 和方法 b.G()究竟使用了父类和子类的哪一个域声明。

4.4 包与接口

在实际开发中，通常需要设计许多类共同工作。这些类的类名不能相同。但当声明的类很多时，类名的冲突将不可避免。这时，就需要包的机制来处理类名。为了更好地组织类，Java 提供了包（package）的概念来管理类名空间，就像文件夹将各种文件组织在一起。

4.4.1 包

1．包的概念

包是类的容器，用于分隔名字空间（name space）。所谓**名字空间**就是类名的集合。到目前为止，所有的示例都属于一个默认的无名包。Java 中的包一般均包含相关的类，例如，所有关于交通工具的类都可以放到名为 Transportation 的包中。

所谓**包**就是 Java 语言提供的一种区别名字空间的文件夹。包中还可以嵌入包。程序员可以使用 package 指明源文件中的类属于哪个具体的包。包语句的格式为：

> package⇀pkg1 [.pkg2 [.package3…]];

程序中如果有 package 语句，该语句一定是源文件中的第一条可执行语句，它的前面只能有注释或空行。另外，一个文件中最多只能有一条 package 语句。

包的名字有层次关系，各层之间以点分隔。包层次必须与 Java 开发系统的文件系统结构相同。通常包名中全部用小写字母，这与类名以大写字母开头，且各自的首字母亦大写的命名约定有所不同。

当使用了包语句后，程序中无需再引用（import）同一个包或该包的任何元素。import 语句只用来将其他包中的类引入当前名字空间中，而当前包总是处于当前名字空间中。如果声明文件如下：

> package java.awt.image;

则在 Windows 系统中该文件必须存放在当前目录的 java\awt\image 子目录下，在 UNIX 系统中应在 java/awt/image 子目录下。这里的当前目录是指 Java 源文件所在的目录。

2．import 语句

在 Java 中，若想利用包的特性，可使用引入（import）语句告诉编译器要使用的类所在的位置。实际上，包名也是类名的一部分。例如，如果 abc.FinanceDept 包中含有 Employee 类，则该类可称作 abc.FinanceDept.Employee。如果使用了 import 语句，再使用类时，包名可省略，只用 Employee 来指明该类。

引入语句的格式如下:

> **import▱pkg1[.pkg2[.pkg3…]].(类名| *);**

假设有一个包 a，在 a 的一个文件内定义了两个类 XX 和 YY，其格式如下:

```
package a;
class XX{ ... }
class YY{ ... }
```

当在另外一个包 b 中的文件 ZZ.java 中使用 a 中的类时，语句形式如下:

```
//ZZ.java
package b;
import a.*;
class ZZ extends XX{
    YY y;
    ......
}
```

在 ZZ.java 中，因为引入了包 a 中的所有类，所以使用起来就好像是在同一个包中一样（当然首先要满足访问权限，这里假定可以访问）。

在程序中，可以引入包的所有类或若干类。要引入所有类时，可以使用通配符"*"，例如:

> **import java.lang.*;**

引入整个包时，可以方便地访问包中的每一个类。这样做，虽然语句写起来很方便，但会占用过多的内存空间，而且代码下载的时间将会延长。初学者完全可以引入整个包，但是建议在了解了包的基本内容后，实际用到哪个类，就引入哪个类，尽量不造成资源的浪费。

实际上，程序中并不一定要有引入语句。当某个类引用的类与被引用的类存储在一个物理目录下时，就可以直接使用被引用的类。

4.4.2 接口

1．什么是接口

Java 中的**接口**（interface）使抽象类的概念更深入了一层。接口中声明了方法，但不定义方法体，因此接口只是定义了一组对外的公共接口。与类相比，接口只规定了一个类的基本形式，不涉及任何实现细节。

在 OOP 中，一个类的公共接口可以被认为是使用类的客户代码与提供服务类之间的契约或协议。因此可以认为一个接口的整体就是一个行为的协议。实现一个接口的类将具有接口规定的行为，并且外界可以通过这些接口与它通信。有些 OOP 采用 protocol 作为关键词，而 Java 使用 **interface** 作为接口的关键词。

2．接口的定义

接口定义包括接口声明和接口体两部分。格式如下:

```
interface Declaration{
    interface Body
}
```

（1）接口声明

接口声明的格式如下：

```
[public] interface InterfaceName [extends list of SuperInterface]{
    ......
}
```

其中 public 指明任意类均可以使用这个接口。在默认情况下，只与该接口定义在同一个包的类才可以访问这个接口。Extends 子句与类声明的 extends 子句基本相同，不同的是一个接口可以有多个父接口，用逗号隔开。而一个类只能有一个父类。子接口继承父接口中的所有常量和方法。

（2）接口体

接口体中包含常量定义和方法定义两部分。在接口体定义的常量具有 public、final、static 的属性。常量定义的具体格式为：

```
type NAME = value;
```

其中 type 可以是任意类型，NAME 是常量名，通常用大写字母。value 是常量值。在接口中定义的常量可以被实现该接口的多个类共享。

在接口中声明的方法默认具有 public 和 abstract 属性。方法定义的格式为：

```
returnType methodName([paramlist]);
```

接口中只进行方法的声明，而不提供方法的实现。所以，方法定义没有方法体，且以分号(;)结尾。此外，如果在子接口中定义了与父接口同名的常量和相同的方法，则父接口中的常量被隐藏，方法被重写。

注意，接口中的成员不能使用某些修饰符，比如 transient、volatile、synchoronized、private、protected 等。

3．接口的实现和使用

类的声明中用 implements 子句来表示一个类实现了某个接口。在类体中可以使用接口中定义的常量，而且必须实现接口中定义的所有方法。一个类可以实现多个接口，在 implements 子句中用逗号分隔。在类中实现接口所定义的方法时，方法的声明必须与接口中所定义的完全一致。

【例4-18】 接口的定义及其实现。

```
//Product.java, 接口文件(独立组成一个文件)
public interface Product{                    //定义接口 interface
    static final String MAKER = "MyCorp";
    static final String PHONE = "0571-12345678";
    public int getPrice(int id);//the body of method is empty
```

}

//**Shoes.java**. 类 Shoes 实现了接口 Product(独立组成一个文件)
```java
public class Shoes implements Product{
    public int getPrice(int id){              //重载 getPrice 方法
        if(id == 1) return(5);
        else        return(10);
    }
    public String getMader(){
        return(MAKER);
    }
}

//Store.java. Shoes 的派生类(独立组成一个文件)
public class Store{
    static Shoes hightop;

    public Store(){
        hightop = new Shoes();
    }

    public void getInfo(Shoes shoes){
        System.out.println("This Product is made by "+shoes.MAKER+".");
        System.out.println("It costs $ "+shoes.getPrice(1)+"."+"\n");
    }

    public void orderInfo(Product product){
        System.out.println("To order from "+product.MAKER+
                    " call "+product.PHONE+".");
        System.out.println("Each item costs $"+product.getPrice(1)+".");
    }

    public static void main(String argv[]){
        Store store = new Store();
        store.getInfo(hightop);
        store.orderInfo(hightop);
    }
}
```

运行结果如下:

```
This Product is made by MyCorp.
It costs $5.


To order from MyCorp call 0571-12345678.
Each item costs $5.
```

4.5 习题

1. 基础知识

1.1 MyClass 的默认构造器是（　　）。
  A．new MyClass()   B．MyClass(){}
  C．public class MyClass D．MyClass{}

1.2 定义 MyClass 类的方法是（　　）。
  A．new MyClass();   B．public MyClass(){}
  C．public class MyClass D．MyClass{}

1.3 可以从该类的外部访问的方法是（　　）。
  A．public void getValue() B．private void getValue()
  C．void public getValue() D．void private getValue()

1.4 私有（private）数据不能直接访问是（　　）。
  A．正确   B．错误

1.5 公有（public）方法不能访问私有数据是（　　）。
  A．正确   B．错误

1.6 假定 X, Y 和 Z 都是接口。下列是正确的接口声明的是（　　）。
  A．public interface A extends X{void aMethod();}
  B．interface B implements Y{void aMethod();}
  C．interface C extends X, Y, Z{void aMethod();}
  D．interface C extends X{protected void aMethod();}

1.7 下面几个抽象类定义中正确的是（　　）。
  A．class alarmclock{ abstract void alarm(); }
  B．abstract alarmclock{ abstract void alarm(); }
  C．class abstract alarmclock{ abstract void alarm(); }
  D．abstract class alarmclock{ abstract void alarm(); }
  E．abstract class alarmclock{
    abstract void alarm(){ System.out.println("alarm!"); }
   }

1.8 在下列程序段中错误的语句或段是（　　）。

```
import java.awt.*;
import java.awt.event.*;
```

  A．import java.applet.Applet;
  B．public class TextArea extends Applet, Frame
  C．implements MouseListener, MouseMotionListener{
  D． TextArea textarea1;
    Button button1;

        ....
    }
1.9 下面是程序 objectTest.java

```
class Empty{}
public class objectTest{
    public static void main(String[] args){
        Empty em=new Empty();
    }
}
```

以下正确的结论是（　　）。
  A．em 是已实例化的对象
  B．编译这个程序会出错，因为类 Empty 是空的，不能实例化
  C．因为类 Empty 是空的，所以 em 不是对象
  D．程序不能正确编译
1.10 接题 1.9，以下错误的结论是（　　）。
  A．类 Empty 是空的，既没有成员变量也没有成员方法
  B．类 Empty 非空，有一个默认的构造方法
  C．类 Empty 中有一个构造方法 Empty()
  D．类 Empty 能够被继承

2．编程题

2.1 试编写程序，定义一个从公有类 pubTest，它含有两个浮点类型变量 fvar1 和 fvar2，还有一个整数类型变量 ivar1。pubTest 类中的一个方法 sum()，它将 fvar1 与 ivar1 的值相加，结果放在 fvar2 中。

2.2 验证程序例 4-10 中的对象方法 max()，不能计算"两个双精度类型数据的最大者"。然后重载方法 max()，使之实现对参数（double，double）求其较大者。然后再次验证重载的功能。

2.3 定义矩形接口 rect，在接口中有计算面积 area()，获取宽度 getWidth()，获取高度 getHeight()，获取矩形位置 getLocation()等方法。继承接口 rect 实现矩形类 Rectangle1。编写程序应用 Rectangle1 类。

2.4 定义一个圆类 Circle，该类的对象表示笛卡儿平面上的圆。至少有计算圆周长 getLength()，计算圆面积 area()，获取圆心 getCenter()，获取圆半径 getRadius()等方法。编写程序应用 Circle 类。

2.5 编写程序，通过继承习题 2.3 中的 Rectangle1 类定义子类正方形 Square。至少编写方法覆盖 area()，并实现之。

2.6 编写程序，用递归算法计算 n 阶乘（n 为自然数）。

2.7 编写程序，用递归算法计算浮点数 x 的 n 次方 P(float x,int n)。

第5章 界面控件与事件

本章学习 Java 控件和相应的事件处理。控件可以分为两大类,一类是**容器**,可以放入其他控件,包括容件本身。另一类是**非容器性控件**,在这类控件中则不能放入任何控件。

Java 有两个控件类库。在 Java 早期版本中所有控件的类库是**抽象窗口工具包**(Abstract Windows Toolkit,**AWT**),Java 2 版本中引入了新的类库 javax.swing。为区别这两个类库中的控件,常称前者为 **AWT 控件**,而后者称为 **Swing 控件**。Swing 类库不仅能产生 AWT 事件包(java.awt.event)中的事件,而且还有自己的事件包(javax.swing.event),包括事件和监听器接口,用于处理 Swing 特有的事件。由此可见,Swing 和 Awt 虽共有许多相同的控件,但 Swing 特性更多,移植性更强,更易于使用。然而 Swing 控件并没有完全替代 AWT 控件,Swing 仍需要 AWT 的事件类库。

本章介绍一些常用的 Swing 控件,及其相应的 AWT 控件。希望学习更多控件知识的读者可以查阅参考文献[3-4]。

5.1 文本框与文本域

文本框(JTextField)和文本域(JTextArea)是两类可写入文字的控件,主要用来写入文字信息。

5.1.1 Swing 文本框与文本域

本小节要学习如何设置文本框和文本域,并在其中输入文字。

1. 文本框类与文本域类的构造方法和常用方法

JTextField 类和 JTextArea 的构造方法见表 5-1 和表 5-2,常用方法见表 5-3 和表 5-4。

表 5-1 JTextField 类的构造方法

方 法	说 明
JTextField ()	构造文本框
JTextField (String str)	用字符串 str 构造文本框
JTextField (String str, int col)	用字符串 str 和列数 col 构造文本框

表 5-2 JTextArea 类的构造方法

方 法	说 明
JTextArea()	构造新的 TextArea
JTextArea(String str)	用字符串 str 构造文本域
JTextArea(int row, int col)	用行数 row 和列数 col 构造文本域
JTextArea(String str, int row, int col)	用字符串 strt、行数 row 和列数 col 构造文本域

表 5-3 JTextField 类和 JTextArea 的共同常用方法

方法	说明
void setEditable(boolean)	设置是否可编辑，boolean 为 true 时可编辑
void setFont(Font)	设置字体
void setText(String)	设置字符串
String getText()	返回框中的字符串

表 5-4 JTextArea 类的常用方法

方法	说明
void append(String str)	将字符串 str 加到已有字符串的末尾
void insert(String str, int start)	在已有字符串的第 start 位插入串 str

对于 JTextArea 类的常用方法可参见表 5-4，因为这两个类的方法基本相同。

2．程序举例

下面的程序给出了文本框和文本域最基本的方法。

【例 5-1】 Swing 文本框和文本域及其文字设置举例。

```java
//JTextFieldArea.java
import java.awt.*;
import javax.swing.*;

public class JTextFieldArea extends JFrame{
    //构造方法
    public JTextFieldArea(){
        this.setTitle("文本框与文本域");              //设置标题                            (5.1.1)
        this.setLayout(new FlowLayout());            //设置流式布局管理器                    (5.1.2)
        JTextField jtext = new JTextField(10);       //设置文本框的大小                      (5.1.3)
        jtext.setText("文本框(仅一行)");             //设置文本框的文字                      (5.1.4)
        this.add(jtext);                             //加入文本框 jtext                      (5.1.5)
        JTextArea jarea = new JTextArea("文本域(可多行).",3,10);//设置文本域大小              (5.1.6)
        this.add(jarea);                             //将文本域 jarea 加入到 JFrame 中       (5.1.7)
        this.setSize(200,130);                       //设置 JFrame 的大小                    (5.1.8)
        this.setVisible(true);                       //设置 Frame 为可见状态                 (5.1.9)
    }
    //主方法
    public static void main(String args[]){
        new JTextFieldArea();
    }
}
```

运行上述程序结果如图 5-1 所示。

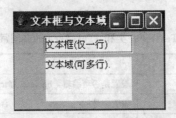

图 5-1 Swing 的文本框与文本域

[编程说明]
1．this
语句（5.1.1），（5.1.2），（5.1.5）和（5.1.7）-（5.1.9）中都有"this.方法()"，这个 this 代表了本对象（JtextFieldArea）的窗口 JFrame。因此：

1）语句（5.1.1）表示给本对象的窗口 JFrame 设置标题。
2）语句（5.1.2）表示给本对象的窗口 JFrame 设置设置流式布局管理器。
3）语句（5.1.5）表示将文本框 jtext 加入到本对象的窗口 JFrame 中。
4）语句（5.1.7）表示将文本域 jarea 加入到给本对象的窗口 JFrame 中。
5）语句（5.1.8）表示给本对象的窗口 JFrame 设置宽度 200，高度 130。
6）语句（5.1.9）表示给本对象的窗口 JFrame 设置为可见，因为窗口 JFrame 默认为不可见。

由此可知，这个 this 代表了本类 JTextFieldArea 的对象，具有"本对象"的意思。这个本对象 this 常常在程序中省略，在之后的程序中，将省略这个 this。在此，强调 this 是为了指明所有这些语句都有一个"对象"问题。比如，给什么对象设置标题，给什么对象设置布局管理器，将文本框加入到什么对象中，…。即，注意语句

```
(对象).setTitle();
(对象).setLayout();
(对象).add();
```

中的对象问题。

2．设置布局管理器
在上述语句中有一句：

```
setLayout(new FlowLayout());
```

它是为 Frame 设置流式布局管理器 FlowLayout。流式布局管理器是 Java 的默认布局管理器，但是对于 Frame 若没有任何布局就不能保证在所有的计算机上显示控件。为保证程序的正确运行，应规范地加入布局管理器，即使是默认的布局管理器。布局管理器将在第 6 章中详细介绍。

3．关于方法 setSize()
若不设置窗口的大小，窗口将以默认的大小出现。这个默认窗口很小。

4．关于方法 setVisible()
因为窗口 JFrame 默认为不可见，若不设置为 setVisible(true)，窗口将看不见。

【例 5-2】 文本域类及其方法举例。

```
//JTextAreaTest.java
import java.awt.*;
import javax.swing.*;

public class TextAreaTest extends JFrame{
  //构造方法
  public TextAreaTest(){
    JTextArea jarea=new JTextArea("JTextArea 的方法",5,20);         (5.1.10)
    add(jarea);
    jarea.setText("Welcome to Java!");//给 jarea 设置字符串           (5.1.11)
    jarea.insert("插到第 5 个后", 5);    //在第 5 个文字位置插入       (5.1.12)
    jarea.append("The end");            //在最后附加"The end"         (5.1.13)
    setSize(225,100);
    setVisible(true);
  }
  //主方法
  public static void main(String args[]){
    new TextAreaTest();
  }
}
```

运行上述程序，将出现一个文本域，如图 5-2 所示。注意其文字的顺序并参见程序注释。

[编程说明]

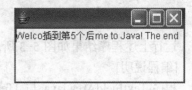

图 5-2　方法 insert()与 append()

1．方法 setText()

语句（5.1.10）已用字符串"JTextArea 的方法"实例化文本域，但在图 5-2 中没有出现这个字符串，是因为用语句（5.1.11）重新设置了字符串"Welcome to Java!"。所以，方法 setText()具有清空原字符串，重新设置新字符串的作用。

2．方法 insert()

语句（5.1.12）的作用是在字符串"Welcome to Java!"第 5 个文字位置插入串"插到第 5 个后"，所以，结果是字符串

　　　　　"Welco 插到第 5 个后 me to Java!"。　　　　　　　　　　　　　　　　(5.1.14)

3．方法 append()

语句（5.1.13）的作用是，在字符串当前字符串（5.1.14）后面添加字符串"The end"，所以，结果如图 5-2 所示。

5.1.2　AWT 文本框与文本域

因为 AWT 文本框类和文本域类的构造方法和常用方法与 Swing 相应控件几乎一样，所以省略了这两类方法的介绍。为简单起见，在之后的内容中，若没有特别之处，只介绍 Swing 控件。对于 AWT 控件仅给出程序举例和与 Swing 控件的不同之处。若要对 AWT 相

应控件作详细了解可参阅参考文献[5]。

【例 5-3】 AWT 文本框和文本域及其文字设置举例。

```java
//TextFieldArea.java
import java.awt.*;

public class TextFieldArea extends Frame{
    //构造方法
    public TextFieldArea(){
        setTitle("文本框与文本域");                    //设置标题
        setLayout(new FlowLayout());                  //为 Frame 设置流式布局管理器
        TextField text1 = new TextField(10);          //设置文本框的大小
        text1.setText("文本框(仅一行)");              //设置文本框的文字
        add(text1);                                   //将文本框加入到 Frame 中
        TextArea area = new TextArea("文本域(可多行).",3,10);//设置文本域大小
        add(area);                                    //将文本域加入到 Frame 中
        setSize(200,130);                             //设置 JFrame 的大小
        setVisible(true);                             //设置 Frame 为可见状态
    }
    //主方法
    public static void main(String args[]){
        new TextFieldArea();
    }
}
```

运行上述程序结果如图 5-3 所示。

[编程说明]

程序 TextFieldArea.java 与 JTextFieldArea.java 除了控件 TextField 和 TextArea 前没有 J 和引入语句"import javax.swing.*;"外，其余均相同。

图 5-3　AWT 的文本框与文本域

这两个类可以作为一个"大类"来处理，可将 JTextField 类看做是 JTextArea 类的"简化形式"。它们大部分方法都相同，仅有的不同是由于文本域类可以有多行，而文本框类只有一行。比如，当设置 JTextArea 时，其大小需要设置为 x 行 y 列，而对 JTextField，只需设置 y 列即可。

5.2　标签与按钮

"标签"的功能是文字说明。而"按钮"是可以"按"的，从而有一个动作，具有交互作用。为响应动作"按钮被按下"，必须有相应的处理，从而需要学习事件与相应的监视器接口等。

5.2.1　Swing 标签

控件**标签**不是交互式的控件。标签主要用来显示一个单行的字符串。标签是最常用的

控件，凡需要用文字说明的地方，一般都可用标签来表达。

1．Swing 标签类构造方法与常用方法

JLabel 类的构造方法见表 5-5，常用方法见表 5-6。其中的参数 Icon 图标，就是尺寸较小的图像。可以使用的图像格式是 jpg、gif 和 png。

表 5-5　JLabel 类的构造方法

方　法	说　明
JLabel ()	构造标签
JLabel(String str)	用文本 str 构造标签
JLabel (Icon icon)	用图标 icon 构造标签
JLabel (Icon icon, int horizon)	用图标 icon 构造标签，设置文本水平位置(左,中,右)
JLabel (String str, Icon icon, int horizon)	用文本 str 和图标 icon 构造标签，设置文本水平位置(JLabel.LEFT, CENTER, RIGHT)

表 5-6　JLabel 类的常用方法

方　法	说　明
String getText()	返回标签的文本
void setFont(Font)	设置字体
void setIcon(Icon)	设置图标
void setHorizontalTextPosition(int)	设置水平文本与图标相对位置（在左，居中，在右）
void setText(String)	设置文本

2．程序举例

下面提供制作 Swing 标签 JLabel 的程序，从中可以获得有关方法的使用技巧。

【例 5-4】 Swing 标签及其文字和图标的使用。

```
//SwingLabel.jav
import java.awt.*;
import javax.swing.*;

public class SwingLabel extends JFrame{
  //构造方法
  public SwingLabel(){
    setTitle("四个 JLabel");
    setLayout(new GridLayout(2,2));
    JLabel defaultLabel = new JLabel("默认(LEFT)");            //构造标签,文本在左    (5.2.1)
    JLabel centerLabel  = new JLabel("居中",JLabel.CENTER);    //构造标签,文本居中    (5.2.2)
    JLabel rightLabel   = new JLabel("在右",JLabel.RIGHT);     //构造标签,文本在右    (5.2.3)
    JLabel imageLabel   = new JLabel(
        "文本在左",new ImageIcon("Smile.png"),JLabel.LEFT);    //默认图标在左         (5.2.4)
    //imageLabel.setHorizontalTextPosition(JLabel.LEFT);       //设置文本在图标左边   (5.2.5)
    add(defaultLabel);     add(centerLabel);
    add(rightLabel);       add(imageLabel);
```

```
            setSize(300,130);      setVisible(true);
        }
        //主方法
        public static void main(String args[]){
            new SwingLabel();
        }
    }
```

运行程序将产生如图 5-4 所示的结果,其中虚线是作者加上的,为的是区分 4 个标签占有的区域。

[编程说明]

1.关于构造方法 JLabel()

语句(5.2.1)~(5.2.3)用不同的参数构造标签。

1)语句(5.2.1)默认文本在左,所以,不需要设置。

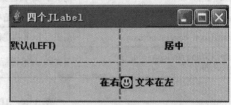

图 5-4 Swing 标签文本的位置

2)语句(5.2.2)设置文本居中,所以,需要用参数 JLabel.CENTER。

3)语句(5.2.3)设置文本在右,所以,需要用参数 JLabel.RIGHT。

4)语句(5.2.4)设置文本在左,当有图标时,需要用参数 JLabel.LEFT。

2.关于方法 setHorizontalTextPosition(int)

注意(见图 5-4),即使未设置文本在左边(JLabel.LEFT),其结果图标仍在文本的左边。这是因为标签中当同时有图标和文本时,默认图标在文本左边。要改变图标与文本的相对位置需要用方法 setHorizontalTextPosition(int)(见表 5-2),其中的参数 int 可以是 JLabel.LEFT,JLabel.CENTER 和 JLabel.RIGHT,分别表示文本在图标的左,中,右。当在程序 SwingLabel.java 中删除语句(5.2.5)前面的注释号后,可以得到如图 5-5 所示的结果。

图 5-5 Swing 标签中文本与图标的相对位置

5.2.2 AWT 标签

1.AWT 标签类构造方法与常用方法

AWT 标签类与 Swing 标签类最大的不同是没有放入图标的功能,从而其构造方法与常用方法与 Swing 标签不同,见表 5-7 和表 5-8。

表 5-7 Label 类的构造方法

方法	功能
Label()	构造一个空标题标签
Label(String str)	用标题 str 构造标签
Label(String str, int align)	用标题 str 和对齐方式 align 构造标签

表 5-8 Label 类的常用方法

方　　法	功　　能
int getAlignment()	获取标签的对齐方式
String getText()	获取标签的标题
void setAlignment(int)	设置对齐方式
void setBounds(int x, int y, int w, int h)	设置为宽 w 高 h，放置在坐标(x, y)处
void setText(String)	设置标签的标题

2．程序举例

下面的程序实现一些常用方法，特别是对齐方式的设置。

【例 5-5】 标签及其对齐方式。

```
//LabelTest.java
import java.awt.*;

public class LabelTest extends Frame{
    //构造方法
    public LabelTest(){
        setTitle("标签文本对齐方式");
        setLayout(null);
        Label label1 = new Label("标签 1");        //用文本实例化                    (5.2.6)
        label1.setBounds(20,20,200,50);            //设置标签位置与大小
        label1.setAlignment(Label.LEFT);           //设置文本对齐方式,左对齐          (5.2.7)
        Label label2 = new Label("标签 2",2);      //用文本和对齐方式实例化,右对齐    (5.2.8)
        label2.setBounds(20,80,200,50);
        TextArea text = new TextArea();
        text.setBounds(20,140,200,50);             //设置文本域位置与大小
        //在文本域中显示对齐方式
        text.setText(label1.getText()+"对齐方式 = "+label1.getAlignment()+"\n"+
                     label2.getText()+"对齐方式 = "+label2.getAlignment());         (5.2.9)
        add(label1); add(label2); add(text);
        setSize(250,200);
        setVisible(true);
    }
    //主方法
    public static void main(String args[]){
        LabelTest myLabel = new LabelTest();
    }
}
```

运行程序结果如图 5-6 所示。

[编程说明]

（1）构造方法

语句（5.2.6）和（5.2.8）分别应用了两个不同的构造方法构造标签，见表 5-7。其中，

Label(String str, int align)中的表示对齐方法的参数 align 是一个用整型数 0，1，2 分别表示代表 Label.LEFT，Label.CENTER 和 Label.RIGHT。用数字或用大写字母表示参数是通用的。但用大写字母更为直观且容易记忆。

（2）文本对齐方式的设置与获取

如果在构造标签中没有设置对齐方式，Java 将以默认的左对齐方式安排文本对齐。如果需要设置其他对齐方式，可用方法 setAlignment(int)（见表 5-8）。其参数是整型数，在说明（1）中已介绍。而语句（5.2.9）中方法 getAlignment()已证实了"用数字或大写字母表示参数是通用的"。

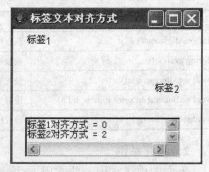

图 5-6　标签文本的对齐方式

（3）字符串的换行

语句（5.2.9）中，方法 setText(String)（见表 5-8）为文本域设置字符串。这个串可分为两部分，第 1 部分由方法 label1.getText()返回的串与字符串"对齐方式="和方法 label1.getAlignment()返回的数字连接而成，第 2 部分由 label2 得到。这个串比较长，需要换行，使用了换行符"\n"。这个换行符与 C 语言是相同的。Java 中字符串与数字通过相加生成新的字符串，这个生成新字符串的方法，在某些情况下对于初学者将会出现问题，将在编程中通过实例讲解。

【例 5-6】　标签的使用示例：学生信息管理系统界面 1。

```java
//LoginTest1.java
import java.awt.*;
import javax.swing.*;

public class LoginTest1 extends JFrame {
    JLabel lLogin,lKey;                    //定义标签
    JTextField textLogin,textKey;          //定义文本框
    //构造方法
    public LoginTest1(){
        setTitle("学生信息管理系统界面 1");
        setLayout(new FlowLayout());       //设置布局管理器
        lLogin = new JLabel("帐号:");       //实例化标签
        add(lLogin);                       //加入标签
        textLogin = new JTextField("",6);  //实例化文本框
        add(textLogin);                    //加入文本框
        lKey = new JLabel("密码: ");        //实例化标签
        add(lKey);                         //加入标签
        textKey = new JTextField("",6);    //实例化文本框
        add(textKey);                      //加入文本框
        setSize(260,100);                  //设置窗口大小
        setVisible(true);                  //设置窗口可见
    }
```

```
        //主方法
        public static void main(String args[]){
           new LoginTest1();                     //实例化对象 LoginTest1
        }
     }
```

运行程序,结果如图 5-7 所示。它是学生信息管理系统界面的一部分。

[编程说明]

因为 JFrame 的默认布局管理器是边界布局管理器,而本程序中将设置 4 个控件,若用默认布局,每个区只能放置一个控件,所以,设置流式布局管理器。不用网络布局是因为网络布局中每一格的控件一样大小,界面不美观。

图 5-7 学生信息管理系统界面

5.2.3 Swing 按钮

1. JButton 类的构造方法与常用方法

(1)构造方法与常用方法分别见表 5-9 和表 5-10。

表 5-9 JButton 类的构造方法

方法	功能
JButton()	构造没有文本和图标的按钮
JButton(Icon icon)	构造有图标的按钮
JButton(String text)	构造有文本图标的按钮
JButton(String text,Icon icon)	构造有文本和图标的按钮

表 5-10 JButton 类的常用方法

方法	功能
void addActionListener(ActionListener act)	加入行动监视器
String getText()	返回按钮的文本
void setEnabled(boolean bool)	设置按钮是否可用。当 bool 为 false 时不可用
void setHorizontalTextPosition(int align)	设置文本与图标的水平相对位置。默认图标在左文本在右
void setVerticalTextPosition(int align)	设置文本与图标的垂直相对位置
void setText(String)	设置按钮的文本

(2)关于 ImageIcon 类的使用

Swing 控件与 Awt 控件的主要区别之一是可以使用图标(ImageIcon)。下面介绍有关的使用方法:

```
        ImageIcon btIcon=new ImageIcon("copy.gif");
```

建立 ImageIcon 类对象,其中 copy.gif 是一个放入按钮 JButton 的图标。

```
button=new JButton("Click Me", btIcon);
```

建立按钮对象，名字(字符串)为"Click Me"，图标对象为 buttonIcon。

```
button.setVerticalTextPosition(AbstractButton.CENTER);
```

将上述字符串在垂直方向上设置为中心位置。

```
button.setHorizontalTextPosition(AbstractButton.RIGHT);
```

将上述字符串在水平方向上安放在整个按钮的右端，从而，图标在左端。如图 5-8 所示。
若要将文字串放在按钮的左端，图标在右端，就要设置：

```
button.setHorizontalTextPosition(AbstractButton.LEFT);
```

如图 5-9 所示。

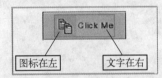

setHorizontalTextPosition(AbstractButton.**RIGHT**)

图 5-8　参数 RIGHT 设置说明

setHorizontalTextPosition(AbstractButton.**LEFT**)

图 5-9　参数 LEFT 设置说明

下面的程序将给出具有文字和图标的新型 Swing 按钮的使用方法。

2．程序举例

【例 5-7】　Swing 按钮及其文字和图标的使用。

```java
//SwingButton.java
import javax.swing.*;
import java.awt.*;
import java.awt.event.*;

public class SwingButton extends JFrame implements ActionListener{
    JTextField text;                                        //声明文本框         (5.2.10)
    JButton button, exitbutton;                             //声明按钮           (5.2.11)
    //构造方法
    public SwingButton(){
        setLayout(new FlowLayout());
        ImageIcon btIcon = new ImageIcon("hand.gif");
        button = new JButton("单击此处", btIcon);
        button.setVerticalTextPosition(AbstractButton.CENTER);//按垂直,文字居中  (5.2.12)
        button.setHorizontalTextPosition(AbstractButton.LEFT);//按水平,文字在左  (5.2.13)
        exitbutton = new JButton("退出");
        button.addActionListener(this);                     //加入行动监视器
        exitbutton.addActionListener(this);                 //加入行动监视器
        text = new JTextField(15);
```

```
        add(button);       add(exitbutton);        add(text);
        setSize(220,100); setVisible(true);
    }
    //行动监视器执行方法
    public void actionPerformed(java.awt.event.ActionEvent e){
        if(e.getSource() == button)                         //若单击"单击此处"按钮(5.2.14)
            text.setText("你单击了按钮!");                   //在文本框中设置文字 (5.2.15)
        else if(e.getSource() == exitbutton)                //若单击按钮"退出"      (5.2.16)
            System.exit(0);                                 //退出
    }
    //主方法
    public static void main(String args[]){
        new SwingButton();
    }
}
```

运行这个程序产生如图 5-10a 所示的结果,单击按钮"单击此处"产生如图 5-10b 所示的结果。在程序中加入了按钮"退出"及其监视器,单击该按钮就可以退出程序了。

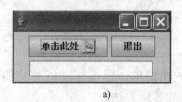 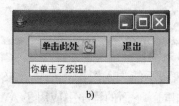

　　　　　a)　　　　　　　　　　　　　　b)

图 5-10　按钮及其单击结果

a) 程序运行结果　(b) 单击按钮"单击此处"后结果

[编程说明]

(1) 变量的作用域

语句(5.2.10)和(5.2.11)在构造方法外声明变量:

```
JTextField text;           //全局变量
JButton button, exitbutton;//全局变量
```

而在构造方法中进行实例化。注意,本章到目前为止,除例 5-7 外所有的控件都在构造方法中声明并实例化。那么,为什么要将这 3 个变量在构造方法外声明呢?根据在第 2 章 2.3.3 节介绍的变量的作用域,这 3 个变量 text,button,exitbutton 的作用域是整个 SwingButton 类。如图 5-11 所示,这 3 个变量的作用域就是最外层的一对括号内,常称这种整个类的变量为全局变量。

　　注意,在方法 actionPerformed()内需要使用这 3 个变量。也就是说,方法 actionPerformed()后的一对花括号内部应该属于这 3 个变量的作用域。否则,这 3 个变量将无法应用。比如,若这 3 个变量都在构造方法内声明(参见图 5-12),则 3 个变量 text,button,exitbutton 的作用域仅限于构造方法 SwingButton()的一对括号内部,它们只在这个局部范围内起作用。而方法 actionPerformed()内部不属于这 3 个变量的作用域,所以,处于方法 actionPerformed()内部的这 3 个变量将无法起作用，常称这种情况为**不可见**。这就是为什么要将这 3 个变量在构造方法外声明成为全局变量的原因。

```
public class SwingButton extends JFrame implements ActionListener {
    JTextField text;              //类内声明的变量(全局变量)
    JButton button, exitbutton;   //类内声明的变量(全局变量)
    ……
    public void actionPerformed(java.awt.event.ActionEvent e){
        if(e.getSource() == button)
            text.setText("你点击了按钮!");
        else if(e.getSource() == exitbutton)
            System.exit(0);
    }
    ……
}
```

图 5-11　全局变量的作用域

```
public class SwingButton extends JFrame implements ActionListener {
    public SwingButton(){
        JTextField text = new JTextField(15);                    //局部变量
        JButton button = new JButton("点击此处", btIcon);         //局部变量
        JButton exitbutton = new JButton("退出");                 //局部变量
        ……
    }
    ……
    public void actionPerformed(java.awt.event.ActionEvent e){
        if(e.getSource() == button)            //button不可见
            text.setText("你点击了按钮!");      //text不可见
        else if(e.getSource() == exitbutton)   //exitbutton不可见
            System.exit(0);
    }
}
```

图 5-12　局部变量与变量的不可见

（2）setVerticalTextPosition(AbstractButton.CENTER)

方法 setVerticalTextPosition(int align)（见表 5-12），其中变量 align 有 AbstractButton.TOP（上），AbstractButton.CENTER（中）和 AbstractButton.BOTTOM（下）。

5.2.4　AWT 按钮

AWT 按钮不能加入图标，所以比 Swing 按钮简单。除图标功能外，相应的方法与 Swing 按钮相同。下面的程序中应用了 AWT 按钮的常用方法。

【例 5-8】　按钮和鼠标事件举例。

```
//ButtonTest.java
import java.awt.*;
import java.awt.event.*;

public class ButtonTest extends Frame implements ActionListener{
    TextField text;
    Button button1,button2;
    //构造方法
    public ButtonTest(){
        setLayout(new FlowLayout());
        text    = new TextField("", 20);
        button1 = new Button("我是按钮");
        button2 = new Button("退出");
        button1.addActionListener(this);
        button2.addActionListener(this);
        add(text);   add(button1);   add(button2);
        setSize(200, 100);           setVisible(true);
    }
    //行动监视器执行方法
    public void actionPerformed(ActionEvent event){
```

```
            if(event.getSource() == button1)
                text.setText("你单击了\""+button1.getLabel()+"\"!");              //(5.2.17)
            else if(event.getSource() == button2)
                System.exit(0);
        }
        //主方法
        public static void main(String args[]){
            new ButtonTest();
        }
    }
```

运行这个程序产生如图 5-13a 所示的结果。单击按钮"我是按钮"产生如图 5-13b 所示的结果。

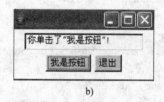

图 5-13 "我是按钮"其单击结果

a) 程序运行结果 b) 单击"我是按钮"后结果

[编程说明]

注意，语句（2.2.17）将生成图 5-13b 文本框中的字符串。这个字符串中有双引号。因为 Java 的字符串是用一对双引号界定的，所以字符串的双引号要用一个反斜杠加双引号\"，见语句（5.2.17）。

5.3 复选框与单选按钮

复选框与选择框，Swing 控件与 AWT 控件是不相同的，这里将分别介绍。

5.3.1 Swing 复选框与单选按钮

1. JCheckBox 类的构造方法与常用方法分别见表 5-11 和表 5-12

表 5-11 JCheckBox 类的构造方法

方　　法	功　　能
JCheckBox()	构造复选框
JCheckBox (Icon)	构造有图标的复选框
JCheckBox (Icon, boolean)	构造有图标的复选框并设置是否选中
JCheckBox (String)	构造有标题的复选框
JCheckBox (String, boolean)	构造有标题的复选框并设置是否选中
JCheckBox (String, Icon, boolean)	构造有标题和图标的复选框并设置是否选中

表 5-12 JCheckBox 类的常用方法

方法	功能
void addItemListener(ItemListener)	设置项目事件监视器
String getLabel()	获取复选框的标签
boolean getState()	获取复选框是否选中的状态
void setBorderPainted(boolean)	是否设置边框
void setLabel(String)	设置标签文本

【例 5-9】 **Swing** 复选框的 7 种构造方法。

```java
//JCheckBoxTest3.java
import java.awt.*;
import javax.swing.*;

public class JCheckBoxTest3 extends JFrame{
  //构造方法
  public JCheckBoxTest3(){
    setLayout(new FlowLayout());
    Icon icon = new ImageIcon("Smile.jpg");
    JCheckBox[] checkboxes = new JCheckBox[]{
      new JCheckBox(),
      new JCheckBox(icon),
      new JCheckBox(icon,true),
      new JCheckBox("未选"),
      new JCheckBox("选中",true),
      new JCheckBox("未选",icon),
      new JCheckBox("选中",icon,true)
    };
    for(int i= 0;i<checkboxes.length;i++){
      checkboxes[i].setBorderPainted(true);
      add(checkboxes[i]);
    }
    setSize(220, 100);
    setVisible(true);
  }
  //主方法
  public static void main(String args[]){
    new JCheckBoxTest3();
  }
}
```

运行结果如图 5-14 所示。

下面的程序中仅写入了有关生日的选择框部分代码。

图 5-14 复选框的构造

2．Swing 单选按钮 JRadioButton

【例 5-10】 学生信息管理系统界面 2，使用 Swing 单选按钮。

```
//LoginDemo2.java
import java.awt.*;
import javax.swing.*;

public class LoginDemo2 extends JFrame {
    JRadioButton   rb1,rb2;
    JCheckBox check1,check2,check3,check4;

    JLabel lName,lSex,lHobby;
    JTextField textName;

    //构造方法
    public LoginDemo2(){
        setTitle("学生信息管理系统界面 2");     //设置标题
        setLayout(new FlowLayout());           //设置流式布局管理器
        lName=new JLabel("姓名:");             //实例化标签
        lSex =new JLabel("性别:");
        textName=new JTextField("",6);         //实例化文本框,长度为 6

        rb1=new JRadioButton("男",true);       //实例化单选按钮,默认选中
        rb2=new JRadioButton("女",false);      //实例化单选按钮,默认未选中
        add(lName);     add(new JLabel(" "));  //加入空标签,调节控件间隔    (5.3.1)
        add(textName);  add(new JLabel("   "));                            (5.3.2)
        add(lSex);      add(new JLabel(" "));
        add(rb1);       add(rb2);              //加入到 JFrame

        lHobby=new JLabel("爱好:");            //实例化标签
        check1=new JCheckBox("电影",false);    //实例化复选框
        check2=new JCheckBox("阅读",false);    //false 表示默认未选中
        check3=new JCheckBox("网络",false);
        check4=new JCheckBox("编程",false);

        add(lHobby);
        add(check1);    add(check2);
        add(check3);    add(check4);
        setSize(270,100);                      //设置窗口大小
        setVisible(true);                      //设置窗口可见
```

```
        }
    public static void main(String args[]){
        new LoginDemo2();                    //实例化对象 LogingDemo2
    }
}
```

运行程序,结果如图 5-15 所示。
[编程说明]
语句(5.3.1)和(5.3.2)等加入空标签,其目的是调节控件之间的间隔,使某些控件达到对齐。

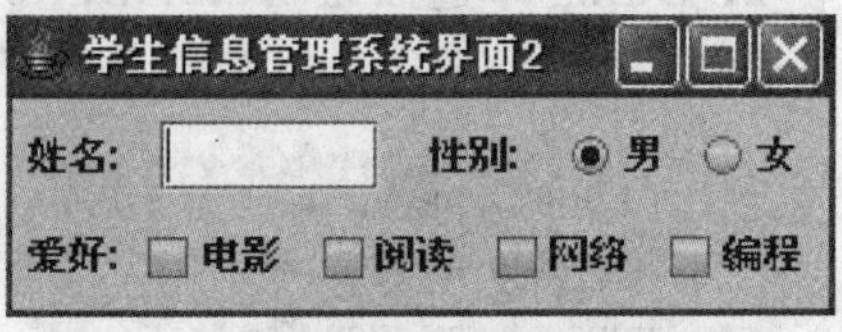

图 5-15 学生信息管理系统界面

5.3.2 AWT 复选框与单选按钮

在多个复选框中可以同时选择一项或多项。如果我们只允许在多个复选框中选择一项,这种控件叫做**单选按钮**或**复选框组** CheckboxGroup。它实际上是将复选框组合在一起,只允许选取一个。由于这个原因,要产生单选按钮,必须利用复选框。下面是产生单选按钮的方法。

1)加入下面几句

```
Checkbox box1,box2;
CheckboxGroup boxgroup;
Checkbox check1,check2,check3,check4,check5,check6,check7,check8;
```

定义复选框 Checkbox 和**单选按钮** CheckboxGroup,其中 box1,box2 将被加入到单选按钮 boxgroup 中。

2)在构造方法中,对新增加的控件用 new 进行实例化。参见下面的例 5-11 程序,比如,在下面的 3 个语句

```
boxgroup=new CheckboxGroup();                                          (5.3.3)
box1=new Checkbox("男",boxgroup,true);    //true 表示默认选中            (5.3.4)
box2=new Checkbox("女",boxgroup,false);   //false 表示默认未选中          (5.3.5)
```

中,语句(5.3.3)实例化复选框组对象 boxgroup,语句(5.3.4)和(5.3.5)分别实例化复选框对象 box1 和 box2 并加入到单选按钮 boxgroup 中,其中的参数 true 和 false 分别表示对应单选按钮的初始状态是否被选中。

实例化复选框比较简单,比如,语句

```
check1=new Checkbox("电影",false);        //false 表示默认未选中
```

实例化复选框对象 check1 同时完成复选框的取名"电影"和默认状态"未选中"(false)。
需要注意的是程序中有两条语句,加入了两个空标签

```
add(new Label(" "));add(new Label(" "));
```

其作用是使 8 个复选框对齐。加入空标签改变控件间的间隔距离是个小技巧，但不是解决界面布局的好方法。要使界面整齐美观的根本办法是使用布局管理器，将在后面讲述。

【例 5-11】 注册软件 LoginDemo 的界面设计。

```java
//LoginAWT.java
import java.awt.*;

public class LoginAWT extends Frame {
    Checkbox box1,box2;
    CheckboxGroup boxgroup;
    Checkbox check1,check2,check3,check4;

    Label lName,lSex,lHobby;
    TextField textName;

    //构造方法
    public LoginAWT(){
        setLayout(new FlowLayout());           //设置布局管理器
        lName=new Label("姓名:");
        lSex =new Label("性别:");
        textName=new TextField("",6);

        boxgroup=new CheckboxGroup();
        box1=new Checkbox("男",boxgroup,true);      //true 表示默认选中
        box2=new Checkbox("女",boxgroup,false);     //false 表示默认未选中
        add(lName);     add(textName);
        add(lSex);      add(box1);      add(box2);

        lHobby=new Label("爱好:");
        check1=new Checkbox("电影",false);           //false 表示默认未选中
        check2=new Checkbox("阅读",false);
        check3=new Checkbox("网络",false);
        check4=new Checkbox("编程",false);

        add(lHobby);    add(check1);
        add(check2);    add(check3);
        add(check4);    add(new Label(" "));
        add(new Label(" "));                         //加入空标签，使控件对齐
        setSize(260,100);                            //设置窗口大小
        setVisible(true);                            //设置窗口可见
    }

    public static void main(String args[]){
        new LoginAWT();                              //实例化对象 LogingDemo2
    }
}
```

运行程序结果如图 5-16 所示。

[编程说明]

对于控件单选按钮，在 AWT 和 Swing 类库中差别较大。在 AWT 中，单选按钮通过复选框结合 CheckboxGroup 类得到。而在 Swing 中，复选框的单独的类 JRadioButton，参见例 5-10。

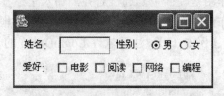

图 5-16 注册软件的界面设计

5.4 面板与框架

控件可分为两大类，一类是**容器性控件**，在这类控件内可放进其他的控件。不属于容器性控件的其他控件就称为**非容器性控件**。本章已学习的控件，比如文本框、文本域、按钮和标签等属于非容器性控件。下面学习的面板与框架都是容器性控件。

5.4.1 Swing 和 AWT 面板

现在我们引入 Java 面板（JPanel）的概念，面板的主要应用是为了对较多的控件进行布局。面板是一个长方形的区域，它包含控件。我们可以认为面板是包含若干控件的新控件。这意味着我们可以对若干块面板按某种布局管理器布局，而对每一块面板上的控件又可以设置布局。我们可以将面板的布局看做是"整体"的布局，而面板上的控件的布局是"局部"的布局。由于 Swing 面板 JPanel 与 AWT 面板 Panel 的许多方法是相同的，所以，在下面的程序 Checkpanels.java 中，写出 JPanel 的语句，也可用 Panel 语句

```
setLayout(new GridLayout(2,2));
```

作用是对面板上的控件进行 2 行 2 列的网格布局。若不进行布局，那么，各面板上的控件布局将受到窗口大小设置的影响。Panel 类属于 java.awt 程序包。因此，必须有如下语句：

```
import javax.swing.JPanel;
```

为建立面板，必须扩展面板类，建立新类。扩展一个类的关键词是 **extends**。语句格式是：

```
class␣[新类名]␣extends␣[父类名]
```

下面构造的新面板类 checkboxpanel 扩展了 JPanel 类（或 Panel 类）。

```
class checkboxpanel extends Panel{
    Checkbox check1,check2,check3,check4;
    checkboxpanel(){
        setLayout(new GridLayout(2,2));//设置 2 行 2 列布局
        check1=new Checkbox("1");   add(check1);
        check2=new Checkbox("2");   add(check2);
        check3=new Checkbox("3");   add(check3);
```

```
        check4=new Checkbox("4");    add(check4);
    }
}
```

这段程序的功能是在每块面板上以 2 行 2 列安排 4 个复选框。下面的例 5-12 将复制 3 块面板，它们以 1 行 3 列进行布局。如图 5-17 所示。

下面的例 5-12 表明，将 Swing（或 AWT）复选框放入 Swing（或 AWT）面板在 Swing（或 AWT）的框架中，程序都能通过编译，得到稍有差别的界面。在程序中控件的置换已用注释标明。

图 5-17 面板

下面是程序完整的源代码。

【例 5-12】 面板与布局。

```
//CheckPanels2.java
import java.awt.*;
import javax.swing.*;

public class CheckPanels2 extends JFrame{    //或用 Frame
    checkboxpanel panel1, panel2, panel3;

    public CheckPanels2(){
        setLayout(new FlowLayout());          //设置流式布局管理器
        panel1 = new checkboxpanel();
        panel2 = new checkboxpanel();
        panel3 = new checkboxpanel();
        add(panel1);     add(panel2);     add(panel3);
        setSize(220, 100); setVisible(true);
    }
    public static void main(String args[]){
        new CheckPanels2();
    }
}

class checkboxpanel extends JPanel{          //或用 Panel
    JCheckBox check1,check2,check3,check4;//或用 Checkbox
    checkboxpanel(){
        setLayout(new GridLayout(2, 2));      //面板以二行二列布局
        check1 = new JCheckBox("1");
        check2 = new JCheckBox("2");
        check3 = new JCheckBox("3");
        check4 = new JCheckBox("4");
        add(check1);    add(check2);
        add(check3);    add(check4);
    }
}
```

运行程序产生的结果如图 5-17 所示。当拉动图形的边框改变图形的大小时，布局将发生变化。比如，将它拉得更宽图形就将变为如图 5-18 所示的结果。若继续改变图形的大小，还将得到其他的排列。产生这种情形是因为没有自己的布局，只是利用了 Java 的默认布局—"流式布局"。这种布局与窗口的大小有关。我们将在第 6 章学习布局。这里我们只是接触一下布局与面板的关系。

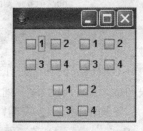

图 5-18　流式布局效果图

5.4.2　Swing 和 AWT 框架

我们一直在使用框架，前面的控件文本框、文本域、标签和按钮都是放在框架里显示的。框架本身是一个容器性控件。Frame 类的方法见表 5-13。

表 5-13　Frame 类的方法

方　　法	说　　明
addNotify()	构造框架的说明
dispose()	消除对象
Frame()	构造一个最初不在屏幕上显示的框架
Frame(String)	构造具有给定标题的框架
getIconImage()	获取框架的图标
getMenuBar()	获取框架的菜单条
getTitle()	获取框架的标题
isResizable()	如果用户重新调整帧的大小，返回 true
paramString()	获取对象的参数字符串
remove(MenuComponent)	从对象中删除给定的菜单条
removeWindowListener(WindowListener)	删除给定的窗口监视器
setIconImage(Image)	当框架变为图标时，设置显示的图像
setMemuBar(MenuBar)	设置菜单条
setResizable(boolean)	设置对象的可调整大小标志
setTitle(String)	将框架的标题设置为给定标题

框架类用于创建包含菜单条在内的功能强大的窗口。因为框架类属于容器，所以我们可向其中加入控件。每个框架均带有一个布局对象，其默认的布局对象是 BorderLayout。建立框架的方法有如下两种：

```
frame=new Frame();            //建立无标题的框架窗口
frame=new Frame("窗口的标题");//直接设置框架窗口标题
```

建立对象 frame 后，并不会显示在屏幕上。因此，要用如下的语句来显示框架窗口：

```
frame.setVisible(true);
```

也可以用如下的语句撤销框架窗口：

frame.dispose(); 或 frame.setVisible(false);

下面是实现框架窗口的简单的程序,若没有 frame.setVisible(true),框架窗口将不会显示。

【例5-13】 框架举例。

```
//JFrameDemo.java
import javax.swing.*;
import java.awt.*;

public class JFrameDemo extends JFrame{        //或 Frame
    public JFrameDemo(String s){
        super(s);                              //可用 setTitle(s)
    }

    public static void main(String args[]){
        JFrameDemo myFrame = new JFrameDemo("演示 JFrame");
        myFrame.add(new JLabel("Hello Java!"));//在窗口中加入标签         (5.3.6)
        myFrame.setSize(200, 100);             //设置 JFrame 窗口大小     (5.3.7)
        myFrame.setVisible(true);              //设置显示 JFrame 窗口     (5.3.8)
    }
}
```

运行程序 FrameTest.java,出现如图 5-19 所示的结果。

图 5-19 框架

[编程说明]

(1)方法 super(String str)的意义是使用直接父类,在本程序中就是使用 JFrame 的构造方法和字符串 s 生成窗口标题,如图 5-19 所示。若改为 setTitle(s),其作用相同。

(2)通常将语句(5.3.6)-(5.3.8)写入构造方法中,本程序提供另一种编程写法。

下面的例 5-14 在 Frame 中安排两个按钮,单击其中一个将弹出一个"窗口",其实它仍然是 Frame,单击另一个可以隐藏"窗口"。读者可以从中学到用 Frame 实现弹出"窗口"的技术。

【例5-14】 窗口举例。

```
//WindowsTest.java
import java.awt.*;
import java.awt.event.*;
import javax.swing.*;

public class WindowsTest extends JFrame implements ActionListener{//或 Frame
    JButton button1,button2;
    demoframe window1;
```

```java
        public WindowsTest(String s){
            super(s);
            setLayout(new GridLayout(1, 2));
            button1 = new JButton("Show window");
            button2 = new JButton("Hide window");
            button1.addActionListener(this);
            button2.addActionListener(this);
            add(button1);        add(button2);
            setSize(250,100);    setVisible(true);
            window1 = new demoframe("窗口演示");
            window1.setSize(200,100);
        }

        public void actionPerformed(ActionEvent e){
            if(e.getSource() == button1)
                window1.setVisible(true);
            else
                window1.dispose();
        }
        public static void main(String args[]){
            new WindowsTest("我的第一个窗口");        变
        }
    }
    //定义类 demoframe
    class demoframe extends JFrame{//或 Frame
        JLabel label1;
        demoframe(String title){
            super(title);
            label1 = new JLabel("Hello from Java!");
            add(label1);
        }
    }
```

程序运行结果如图 5-20 所示。

图 5-20　窗口显示与隐藏

[编程说明]

程序中所有 JFrame 都可用 Frame 代替，结果不变。可见 Swing 和 AWT 的框架类的方法大都是相同的。

5.5 菜单大类

涉及菜单设计的控件有 3 类：**菜单条** JMenuBar、**菜单** JMenu 和**菜单项** JMenuItem。将这三个类统称为**菜单大类**，以区别菜单类 JMenu。它们之间具有包容关系，即菜单项是放在菜单里的，而菜单要放在菜单条之中。如图 5-21 所示。

图 5-21 菜单条、菜单和菜单项

1．关于菜单大类的设置

设置菜单需要以下步骤：

（1）定义并实例化菜单条、菜单和菜单项

1）定义并实例化菜单条。

    JMenuBar jMenuBar1 = new JMenuBar();

2）定义并实例化菜单，比如，定义并实例化菜单"文件"。

    JMenu jMenu_file = new JMenu("文件");

若在该菜单中还要设置菜单项，则需要下面的：

3）定义并实例化菜单项，比如，定义并实例化菜单项"退出"：

    JMenuItem jMenu_file_exit　= new JMenuItem("退出");

注意上面的一些对象名的命名。当菜单条中有较多的菜单和每个菜单具有几个菜单项时，最好在命名时能区别菜单项与菜单之间的所属关系。为此，可以用下面的方法以示区别。

- 定义菜单"文件"：JMenu jMenu_file。
- 定义菜单"帮助"：JMenu jMenu_help。
- 可以用下面的方法定义菜单项，并区别菜单与菜单项的所属关系。
- 定义菜单"文件"的菜单项"退出"：JMenuItem jMenu_file_exit。
- 定义菜单"帮助"的菜单项"关于"：JMenuItem jMenu_help_about。

（2）根据所属关系，将菜单项加入到所属的菜单，将菜单加入到菜单条

1）将菜单 jMenu_file 加入菜单条 jMenuBar1：

    jMenuBar1.add(jMenu_file);

2）将菜单项 jMenu_file_open 加入菜单 jMenu_file：

```
jMenu_file.add(jMenu_file_open);
```

至此，可以看出命名的区别使得在用方法 add()时不易出错，且增加程序语句的可读性。

3）当菜单项较多，需要将菜单项归类时，可以设置分隔线。例如，语句

```
jMenu_file.addSeparator();
```

在菜单 file 中加入分隔线，分隔菜单项，如图 5-21 所示。

（3）设置菜单条

设置菜单条可使用如下语句：

```
setJMenuBar(jMenuBar1);
```

上面最后的设置使该菜单条在窗口中可见。

本节主要学习菜单设计，它由菜单条、菜单和菜单项等组成。输入下面的程序 StudentInform 1.java，可实现具有菜单的界面。

用 Swing 菜单和 AWT 菜单，在 JFrame 或 Frame 中实现。

【例 5-15】 学生信息系统界面设计 1，具有菜单的界面设计。

```java
//StudentInform1.java   学生信息系统界面设计 1
import java.awt.*;
import java.awt.event.*;
import javax.swing.*;
import javax.swing.table.*;

public class StudentInform1 extends JFrame{          //或用 Frame
    JMenuBar jMenuBar1 = new JMenuBar();             //定义并实例化菜单条，或用 MenuBar
    JMenu jMenu_file    = new JMenu("文件");         //定义并实例化菜单 file,或用 Menu
    JMenu jMenu_help    = new JMenu("帮助");         //定义并实例化菜单 help,或用 Menu
    //定义并实例化菜单项 about,或用 MenuItem
    JMenuItem jMenu_help_about = new JMenuItem("关于");
    //定义并实例化菜单项 open,或用 MenuItem
    JMenuItem jMenu_file_open  = new JMenuItem("打开");
    //定义并实例化菜单项 exit,或用 MenuItem
    JMenuItem jMenu_file_exit  = new JMenuItem("退出");

    //构造方法
    public StudentInform1() {
        setLayout(null);                             //不设置布局
        setTitle("学生信息系统(1)");                  //设置窗口标题

        jMenuBar1.add(jMenu_file);                   //将菜单 file 加入菜单条
        jMenu_file.add(jMenu_file_open);             //将菜单项 open 加入菜单 file
        jMenu_file.addSeparator();                   //加入分隔线
        jMenu_file.add(jMenu_file_exit);             //将菜单项 exit 加入菜单 file
        jMenuBar1.add(jMenu_help);                   //将菜单 help 加入菜单条
```

```
        jMenu_help.add(jMenu_help_about);      //将菜单项 about 加入菜单 help
        setJMenuBar(jMenuBar1);                //设置菜单条，或用 setMenuBar(jMenuBar1);

        addWindowListener( new WindowAdapter(){
          public void windowClosing(WindowEvent e){
            System.exit(0);
          }
        });
        setSize(250,100);                       //设置窗口大小
        setVisible(true);                       //设置窗口可见
    }

    //主方法
    public static void main(String[] args) {
        new StudentInform1();
    }
}
```

运行程序结果如图 5-22 所示。

图 5-22　学生信息系统界面设计 1

5.6　事件与监视器接口

我们已在例 5-7 的中遇到了单击按钮的行动事件 ActionEvent.java，比如，手指按下键盘、单击鼠标的右键、拖动鼠标键、单击窗口等都是事件。

5.6.1　事件类

事件实际上是一个类的对象。该类的事件相当丰富，定义了所有程序能响应的事件，并为一些常见的事件定义了缺省的方法. 总的来说，事件类是一个相当复杂的类。

事件类的第一件事就是定义许多"键（keys）"事件的常量。它们既组成事件（例如，一个键被按下），又用于修改事件（例如，在单击鼠标的同时按〈Shift〉键）。这些常量如表 5-14 所示。

表 5-14　Event 类中表示"键"事件的常量

常　量	键　名	常　量	键　名
ALT_MASK	Alt(Alternate) key	F6	F6
CTRL_MASK	Ctrl	F7	F7

(续)

常 量	键 名	常 量	键 名
DOWN	Down arrow	F8	F8
END	End	F9	F9
F1	F1	HOME	HOME
F10	F10	LEFT	Left arrow
F11	F11	META_MASK	Meta
F12	F12	PGDN	Page Down
F2	F2	PGUP	Page Up
F3	F3	RIGHT	Right arrow
F4	F4	SHIFT_MASK	Shift
F5	F5	UP	Up arrow

事件类定义了 Java 程序中能处理的所有事件的常量。这些事件包括了鼠标和键盘的基本事件组成的种种事件。例如，移动、缩小或者关闭窗口。这些作为事件 ID 的常量如表 5-15 所示。

表 5-15 Event 类的常用事件常量

常 量 名 称	描 述
ACTION_EVENT	用于支持 action()方法
KEY_ACTION	与 KEY_PRESS 相似
KEY_ACTION_RELEASE	与 KEY_RELEASE 相似
KEY_EVENT	通常的键盘事件
KEY_PRESS	当键被按下后产生
KEY_RELEASE	当键被释放时产生
MOUSE_DOWN	当鼠标按钮按下时产生
MOUSE_DRAG	拖动光标时产生
MOUSE_ENTER	当光标进入一个窗口时产生
MOUSE_EVENT	通常的鼠标事件
MOUSE_EXIT	当光标离开一个窗口时产生
MOUSE_MOVE	当光标移动时产生
MOUSE_UP	当光标释放时产生
WINDOW_DEICONIFY	当窗口还原时产生
WINDOW_DESTROY	当窗口被销毁时产生
WINDOW_EVENT	通常的窗口事件
WINDOW_EXPOSE	窗口可见时会产生
WINDOW_ICONIFY	窗口最小化时会产生
WINDOW_MOVED	窗口被移动时会产生

事件类声明了一些数据成员来存储有关事件对象的信息。当响应一个事件时，可以检查一个或多个数据成员。例如，当响应大多数鼠标事件时，通常希望知道鼠标事件发生的(x, y)坐标。

Event 类还定义了一些方法，能够用来得到事件的有关信息，如表 5-16 所示。

表 5-16　Event 类中的方法

方　　法	描　　述
controlDown()	得到〈Ctrl〉键的状态
paramString()	得到事件的参数字符串
shiftDown()	得到〈Shift〉键的状态
toString()	得到描述对象状态的字符串
translate()	移动事件，以便它的 x 和 y 坐标增加或减少

5.6.2　事件的起源

操作系统可追踪系统中发生的所有事件，并将这些事件发送到相应的目标对象。例如，如果单击 Frame 窗口，系统创建一个鼠标单击事件并将其发送到窗口用于处理。而后，窗口可以针对该事件有选择地做一些事情，或者只是简单地将其返回给系统缺省的处理。

在 Component 类中某些事件的处理方法参见表 5-17，例如 action()，mouseDown() 和 keyDown()，除了返回 false 外实际上不做任何事情，它们所对应的事件仍然没有得到处理。这些方法的作用是让用户在程序中重载。

表 5-17　Component 类的事件处理方法

方　　法	描　　述
action()	响应有动作事件的控件
handleEvent()	将事件分配给相应的处理
keyDown()	响应按键按下事件
keyUp()	响应按键按下事件
mouseDown()	响应鼠标按下的事件
mouseDrag()	响应鼠标拖动的事件
mouseEnter()	响应鼠标进入控件区域内的事件
mouseExit()	响应鼠标离开控件区域的事件
mouseMove()	响应鼠标移动的事件
mouseUp()	响应鼠标释放的事件

在事件类中，将要使用响应某些事件的接口，比如响应"单击一个按钮"这一事件，需要接口 ActionListener 和相应的方法 actionPerformed(ActionEvent)。常用的监视器接口和相应监视器的方法见表 5-18。

5.6.3　事件与监视器接口

Java 中定义了很多不同类型的事件类，对于每一个事件类都有相应的监视器接口和专用的处理方法。表 5-18 列出主要的事件类和相应的接口及其方法。

表 5-18　主要事件的接口及方法

事件名	控件名	接口名	方法
ActionEvent	Button List MenuItem TextField	ActionListener	actionPerformed
AdjustmentEvent	Scrollbar	AdjustmentListener	adjustmentValueChanged
FocusEvent	Component	FocusListener	focusGained focusLost
ItemEvent	Checkbox Choice List	ItemListener	itemStateChanged
KeyEvent	Component	KeyListener	keyPressed keyReleased keyTyped
MouseEvent	Component	MouseListener	mouseClicked mouseEntered mouseExited mousePressed mouseReleased
MouseEvent	Component	MouseMotionListener	mouseDragged mouseMoved
TextEvent	TextComponent	TextListener	textValueChanged
WindowEvent	Window	WindowListener	windowActivated windowClosed windowClosing windowDeactivated windowDeiconified windowIconified windowOpened

5.6.4　实例——键盘事件

本节将举例学习 Java 程序如何从键盘读入字符，设置字符的字体、字号等。键盘事件的接口 **KeyListener** 有 3 个方法：

```
keyTyped()      //直接读取键盘输入
keyPressed()    //按下键
keyReleased()   //松开键
```

下面的程序给出应用键盘事件的例子。

【例 5-16】 从键盘输入文字串。

```
//KeyEventsTest.java
import javax.swing.*;
import java.awt.*;
import java.awt.event.*;

public class KeyEventsTest extends JFrame implements KeyListener{
    private JTextField tf = new JTextField(10);

    public KeyEventsTest() {
```

```
                setTitle("键盘事件");
                tf.addKeyListener(this);//对文本框加键盘事件
                add(tf);
                setSize(200,150);
                setVisible(true);
            }
            public void keyPressed(KeyEvent e) {
                System.out.println("KEY_PRESSED:    ");
                report(e);
            }
            public void keyReleased(KeyEvent e) {
                System.out.println("KEY_RELEASED:    ");
                report(e);
            }
            public void keyTyped(KeyEvent e) {
                System.out.println("KEY_TYPED:    ");
                report(e);
            }

            public void report(KeyEvent e) {
                int    keyCode = e.getKeyCode();
                char   keyChar = e.getKeyChar();
                String txt     = e.getKeyText(keyCode);
                if(keyCode != KeyEvent.CHAR_UNDEFINED)
                    System.out.println("Char:    " + keyChar);
                System.out.println("Text:    " + txt);
                if(e.isActionKey())
                    System.out.println("ACTION");
                System.out.println();
            }

            public static void main(String[] args){
                new KeyEventsTest();
            }
        }
```

运行程序出现如图 5-23 所示的结果。鼠标单击按钮"Clear text"清除窗口上的文字"Hello from Java!"，可以在上面的按钮中选择字体，比如，单击按钮"Italic font"、输入"Font Test from KEYBOARD!"等，窗口如图 5-23 所示。

【例5-17】 鼠标事件。如图 5-24 所示。

```
//MouseEventsTest.java
import javax.swing.*;
import java.awt.*;
import java.awt.event.*;
```

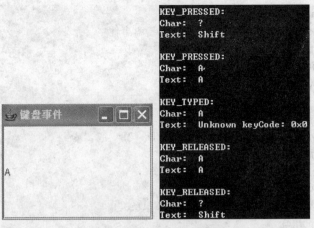

图 5-23 从键盘输入文字串

```
public class MouseEventsTest extends JFrame implements MouseListener,
                                                        MouseMotionListener{
    public MouseEventsTest() {
        setTitle("鼠标事件");
        addMouseListener(new TestMouseListener());
        addMouseMotionListener(new TestMouseMotionListener());
        setSize(200,150);
        setVisible(true);
    }

    private MouseReporter reporter = new MouseReporter();

    public void mouseDragged(MouseEvent e) {
        reporter.report(e);
    }
    public void mouseMoved(MouseEvent e) {
        reporter.report(e);
    }
    public void mouseClicked(MouseEvent e) {
        reporter.report(e);
    }
    public void mouseEntered(MouseEvent e) {
        reporter.report(e);
    }
    public void mouseExited(MouseEvent e) {
        reporter.report(e);
    }
    public void mousePressed(MouseEvent e) {
        reporter.report(e);
    }
    public void mouseReleased(MouseEvent e) {
        reporter.report(e);
```

```java
    }

    public void report(MouseEvent e) {
        int clickCount = e.getClickCount();
        int mods = e.getModifiers();
        Point p= e.getPoint();
        boolean isPopupTrigger = e.isPopupTrigger();
        String s= "mouse ";

        if((mods & InputEvent.BUTTON3_MASK) != 0)
            s += "button 3";
        else if((mods & InputEvent.BUTTON2_MASK) != 0)
            s += "button 2";
        else if((mods & InputEvent.BUTTON1_MASK) != 0)
            s += "button 1";
        else
            s += "cursor";

        switch(e.getID()) {
            case MouseEvent.MOUSE_PRESSED:
                s += " pressed"; break;
            case MouseEvent.MOUSE_RELEASED:
                s += " released";break;
            case MouseEvent.MOUSE_CLICKED:
                s += " clicked";break;
            case MouseEvent.MOUSE_MOVED:
                s += " moved";break;
            case MouseEvent.MOUSE_ENTERED:
                s += " entered";break;
            case MouseEvent.MOUSE_EXITED:
                s += " exited";break;
            case MouseEvent.MOUSE_DRAGGED:
                s += " dragged";break;
        }
        System.out.println(s + " at:    " + p);
        System.out.println(" click count:    " + clickCount);
        System.out.println(" is popup trigger:    " +isPopupTrigger);
        System.out.println();
    }

    public static void main(String[] args){
        new MouseEventsTest();
    }
}
```

图 5-24 鼠标事件

5.7 习题

1. 选择题

1.1 能带有图标的控件是（　　）。

　　A．Button　　B．Label　　　C．Jbutton　　D．JLabel

1.2 如果没有为控件的事件指定监视器，则（　　）。

　　A．事件被忽略　　　　　　　B．事件由一个默认的事件处理方法处理

　　C．程序将立即退出　　　　　D．Java 编译器产生一个致命的错误

1.3 如果一个事件注册了多个监视器，该事件以什么顺序通知给这些监视器？（　　）

　　A．以其注册顺序通知监视器　　B．以其注册相反的顺序通知监视器

　　C．以不确定的顺序通知监视器　D．只有注册的最后一个监视器将接到通知

1.4 对象可以将自己注册为自身事件的监视器是（　　）。

　　A．True　　　　　　　　　　B．False

1.5 所有对象都可以注册为另一个对象事件的监视器是（　　）。

　　A．True　　　　　　　　　　B．False

1.6 类库 AWT 中最基础的类是（　　）。

　　A．java.awt.Component　　　B．java.lang.Object

　　C．java.awt.Container　　　　D．java.awt.Panel

1.7 以下不属于 Swing 的控件是（　　）。

　　A．JPanel　　B．JTextField　　C．Canvas　　D．JFrame

1.8 在下列程序段中错误的语句或段是（　　）。

```
import java.awt.*;
import java.awt.event.*;
```

　　A．import java.applet.Applet;

　　B．import javax.swing.*;

　　C．public class txtArea extends Applet;

　　D．implements ActionListener, MouseListener{

　　　　　TextArea textarea1;
　　　　　JButton button1;
　　　　　............
　　}

2. 编程题

2.1 试写程序，要求有一个文本框 textfield 和一个文本域 textarea，或加一个按钮，并设置行动监视器。用 getText()方法获取文本框 textfield 中的文本，在单击按钮或按下回车键后，将文本框中的文字显示在文本域 textarea 中。

2.2 试写一个程序，要求放置一个文本框和一个标签，或加一个按钮，并设置行动监视器。将文本框中填入的文字，当按下回车键或按钮后，将文本框中填入的文字串在标签中显示出来。

2.3 试写程序，并运用 setEditable(false)和 setEditable(true)设置文本框中的文字可否修改。

2.4 试用文本域类 TextArea 的 append()方法写一程序 checkTest.java，实现如图 5-25 所示的功能。

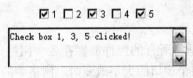

图 5-25　编程题 2.4 参考图

在文本域类窗口中完全反映复选框的选择状态。

2.5 利用 Label 类的 setForeground()方法设置标签的前景颜色，编写一程序包含一标签上有文字"变色标签"和 3 个按钮，分别取名为"红色""绿色""蓝色"。标签将根据所选择的按钮改变颜色。

2.6 利用 util.Calendar 类的方法 Calendar today=Calendar.getInstance()和 year = today.get(Calendar.YEAR)及其常数 MONTH、DAY_OF_MONTH、DAY_OF_WEEK 等，编写程序，显示当天的日期信息"今天是某年某月某日，星期几"。

第 6 章 布局管理器

Java 中所有的控件，如文本框、文本域、按钮等都放在布局管理器中。就像我们的课桌和椅子等是按一定的布局放在教室中一样。在前面几章，控件是放在 Java 框架中，并以框架的默认布局管理器（layout manager）中进行布局。这个默认布局管理器称为**流式布局管理器**（FlowLayout）。在这个布局管理器中，所有的控件一个接一个地按从左到右、从上到下的方式在设置的窗口中放置。当窗口的大小改变时，这个布局也可以改变。

现在要按自己的设计布置出精美的布局，而且要求这个布局不受窗口大小变化的影响，这就要用到其他的布局管理器。

6.1 网格布局管理器

网格布局管理器的功能是将所有的控件放置在各个网格中，所有控件沿整齐的行列布局，每个控件大小相同。当整个窗口的大小改变时，网格中的每个控件的大小都会改变，但所有控件保持相同大小。

6.1.1 带有间隔的网格布局管理器

网格布局常用以下两个构造方法：

```
GridLayout(int rows,int cols)//按 rows 行,cols 列进行网格布局
GridLayout(int rows,int cols, int hgap,int vgap)
```

关于水平间隔 hgap（像素）和垂直间隔 vgap（像素）的意义如图 6-1 所示。

【例 6-1】 带有水平和垂直间隔的网格布局举例。

```
//GridTest.java
import java.awt.*;
import javax.swing.*;

public class GridTest extends JFrame{
  public GridTest(){
    setTitle("带间隔网格布局");
    String digits[]={"1","2","3","4","5",
                     "6","7","8","9"};
    setLayout(new GridLayout(3, 3, 10, 10));      //设置带间隔 10 像素的网格布局
    //setLayout(new GridLayout(3, 3));            //设置无间隔的网格布局
    for(int i=0; i<digits.length; i++)
```

```
            add(new JButton(digits[i]));
        setSize(240, 180);
        setVisible(true);
    }
    public static void main(String args[]){
        new GridTest();
    }
}
```

运行结果产生如图 6-1 所示的布局。

图 6-1 网格布局与间隔

a) 带间隔   b) 无间隔

现在，要完成如图 6-2 所示简单的加法计算器的网格布局设计（见图 6-3）。

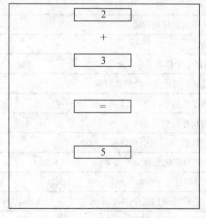

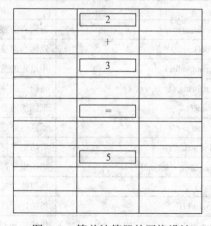

图 6-2 简单计算器　　　　　　　　图 6-3 简单计算器的网格设计

有数字 2 和 3 的两个框和数字 5 的框是文本框，分别填入加数、被加数和答案。对于具有等号 "=" 的这个框，可以用按钮来实现并响应鼠标事件。而 "+" 可以用标签来实现。为了用网格布局管理器来设计上述加法计算器的布局，将上述布局设计为 9 行 3 列的布局，如图 6-3 所示。对于空白的格如何处理呢？方法是在空白的格上放置"空"的标签，从而满足网格布局"一格放置一个控件"的要求。如图 6-4 所示。

为完成整数类和浮点数类的运算，先介绍与计算有关的类。

fill0	2	fill1
fill2	+	fill3
fill4	3	fill5
fill6	fill7	fill8
fill9	=	fill10
fill11	fill12	fill13
fill14	5	fill15

图 6-4　加入控件的布局设计

6.1.2　整数类 Integer、浮点数类 Float 和数学类 Math

整数类 Integer、浮点数类 Float、双精度数类 Double 和数学类 Math 等均属于类库 java.lang。注意，Java 属于纯面向对象的语言，而 C++不是纯面向对象的语言。为做到"纯"面向对象这一点，即 100%地面向对象，Java 将一个属于 Int 型的数"包装"成一个对象。然后，再对相应的对象进行运算，从而使程序复杂化。这是 Java 语作为"纯"面向对象语言所付出的代价。表 6-1 和表 6-2 分别是 Integer 类和 Float 类的方法。

表 6-1　Integer 类的方法

方　　法	说　　明
doubleValue()	返回当前整数对象所对应的双精度浮点数值
intValue()	返回当前整数对象所对应的值
Integer(int value)	用给定的整数值 value 初始化一个整数对象
Integer(String s)	将给定的字符串 s 作为十进制数初始化一个整数对象
floatValue()	返回当前整数对象所对应的浮点数值
longValue()	返回当前整数对象所对应的长整型数值
parseInt(String s)	将给定字符串转换为十进制整数，返回这个整数值
parseInt(Strin s, int rad)	将给定字符串转换为 rad 进制的整数，返回这个整数值
toString()	将整数对象转换为字符串，返回这个字符串
toString(int i)	将给定十进制整数 I 转换为字符串，返回这个字符串
toString(int I,int rad)	将给定 rad 进制的整数 i 转换为字符串，返回这个字符串
valueOf(String s)	将给定字符串转换为十进制整数，并返回一整数对象
valueOf(String s,int rad)	将给定的字符串转换为一个 rad 进制整数，并生成一象

表 6-2　Float 类的方法

方　　法	说　　明
doubleValue()	返回当前浮点数对象所对应的双精度浮点数值
equals(Object obj)	比较两个浮点数对象，返回 boolean 值
Float(float value)	用给定的浮点数 value 创建一浮点数对象包装类

（续）

方法	说明
Float(double value)	用给定的双精度浮点数 value 创建浮点数对象包装类
floatValue()	返回当前浮点数对象所对应的浮点数值
intValue()	将当前浮点数转换为整数，返回这个整数
longValue()	返回当前整数对象所对应的长整型数值
toString(float f)	返回给定浮点数的字符串形式
toString()	将当前浮点数转换为一字符串，并返回这个字符串
valueOf(String s)	将给定的字符串转换为浮点数，并返回一浮点数对象

对于 Double 类，其方法与 Float 类完全类似，这里就不作介绍了。

数学类 Math 处理各种数学操作。许多常用数学函数，如三角函数 sin(double)、cos(double)等，反三角函数，还有随机数发生器 random()等都属于这个类，其意义基本与 C 语言相同。Java 的某些类的方法需要数学类，参见第 8 章 8.2.2 节例 8-2。关于与计算有关的类就介绍到这里。

6.1.3 简单加法器的网格布局

现在来实现上述布局，其程序代码如下。

【例 6-2】 使用空标签进行简单加法器的网格布局。

```java
//adder.java
import java.awt.*;
import java.awt.event.*;
import javax.swing.*;

public class adder extends JFrame implements ActionListener{
    JTextField text1,text2,answertext;
    JLabel pluslabel;
    JLabel[] fill = new JLabel[16];
    JButton button1;
    public adder(){
        setTitle("整数加法器");
        setLayout(new    GridLayout(9,3));
        for(int i   = 0;i < 16; i++)
            fill[i]  = new JLabel();
        text1       = new JTextField(10);
        pluslabel   = new JLabel("+", JLabel.CENTER);
        text2       = new JTextField(10);
        button1     = new JButton("=");
        answertext = new JTextField(10);
        add(fill[0]);    add(text1);       add(fill[1]);
        add(fill[2]);    add(pluslabel);   add(fill[3]);
        add(fill[4]);    add(text2);       add(fill[5]);
        add(fill[6]);    add(fill[7]);     add(fill[8]);
```

```java
        add(fill[9]);   add(button1);   add(fill[10]);
        add(fill[11]); add(fill[12]);   add(fill[13]);
        add(fill[14]); add(answertext); add(fill[15]);
        button1.addActionListener(this);
    }

    public void actionPerformed(ActionEvent e){
        if(e.getSource() == button1){
            int sum = Integer.parseInt(text1.getText())+    //字符串转化为 int 整数,并相加
                      Integer.parseInt(text2.getText());
            answertext.setText(String.valueOf(sum));        //将 sum 转化为字符串,并输出
        }
    }
    public static void main(String args[]){
        adder myAdder = new adder();
        myAdder.setSize(250, 250);
        myAdder.setVisible(true);
    }
}
```

运行程序结果产生如图 6-5 所示的简单加法器。它只能实现整数的加法。因为只在**整数类 Integer** 中进行运算:

```
int sum=Integer.parseInt(text1.getText())+Integer.parseInt(text2.getText());
```

图 6-5 整数加法器

要使这个加法器能适用于浮点数或双精度数就必须应用浮点数类或双精度数类。

下面给出适用于浮点数的加法器程序 FloatAddApp.java。注意要进行浮点数运算,首先必须将浮点数包装在类中:

```
Float f1=Float.valueOf(text1.getText());
Float f2=Float.valueOf(text2.getText());
```

再进行类的运算。在这里还写了一个接口 AddTool.java 供扩展之用。

下面是适用于浮点数的加法器接口和程序。

【例6-3】 适用浮点数的加法器。

```java
//addTool.java，接口程序
public interface addTool{
    IllegalArgumentException err1 = new IllegalArgumentException(
                                        "incompatible objects in sort");
    float add(Object x1, Object x2);    //抽象函数,仅定义两个变量
}

//FloatAdder.java
import java.lang.*;
import java.awt.*;
import java.awt.event.*;
import javax.swing.*;

public class FloatAdder extends JFrame implements ActionListener{
    JTextField text1, text2, answertext;
    JLabel     pluslabel;
    JButton    button1;
    floatAdd adder;

    public FloatAdder(){
        setTitle("浮点数加法器");
        adder = new floatAdd();                     //实例化对象 floatAdd
        setLayout(new FlowLayout());
        text1 = new JTextField(10);
        text2 = new JTextField(10);
        pluslabel  = new JLabel("+",JLabel.CENTER);//将"+"号放中心
        button1    = new JButton("=");
        answertext = new JTextField(10);
        button1.addActionListener(this);
        add(text1);        add(pluslabel);
        add(text2);        add(button1);
        add(answertext);   setSize(250,150);
        setVisible(true);
    }

    public void actionPerformed(ActionEvent e){
        if(e.getSource() == button1){
            Float f1 = Float.valueOf(text1.getText());
            Float f2 = Float.valueOf(text2.getText());
            float sum = adder.add(f1, f2);          //两个浮点数相加
            answertext.setText(String.valueOf(sum));
        }
    }

    public static void main(String args[]){
```

```
          new FloatAdder();
      }
  }

  //扩展接口 addTool
  class floatAdd implements addTool{
      public float add(Object x1, Object x2){  //实现接口中的函数
        if((x1 instanceof Float)&&(x2 instanceof Float)){
           float f1 = ((Float)x1).floatValue();
           float f2 = ((Float)x2).floatValue();
           return(f1+f2);
        }
        else throw addTool.err1;
      }
  }
```

程序运行结果如图 6-6 所示。

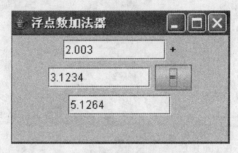

图 6-6　例 6-3 运行结果

6.2　边界布局管理器

边界布局将窗口划分为可以放置不同控件的 5 个区域。前 4 个区域分别称为"北面"（North）、"南面"（South）、"东面"（East）、"西面"（West）。这 4 个区域围绕第 5 个区域——"中心"（Center）。向布局管理器加入控件时，必须指明将它加入到哪个区域。

6.2.1　完全边界布局

1．边界布局编程方法

```
[object].setLayout(new BorderLayout());
[object].add( [控件], BorderLayout.NORTH);
```

2．边界布局的特点

东南西北中五个区域，每个区域只能放置一个控件。若在某个区域中放置两个以上控件，一般需要使用面板。

下面的程序将生成如图 6-7 所示的完全边界布局。

【例6-4】 完全边界布局。

```java
// Border.java
import java.awt.*;
import javax.swing.*;

public class Border extends JFrame{
  public Border(){
    setTitle("边界布局管理器");
    setLayout(new BorderLayout());
    add(new JButton("North"), BorderLayout.NORTH);
    add(new JButton("South"), BorderLayout.SOUTH);
    add(new JButton("East"),  BorderLayout.EAST);
    add(new JButton("West"),  BorderLayout.WEST);
    add(new JButton("Center"),BorderLayout.CENTER);
    setSize(250, 150);
    setVisible(true);
  }

  public static void main(String args[]){
    new Border();
  }
}
```

程序运行结果如图6-7所示。

用 setLayout(new BorderLayout())方法将默认的流式布局管理器替换为新的边界布局管理器。然后再用 add()方法的另一种方式加入 JButton 对象，再加入称为"约束"的一些常量，如 BorderLayout.NORTH、BorderLayout.EAST 等，将控件放置在布局管理器的："东面西北中"的一部分。

图6-7 完全边界布局

6.2.2 不完全边界布局

在边界布局管理器中，可以只选择"东南西北中"5个部分中的几个部分。例如，只选择北西中 3 个部分。在中心位置放置一块面板。利用面板 Panel，还可以嵌套安排控件。比如，要求在 Center 部分以二行一列的方式安排两个按钮 Center1 和 Center2。其源代码程序如下。

1．不完全边界布局举例

【例6-5】 缺少 East 和 South 的不完全边界布局。

```java
//Border2.java
import java.awt.*;
import javax.swing.*;
```

```java
public class Border2 extends JFrame{
    public Border2(){
        setTitle("不完全边界布局");
        setLayout(new BorderLayout());
        add(new JButton("North"), BorderLayout.NORTH);
        add(new JButton("West"),  BorderLayout.WEST);
        add(new buttonpanel(),    BorderLayout.CENTER);
        setSize(250, 150);
        setVisible(true);
    }

    class buttonpanel extends JPanel{
        JButton jbutton1, jbutton2;
        buttonpanel(){
            setLayout(new GridLayout(2, 1));
            jbutton1 = new JButton("Center1");
            add(jbutton1);
            jbutton2 = new JButton("Center2");
            add(jbutton2);
        }
    }

    public static void main(String args[]){
        new Border2();
    }
}
```

运行程序结果如图 6-8 所示。

现在要利用边界布局完成一个四周具有滚动条、中央是文本域的程序（见图 6-9）。

在程序 Scrollborder.java 中将要使用**滚动条类 Scrollbar** 的以下方法：

（1）Scrollbar(int drc，int val，int wds，int min，int max)

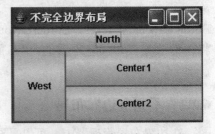

图 6-8　不完全的边界布局

其中各参数的意义为，drc 滚动条方向，有水平和垂直两种，其值分别为 Scrollbar.HORIZONTAL 和 Scrolbar.VERTICAL，val 滚动条初始值，wds 滚动条宽度，min 滚动条最小（位置）值，max 滚动条最大（位置）值。

（2）getValue()获取滚动条当前（位置）值

（3）setValue(int val)将滚动条的（位置）值设置为给定的值 val

对于滚动条类相应的监视器接口是 AdjustmentListener，顾名思义，滚动条是可以调整的控件。其执行方法是 adjustmentValueChanged(AdjustmentEvent e)，其中的参数属于 AdjustmentEvent 类。程序 Scrollborder.java 举例如下。

【例6-6】 具有滚动条的边界布局。

```java
//Scrollborder.java
import java.awt.*;
import java.awt.event.*;
import javax.swing.*;

public class Scrollborder extends JFrame implements AdjustmentListener{
    JScrollBar hScroll1, hScroll2, vScroll1, vScroll2;
    textPanel Panel1;

    public Scrollborder(){
        setTitle("滚动条边界布局");
        setLayout(new BorderLayout());
        hScroll1 = new JScrollBar(Scrollbar.HORIZONTAL, 1, 1, 1, 200);
        hScroll2 = new JScrollBar(Scrollbar.HORIZONTAL, 1, 1, 1, 200);
        vScroll1 = new JScrollBar(Scrollbar.VERTICAL, 1, 1, 1, 200);
        vScroll2 = new JScrollBar(Scrollbar.VERTICAL, 1, 1, 1, 200);
        Panel1   = new textPanel();
        Panel1.Text1.setLocation(0, 0);

        hScroll1.addAdjustmentListener(this);
        vScroll1.addAdjustmentListener(this);
        hScroll2.addAdjustmentListener(this);
        vScroll2.addAdjustmentListener(this);

        add("North", hScroll1);   add("West",  vScroll1);
        add("South", hScroll2);   add("East",  vScroll2);      add("Center", Panel1);
        setSize(200, 200);        setVisible(true);
    }

    public void adjustmentValueChanged(AdjustmentEvent e){
        if(e.getAdjustable() == hScroll1){
            hScroll1.setValue(hScroll1.getValue());
            hScroll2.setValue(hScroll1.getValue());
            Panel1.Text1.setText("              Horizontal location: " + hScroll1.getValue());
        }
        else if(e.getAdjustable() == vScroll1){
            vScroll1.setValue(vScroll1.getValue());
            vScroll2.setValue(vScroll1.getValue());
            Panel1.Text1.setText("            Vertical location: " + vScroll1.getValue());
        }
        else if(e.getAdjustable() == hScroll2){
            hScroll2.setValue(hScroll2.getValue());
            hScroll1.setValue(hScroll2.getValue());
            Panel1.Text1.setText("              Horizontal location: " + hScroll2.getValue());
        }
```

```
            else if(e.getAdjustable() == vScroll2){
                vScroll2.setValue(vScroll2.getValue());
                vScroll1.setValue(vScroll2.getValue());
                Panel1.Text1.setText("                    Vertical location: " + vScroll2.getValue());
            }
        }
        public static void main(String args[]){
            new Scrollborder();
        }
    }

    class textPanel extends JPanel{
        JTextField Text1;
        textPanel(){
            Text1 = new JTextField(20);
            add(Text1);
        }
    }
```

程序运行结果如图 6-9 所示。

2．不完全边界布局的几个常用类型

不完全的边界布局使得该布局的"样式"丰富。对"东南西北中"5 个区可以任意组合形成新的样式。比如，仅"南北中"3 个区可以组合出如图 6-10 所示的几个样式。当然可以用"东西中"3 个区进行组合，如果再使用面板则样式更多。读者可以练习，设计出更多的样式。

   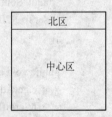

图 6-9　具有滚动条的边界布局　　　　　　图 6-10　边界布局样式举例

6.3　不使用布局管理器实现布局

本章的最后一节介绍不使用布局管理器的方法。不使用布局管理器就是不使用包括 Java 的默认布局管理器在内的所有布局管理器。用这种布局就是将控件放在一个选定的绝对位置。到目前为止，Java 的这项技术还不能使这个绝对位置与平台完全无关。

不使用布局管理器有一个突出的优点就是可以按自己的要求设计控件的大小。在网格布局管理器中，所有的控件一样大小。在边界布局管理器中，控件的大小同样受到布局的限制。对于控件不多，也不适合以上几种布局的设计，可以采用不使用布局管理器的方法。比如，如图 6-11 所示，需重新设计的图。

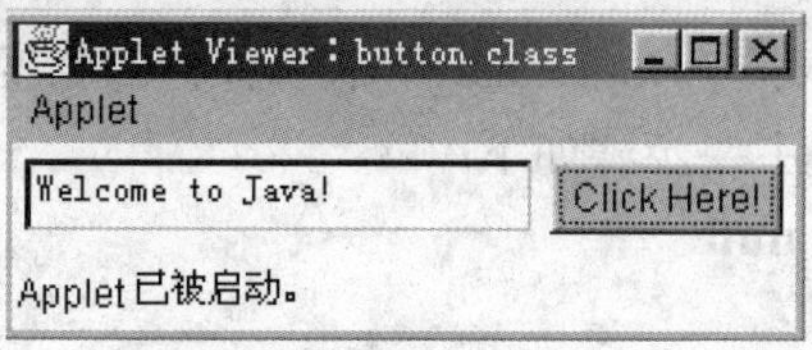

图 6-11 需重新设计的图

6.3.1 不使用布局管理器的布局方法

为便于屏幕演示，这里用特大的文本框和按钮实现如图 6-12 所示的布局。

注意，在以前的程序中一直在用布局管理器，当没有明确声明用什么布局管理器时，Java 就使用的默认流式布局管理器。这种布局是可以变动的。当拉动如图 6-11 所示的 Frame 窗口的调整点时，Frame 窗口可以变成如图 6-13 所示的画面。

图 6-12 特大的文本框和按钮

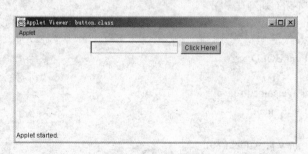

图 6-13 扩大图 6-11 的 Applet 并不放大控件

如图 6-13 所示，Frame 窗口变大了，但控件并未变大，仍按其自然尺寸显示。因此，这样放大 Frame 窗口，并没有放大其控件，更不能放大控件中的字体。

下面的程序 ButtonDemo.java 不用布局管理器，通过设置字体解决了上述问题。其关键方法是 java.awt.Component 的

```
void setBounds(int x,int y,int width,int height)
```

其中 x、y 是控件的左上角坐标,width、height 表示控件的宽度和高度。

程序 ButtonDemo.java 的主要步骤如下:

1. 将布局管理器设置为 null

```
setLayout(null);
```

2. 指定控件的位置和大小

```
控件.setBounds(int x,int y,int width,int height);
```

3. 加入控件

```
add(控件);
```

下面的程序 buttonDemo.java 实现了如图 6-12 所示的布局。重要之处进行了注释。

【例 6-7】 不使用布局管理器。

```java
//ButtonDemo.java
import java.awt.*;
import java.awt.event.*;
import javax.swing.*;

public class ButtonDemo extends JFrame implements ActionListener{
    JTextField text1;
    JButton button1;
    String msg, fontname;
    int size, type;

    public ButtonDemo(){
        setTitle("不用布局管理器");
        setLayout(null);              //设置不用布局管理器
        size  = 80;
        type  = Font.BOLD;

        msg      = "Welcome to Java!";
        fontname = "Roman";

        text1   = new JTextField(50);
        button1 = new JButton("Click Here!");

        Font font1 = new Font("Roman", Font.BOLD,48);//设置所用的字体和字号
        Font font2 = new Font("Times", Font.ITALIC, 36);//设置按钮字体和字号

        text1.setFont(font1);
        button1.setFont(font2);
```

```
            text1.setBounds(60, 80, 680, 180);      //设置文本框的位置和大小
            button1.setBounds(250, 300, 300, 100);//设置按钮的位置和大小
            add(text1);          add(button1);      //加入文本框和加入按钮
            button1.addActionListener(this);
            setSize(800,460);    setVisible(true);
        }

        public void actionPerformed(ActionEvent event){
            Font font = new Font(fontname, type, size);
            text1.setFont(font);                     //再次设置字体字号
            if(event.getSource() == button1){
               text1.setText(msg);
            }
        }
        public static void main(String args[]){
            new ButtonDemo();
        }
    }
```

运行结果如图 6-12 所示。

6.3.2 数码 Puzzle 游戏界面设计

先考虑游戏界面的设计与实现。有多种方法可以实现如图 6-14 所示的界面。

1．界面设计中的问题及其解决

这种网格状的布局通常用网格布局管理器。考虑到标签通常没有边框，所以如果要用网格布局管理器，还要加入间隔。比如，用 AWT 的 Label 实现网格布局，如图 6-15 所示。

图 6-14 游戏界面

图 6-15 Label 网格布局

由于网格布局在四周不能留有间隔，所以图 6-15 看起来不如图 6-14 所示的设计优美。若选用按钮，情况与选用标签相同，所以，本程序不采用网格布局管理器，而采用直接布局。因为在不使用布局管理器时，可用方法 setBound(x, y, width, height)直接设置控件的坐标(x, y)及其宽度 width 和高度 height。

2．实现界面设计(1)

下面的例题实现了上述设计思想。这里用标签或按钮采用网络布局的设计留作习题。

【例 6-8】 用标签 Label 不设置布局管理器，实现界面设计(1)。

```java
// DigitPuzzle_1.java 游戏设计(1) 界面布局
import java.awt.*;                                      //引入 awt 类库

public class DigitPuzzle_1 extends Frame {
    Label[] lbl;                                        //定义标签数组

    //构造函数
    public DigitPuzzle_1(){
        setTitle("Puzzle 游戏");                         //设置标题
        setLayout(null);                                //不设置布局管理器
        lbl = new Label[9];                             //实例化标签数组
        putLabel();                                     //调用加入标签函数
        setSize(190, 225);                              //设置框架大小
        setVisible(true);                               //设置框架可见
    }

    //加入标签函数
    public void putLabel(){
        Font font  = new Font("Times", Font.BOLD, 36);//实例化字体对象,36 号粗体
        for(int v = 0; v < 3; v++){
            for(int u = 0; u < 3; u++){
                int k = u+v*3;                          //计算块编号 k
                if(k < 8)
                    lbl[k] = new Label(""+(k+1));       //设置文字，注意字符串相加
                else
                    lbl[k] = new Label("");             //第 9 个标签不设置文字

                lbl[k].setFont(font);                   //设置字体字号
                lbl[k].setBounds(10+u*60,40+v*60,50,50);//设置坐标和大小
                lbl[k].setAlignment(Label.CENTER);      //设置在标签中的文字"居中"
                lbl[k].setBackground(Color.blue);       //设置标签背景颜色
                lbl[k].setForeground(Color.red);        //设置标签前景(文字)颜色
                add(lbl[k]);                            //加入标签 lbl[k]
            }
        }
    }
    //主函数
    public static void main(String args[]){
        new DigitPuzzle_1();                            //实例化本类，启动本程序
    }
}
```

运行程序结果如图 6-14 所示。

[编程说明]

（1）符串与数字相加及括号的使用

在语句（15.1.1）中使用了字符串与数字相加形成新的字符串：

新字符串=""+(k+1)

因为""是一个空字符串，所以，它与数字（k+1）相加可以形成一个字符串。若没有这个空字符串，用语句

lbl[k] = new Label((k+1));

在编译时，将出现错误。还需要注意的是，这里用一个括号将 k+1 放入其内。这对括号"( )"表示"k+1"内的符号"+"是一个加法运算，不是字符串的相加。若删除这个括号，用语句

lbl[k] = new Label(""+k+1);

将得到结果如图 6-16 所示。因为根据 Java 的字符串与数字相加规则，""+k 是一个字符串"k"。这个字符串"k"与数字 1 相加形成一个新的字符串"k1"。注意，所谓字符串相加，其实就是"合并"运算。这就解释了如图 6-16 所示的结果。

（2）setBounds(x, y, width, height)

设置位置(x, y)和宽度 width, 高度 height。这个函数只有在不设置布局管理器时才起作用，而且，在不设置布局管理器时，若不使用这个函数，将不显示加入的控件。比如，在程序中若注释了以下语句：

//lbl[k].setBounds(10+i*60, 40+j*60, 50, 50);//设置位置和大小

其结果将出现结果如图 6-17 所示。

图 6-16　语句 new Label(""+k+1)的结果　　　图 6-17　不设置布局管理器不用 setBounds()结果

注意，出现这种结果时 Java 编译器没有任何信息提示，所以，这是读者需要特别注意之处。

143

6.4 习题

1. 基础知识

1.1 布局管理器不控制（　　）属性。
    A. 长度   B. 位置   C. 可见性   D. 宽度   E. 颜色

1.2 （　　）限制将控件放在底部。
    A. LayoutMageger.BOTTOM   B. BorderLayout.SOUTH
    C. BorderLayout.BOTTOM   D. LayoutManager.SOUTH

1.3 使用边界布局管理器必须输入（　　）包。
    A. java.lang.*   B. javax.swing.*
    C. java.awt.*   D. java.layout.*
    E. 不需要，它是默认存在的

1.4 如果一个容器的"南面""西面"和"中心"区域有控件，"西面"控件将延伸到窗口底部。这个结论是（　　）的。
    A. 正确   B. 错误

1.5 用边界布局管理器，区域将控件置于左上角的区域是（　　）。
    A. NE   B. LayoutMagager.NORTHEAST
    C. NORTH+EAST   D. NORTHEAST
    E. 以上都不可以

1.6 GridBagLayout 使用其他（　　）类。
    A. GridBagProperties   B. GridBagConstraints
    C. GridBagAttributes   D. GridBagParameters
    E. WideBagPoliticians

1.7 必须为每个控件应用一个新的 GridBagConstraints 是（　　）。
    A. 正确   B. 错误

1.8 下列属性能用于标志行的末尾的是（　　）。
    A. gridwidth   B. gridy   C. weightx
    D. fill   E. anchor

1.9 下列属性设置水平空间分配的是（　　）。
    A. gridwidth   B. gridy   C. weightx
    D. fill   E. anchor

1.10 下列属性设置改变控件大小的是（　　）。
    A. gridwidth   B. gridy   C. weightx
    D. fill   E. anchor

1.11 下列属性控制控件在单元格中的位置的是（　　）。
    A. gridwidth   B. gridy   C. weightx
    D. fill   E. anchor

1.12 下列属性控制控件在网格中的位置的是（　　）。

A. gridwidth　　　　　　B. gridy　　　　C. weightx
D. fill　　　　　　　　　E. anchor

1.13 现有以下语句： new GridLayout(6,3,5,4);回答以下问题：

（1）这个网格布局中有（　　）行。
　　A. 6　　　B. 3　　　　　C. 18　　　　D. 4　　　　E. 不能确定

（2）这个网格布局中有（　　）列。
　　A. 6　　　B. 3　　　　　C. 18　　　　D. 4　　　　E. 不能确定

（3）这个网格布局中垂直间隙是（　　）。
　　A. 6　　　B. 3　　　　　C. 18　　　　D. 4　　　　E. 不能确定

（4）这个网格布局中最多能放置（　　）个控件。
　　A. 6　　　B. 3　　　　　C. 18　　　　D. 4　　　　E. 不能确定

（5）第一个控件位于网格的（　　）。
　　A. 左上方　B. 左下方　　C. 右上方　　D. 右下方　　E. 中心

（6）网格布局管理器管理的所有控件大小相同是（　　）。
　　A. 正确　　　　　　　　B. 错误

2．编程题

2.1　参考例 6-7 ButtonDemo.java，将下图 6-18 改成大控件，大字体的演示图。

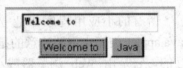

图 6-18　编程题 2.1 使用图

2.2　修改程序 FloatAddApp.java，使之适用于双精度数。完成适用于浮点数和双精度数具有加法，减法，乘法和除法功能的计算器。

2.3　编程实现如下图 6-26 的计算器布局，不必有计算功能。

2.4　编写程序实现如图 6-19 所示的布局，其中有标签、文本框和按钮各两个。试完成摄氏与华氏温度的转换，转换公式为

$$摄氏温度 C =（华氏温度 F - 32）* 5 / 9$$

2.5　编写程序实现如图 6-20 的"日历"布局，有表示"前进"和"后退"两个按钮，其他请自行设计控件实现该布局，可以没有实际月历功能。

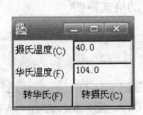

图 6-19　编程题 2.4 使用图　　　　图 6-20　编程题 2.5 使用图

第 7 章　Applet 编程

　　Java 一个强大的功能是，它能够创建嵌入到浏览器中并能自动运行的小应用程序 Applet。Applet 这个英文单词是由 Application 的前 3 个字母和英语后缀-let（小）组成。一般的浏览器，如 Internet Explorer、Netscape Navigator 和 HotJava 等，只要具有解释 Java 能力的都可以运行 Applet。当使用浏览器对一个包含 Applet 的 Web 页面进行浏览时，浏览器将从 Web 服务器下载 Applet，并在本地机上运行。

7.1　Applet 基础

　　所有的小应用程序都是 Applet 类的子类。因此，所有的小应用程序都必须引用 java.applet 类库。需要注意的是 Applet 不是被基于控制台的 Java 运行环境的解释器所执行的，它是由 Web 浏览器或小应用程序阅读器所执行。与前面介绍的独立应用程序不同，小应用程序的执行不是从 main()方法开始的。实际上，小应用程序被编译成 class 文件后，通过标记<APPLET>嵌入到 HTML 文件中。例如，在第 1 章例 1-2 的文件 hello.html 中

```
<html>
    <applet code=hello.class width=500 height=300>
    </applet>
</html>
```

使用一对标记<applet ...> </applet>将小应用程序 hello.java 的 class 文件嵌入到网页中的 HTML 文件中。而浏览器在执行 HTML 文件时，调用了 Applet。

　　从概念上，Applet 与独立应用程序的主要区别在于：
- 独立应用程序如果是图形界面则以 Frame 为基础，或者是在 DOS 下运行，不扩展 AWT 的任何类。它默认的程序入口是标准的 main()方法。而 Applet 必须是通过扩展 java 的 Applet 类来实现的。所有的 Applet 必须按以下的格式声明

```
import java.applet.Applet;
class AppletName extends Applet{...}
```

- Applet 的类定义中没有标准的 main()方法，因而不能独立运行。它必须通过支持 Java 的浏览器调用运行。Web 浏览器为 Applet 提供了 Java 虚拟机(JVM)，这也是一个重要的安全措施。

7.1.1 Applet 类的定义与成员方法

1. Applet 类的定义

Java 对 Applet 的定义如下：

```
public class Applet extends Panel{
    public Applet() ;                    //constructor
    public String getParameter(String name);
    public void init();
    public void start();
    public void stop();
    public URL getCodeBase( );
    public URL getDocumentBase();
}
```

从定义的形式来看，Applet 实际上是从 Java 的 AWT 包中的 Panel 类扩展而来的。

2. Applet 类的成员方法

Applet 类提供了非常丰富的成员方法。表 7-1 列出了部分方法，并给予了简要的说明。

表 7-1 Applet 类的部分成员方法及说明

成 员 方 法	说 明
boolean isActive( )	确定是否已激活。是返回 true，否返回 false
URL getDocumentBase()	获取并返回嵌入 Applet 文档对象的 URL
URL getCodeBase()	获取并返回根 URL，即 Applet 本身的 URL
String getParameter(String name)	获取并返回 Applet 的参数
void resize(int width，int height)	根据 width 和 height 调整 Applet 的大小
void resize(Dimension d)	根据 d.width 和 d.height 调整 Applet 的大小
Image getImage(URL url，String name)	用 url, name 获取一个图形
String getAppletInfo( )	获取并返回 Applet 的作者、版本和版权等信息
String[][] getParameterInfo()	获取并返回参数信息，如名称、类型等
void play(URL url，String name)	根据参数 url 和 name 播放声音片段
void destroy()	撤销 Applet，释放其占用的所有资源

7.1.2 Applet 的生命周期

一个 Applet 程序一般包含 4 个主要方法：init()、start()、stop()和 destroy()。浏览器在调用 Applet 时，将自动调用这 4 个方法，即 Applet 的生命周期是由初始化、开始运行、停止运行和撤销清理这 4 个过程构成的。下面是一个简单的 Applet 程序结构。

```
public class Simple extends Applet{
    public void init(){……}
    public void start(){……}
    public void stop(){……}
    public void destroy(){……}
```

```
        ……
    }
```

这个类覆盖了 Applet 的 4 个方法，它是处理 Applet 生命周期中的重要事件。
- init()在每次装载 Applet 时，完成初始化工作。
- start()启动 Applet 的执行。
- stop()停止 Applet 的执行。例如用户离开这个 Web 页面或者退出浏览器。
- destroy()完成撤销清理工作，准备卸载。

并不是每一个 Applet 都要覆盖这 4 个方法。例如，若一个 Applet 的功能仅仅是显示一个字符串，那么，它可以不覆盖任何一个主要方法。下面的例 7-1 是一个简单的 Applet 的完整代码，它包括了全部主要方法，只要执行到一个方法，它就显示一个简单说明。

【例 7-1】 一个简单的包含 4 个主要方法的 Applet。

```java
//Simple.java
import java.awt.Graphics;
import javax.swing.*;
/*
  <html>
        <applet code = Simple.class width = 300 height = 100>
        </applet>
  </html>
*/
public class Simple extends JApplet{
    StringBuffer buffer;
    public void init(){
        buffer = new StringBuffer();
        addItem("正在初始化...");
    }
    public void start(){
        addItem("开始了...");
    }
    public void stop(){
        addItem("停止了...");
    }
    public void destroy(){
        addItem("正在卸载...");
    }
    void addItem(String newWord){
        System.out.println(newWord);
        buffer.append(newWord);
        repaint();
    }
    public void paint(Graphics g){
        //画一个矩形作为 Applet 的显示区
        g.drawRect(0, 0, 300, 100);
```

```
            //在这个矩形中写字符
            g.drawString(buffer.toString(), 5, 15);
        }
    }
```

Applet 运行时输出的结果如图 7-1a 所示。同时系统还输出信息，如图 7-1b 所示。

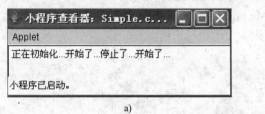

图 7-1 Applet 的生命周期
a) Applet 输出信息   b) 系统输出信息

下面介绍 Applet 几个重要方法。

（1）init( )方法

初始化方法 init( )在 Applet 被装载时，仅执行一次。该方法被需要完成初始化的代码所覆盖。一般地，如果编写的不是 Applet 程序，init( )方法包含的代码应该属于构造方法。Applet 没有构造方法的原因是，因为直到它的 init( )方法调用之前，不能保证有一个完整的环境。

（2）start()方法

开始运行方法 start( )在 Applet 每次被访问时都被调用。该方法可以被覆盖，每一个在初始化之后还要完成某些任务(除了直接响应用户动作之外)的 Applet 都必须覆盖 start()方法，以便在用户每次访问 Applet 所在的 Web 页面时引发一段程序来完成这些任务，例如启动一个动画。start()方法也可以启动一个或多个执行任务的线程。关于线程将在第 11 章学习。

（3）stop()方法

停止运行方法 stop()与 start()方法对应。每当用户离开这个页面时，该方法就要被调用。该方法也可以被覆盖，使得用户每次离开 Applet 所在的 Web 页面时引发一个动作。大部分 Applet 也覆盖 stop()方法。当用户不浏览某个 Applet 页面时，stop()方法将暂停 Applet 的执行，使它不再占用系统的资源。例如，一个显示动画的 Applet，在用户不观看它时，就应该关闭这个动画。

（4）destroy()方法

许多 Applet 不需要覆盖撤销清理方法 destroy()。因为 stop()方法在调用 destroy()之前就已经做好了关闭 Applet 所需要的每一件工作。然而，对于需要释放附加资源的 Applet 来说，destroy()方法是非常有用的。

7.1.3 独立应用程序与 Applet 的转换

在应用开发中，可能需要将一个独立应用程序转换成一个 Applet 程序，或者需要进行相反的转换。按如下步骤可将一个独立应用程序转换成一个 Applet。

1）装载 java.applet 的类，将扩展 Frame 的类改为扩展 Applet。

2）将构造方法更名为 public void init()，删除原构造方法中对超类方法的调用以及对

show()和 pack()方法的调用。

3）删除 main()方法。

4）删除所有对 System.exit()方法的调用，因为 Applet 不允许调用这个方法。

5）如有必要，覆盖 public void start()方法和 public void stop()方法，保证 Applet 在不可见时（用户访问其他 Web 页面时）不占用系统资源。

下面以独立应用程序 ClickMe.java 转换为 Applet 为例，完成转换过程。

【例 7-2】 独立应用程序源码。

```java
//ClickMe.java
import java.awt.*;
import javax.swing.*;
import java.awt.event.*;

public class ClickMe extends JFrame implements ActionListener{
    JButton quit, click;
    boolean secondClick;
    JTextField text;

    //定义构造方法
    public ClickMe(){
        super("Click Example");
        secondClick = false;
        setLayout(new FlowLayout());
        quit = new JButton("退出");
        click = new JButton("单击此处");
        text  = new JTextField(20);
        add(quit);           add(click);      add(text);
        quit.addActionListener(this);
        click.addActionListener(this);
        setSize(300, 100);   setVisible(true);
    }

    public void actionPerformed(ActionEvent e){
        if(e.getSource() == quit)
            System.exit(0);
        else if(e.getSource() == click){
            if (secondClick)
                text.setText("不是第一次!");
            else{
                text.setText("哈, 单击了!");
                secondClick = true;
            }
        }
    }
    public static void main(String args[]){
```

```
        new ClickMe();
    }
}
```

运行结果如图 7-2 所示。

 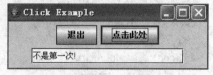

图 7-2　例 7-2 运行结果

【例 7-3】　例 7-2 创建了具有一个文本框和两个按钮的独立应用程序。现在将这个程序改为 Applet，并在 Web 浏览器中运行。在实现这个 Applet 时，覆盖 start()和 stop()方法，显示文本信息。本例可以利用上述转换方法进行程序修改，其对应关系如表 7-2 所示。

表 7-2　将一个独立应用程序转换成为一个 Applet 程序的实例

public class ClickMe extends Frame implements ActionListener	把 Frame 改为 Applet	public class ClickMeApplet extends Applet implements ActionListener
Button quit=new Button("Quit"); Button click= new Button ("Click here"); TextArea text= new TextArea(20); Boolean secondClick =false;	成员变量不变	Button quit=new Button("Quit"); Button click= new Button("Click here"); TextArea text=new TextArea(20); Boolean secondClick=false;
public ClickMe() {定义布局、按钮，并显示窗口}	把构造方法替换为 void init()	public void init() {定义布局、激活按钮，不能调用超类的构造方法}
public void actionPerformed() {…}	actionPerformed()不变	public void actionPerformed()对单击按钮做出反应，不能调用 System.exit
public static void main(String args[]) {…}	删除 main()方法	

相应的 Applet 程序及其改动如下：

```
//ClickMeApplet.java
import java.awt.*;
import javax.swing.*;
import java.awt.event.*;

public class ClickMeApplet extends JApplet/*Frame*/ implements ActionListener{
    JButton quit, click;
    boolean secondClick;
    JTextField text;
    /*
      <html>
          <applet code = "ClickMeApplet.class" width = 300 height = 70>
          </applet>
      <html>
    */
```

```java
            //定义构造方法
            public void init()/*ClickMe*/{
              //super("Click Example");
              secondClick = false;
              setLayout(new FlowLayout());
              quit   = new JButton("退出");
              click = new JButton("单击此处");
              text   = new JTextField(20);
              add(quit);     add(click);      add(text);
              quit.addActionListener(this);
              click.addActionListener(this);
              //setSize(300, 80);
              //setVisible(true);
            }

            public void actionPerformed(ActionEvent e){
              if(e.getSource() == quit)
                text.setText("不起作用!");     /*System.exit(0);*/
              else if(e.getSource() == click){
                if (secondClick)
                  text.setText("不是第一次!");
                else
                  text.setText("哈，单击了!");
                secondClick = true;
              }
            }
            /*
            public static void main(String args[]){
              new ClickMe();
            }*/
          }
```

运行结果如图 7-3 所示。

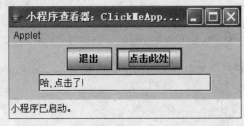 

图 7-3 例 7-3 运行结果

7.1.4 确保 Applet 正常运行

在开发 Applet 程序时，为了保证这个 Applet 能够正常运行，可以创建一个指向 Sun 公司开发的 Java Web 浏览器插件（browser plug-in）的链接。这样用户在装载 Applet 之前，如果缺少相应的运行插件,就可以装载这个插件。相应的软件和安装方法可以在 www.javasoft.com/products/plugin/中找到。建立这样的链接可以保证 Applet 能够在支持最新 Java 版本的 JVM 上运行。另一个方法是用低版本 Java 创建一个 Applet,保证它在绝大多数浏览器上可以运行,但这也许会限制 Applet 的某些功能。

一个 Applet 扩展的是 Panel 类,而不是 Frame 或 Windows 类,所以它没有菜单和标题,但可以构造一个 Frame 对象,使得 Applet 具有这些特征。以 Swing 为基础扩展的 javax.swing.JApplet 具有菜单和对话框。

此外,还要注意,JVM 在一个 Web 浏览器中运行 Applet 时具有某些安全机制,如 Applet 不允许调用 System.exit()方法。

7.2 HTML 与标记<APPLET>

为了在浏览器中运行 Applet,必须在 HTML 文件中使用特殊的标记<APPLET>。Java 的<APPLET>标记是对 HTML 语言的一个特别扩充,正是它的引入才使我们能在 Internet 上看到众多精彩有趣的 Applet。

<APPLET>标记用于 Web 页面中嵌入 Applet。下面首先通过一个实例看看如何将一个 Applet 的类文件嵌入到 Web 页面中,并在支持 Java 的浏览器中打开它。

【例 7-4】 为了将编译后的类文件为 ClickMeApplet.class 嵌入到 Web 页面中,需要创建一个至少包含如下几行的 HTML 文件,

```
<html>
    <applet code="ClickMeApplet.class" width=300 height=60>
    </applet>
</html>
```

并将它存储在文件 filename.html 中,比如,取名为 ClickMeApplet.html。通过浏览器就可以打开 ClickMeApplet.html 文件并运行 Applet,结果如图 7-4 所示。因为 HTML 语言不区分大小写,所以,在上面的 HTML 文件中,所有的标记都用了小写。虽然是不区分大小写,但一个 HTML 文件,最好要有一定的大小写规则。比如,所有的标记统一用大写字母,或统一用小写字母。而且要用缩进的规则,增加文件的可读性。

图 7-4 在 Internet Explorer 中的显示

7.2.1 <APPLET>标记的属性

<APPLET>标记可包含多种属性,其一般形式为:

```
<APPLET   ALT=alternateText          ALIGN=alignment
          ARCHIVE=archiveList        CODE=ClassNeme.class
```

```
            CODEBASE=codebaseURL      NAME=appletInstanceName
            WIDTH=pixels              HEIGHT=pixels
            VSPACE =pixels            HSPACE= pixels>
            <PARAM NAME =name1        VALUE=value1>
            <PARAM NAME=name2         VALUE=value2>
            ……
            <PARAM NAME=namen         VALUE=valuen>
            ……          //此处为浏览器不支持 Java 时显示的文本
        </APPLET>
```

在以上的一般形式中，必须包含粗体显示的选项，即如下形式具有最少的选项：

```
        <HTML>
            <APPLET CODE=ClassName.class   WIDTH= pixels   HEIGHT= pixels >
            </APPLET>
        </HTML>
```

其中标记 Applet 的重要的属性如下：

1．属性 CODE

CODE 指定所调用的 Applet 的类文件名的全称 ClassName.class，它是由 javac 编译后产生的类名。<APPLET>标记的 CODE 属性告诉浏览器要装载的 Applet 类文件的名字是 ClassName.class，它与包含这个标记的文档处在同一个目录中，并通过 WIDTH 和 HEIGHT 属性指明了该 Applet 在浏览器中显示时所占的矩形区域的宽度和高度，单位为像素（pixel）。显示 Applet 的区域的大小不能改变。当浏览器遇到这个标记，就按指定的宽度和高度为这个 Applet 保留一个显示区。然后装载它的字节码，并调用这个 Applet 类的 init()和 start()方法。

2．属性 CODEBASE

如果 Applet 类文件与 HTML 文档不在同一个目录中，就需要使用 CODEBASE 属性指定 Applet 类文件的目录，即告诉浏览器这个 Applet 类的字节码位于哪个目录中。这时，要采用如下的形式：

```
        <APPLET CODE="ClassName.class"
            CODEBASE=AURL   WIDTH= ###   HEIGHT= ###>
        </APPLET>
```

AURL 可以是绝对 URL 地址，也可以是相对 URL 地址，浏览器可以到相应的位置去寻找 Applet 的类文件。

3．标记<PARAM>说明参数

Applet 允许用户在 HTML 中提供参数给 Applet。在独立应用程序中，可以通过命令行向 main()方法中的 args 数组传递参数。对于 Applet，可以利用<PARAM>标记传递参数。例如，在下面的例 7-5 中有一个名为 AppletButton 的 Applet 允许用户通过<PARAM>标记指定的字符串来设置窗口的类型、窗口的文本和显示在按钮上的文本。

<PARAM>标记的一般形式为：

<PARAM NAME=name1   VALUE=value1>

顾名思义，NAME 是参数名，VALUE 是参数值。

4．说明在浏览器不支持 Java 时应显示的文本

在 APPLET 标记中，<PARAM>标记部分结束之后，给出了一段文本内容（可以包括一般的 HTML 标记），这是为不理解<APPLET>标记的浏览器所准备的。如果这个 Web 页面可能出现在不支持 Java 的浏览器上，就应该提供这种替代的 HTML 代码，使得这时仍然有显示信息提供给用户。替代的 HTML 代码是在<APPLET>和</APPLET>之间除了<PARAM>标记之外的任何文本。兼容 Java 的浏览器会忽略这些替代的 HTML 代码。

在 Applet 标记的一般形式中其余几个标记的属性及其含义如表 7–3 所示。

表 7-3　APPLET 标记的部分参数及其含义

ARCHIVE	一个或多个包含类文件和其他资源的档案夹，用于加速下载
ALT	当一个浏览器能够理解 APPLET 标记，但不能运行 Java applet 时应显示的文本
NAME	Applet 的名字。在与其他 Applet 进行通信时使用
ALIGN	规定 Applet 的对齐方式。该属性的值分别为 LEFT，RIGHT，TOP，BOTTOM，MIDDLE，BASELINE，TEXTTOP，ABSMIDDLE，ABSBOTTOM
VSPACE, HSPACE	VSPACE 规定 Applet 以像素为单位的上下空间大小。HSPACE 规定 Applet 以像素为单位的左右空间大小。

关于一些参数值加还是不加双引号的问题在一些著作中有些混淆，现说明如下：参数 CODE 的值可加双引号，也可不加双引号。即两种表示

CODE="ClassName.class" 和 CODE=ClassName.class

都能通过。

WIDTH、HEIGHT 等参数的值应该是像素数值，其后不能加双引号。即 WIDTH="300" 是错误的，因为"300"是字符串。

PARAM NAME=windowType 和 PARAM NAME="windowType"

都能通过。而

VALUE =Click here 和 VALUE ="Click here"

虽然都能通过，但 VALUE = Click here 的实际作用等同于 VALUE = Click，即空格后的部分被忽略了。这表明如果参数值是整个含有空格的字符串，则对整个串应该用双引号。总之，若参数值是字符串，最好对串用双引号。若参数值是数字，则不能用双引号。

下面举两个实例来加深对 APPLET 标记的理解。

【例 7–5】 下面是用于显示一个 Applet 类 AppletButton 的完整 HTML 代码。

```
<APPLET CODE = AppletButton.class
    CODEBASE = example          WIDTH = 300 HEIGHT = 200>
    <PARAM NAME = "windowType"   VALUE = "BorderWindow">
    <PARAM NAME = "windowText"   VALUE = "BorderLayout">
```

```
            <PARAM NAME = "buttonText"        VALUE = "Click here to see a
                                                      BorderLayout in action">
        <HR> <EM>
            your browser can't   run 1.3 Java applets, so here is a picture of
            the window when the program brings up
        </EM> </HR>
    </APPLET>
```

在这段代码中,若浏览器不能解释<APPLET>标记,它将忽略<HR>之前所有关于 APPLET 的代码。能解释<APPLET>标记的浏览器却忽略<HR>和</HR>之间所有的 HTML 代码。在 HTML 文档中应始终带有解释 Applet 基本用途的文本,这样,如果某种浏览器不支持 Java,将会显示这段文本。如有可能,这段文本还可以包含下载让浏览器支持 Java 插件的链接。

【例 7-6】 这个例子要创建一个播放幻灯片的 Applet,并将它保存在名为 www.javamachine.edu 的机器上。这个 Applet 要嵌入到位于 www.javamachine.edu 的 Web 页面中,并要使用从目录 www.javamachine.edu/Images 装载的 3 个图像。下面要创建一个包含适当参数标记的 HTML 文档。

因为 HTML 文档与其中嵌入的 Applet 处于不同的机器上,所以必须使用参数 CODEBASE 来说明 Applet 的存放地址。为了确定图像的位置,又必须使用参数标记给 Applet 传递足够的信息,以便找到这些图像文件。代码如下:

```
<HTML> <H3>A Slide Show</H3>
<APPLET CODEBASE="http://www.javamachine.edu"
    CODE="SlideShow.class"    WIDTH=300   HEIGHT=300
    ALT="Slide Show Applet">
    <PARAM NAME="ImageBase"    VALUE=''Images">
    <PARAM NAME="ImageNum"     VALUE=3>
    <PARAM NAME="image1"       VALUE="image1.gif">
    <PARAM NAME="image2"       VALUE="image2.gif">
    <PARAM NAME="image3"       VALUE="image3.gif">
    <B>Your browser can not handle Java applets</B>
</APPLET>
</HTML>
```

不管这个 HTML 文件存放在什么地方,Applet 都是从 www.javamachine.edu 装载的。它在浏览器中占据 300×300 像素的显示区域。如果浏览器理解这个 Applet 标记,但当前不能运行 Applet,则显示"Slide Show Applet"。如果浏览器不能理解这个标记,则显示"Your browser can not handle Java applets"。

7.2.2 利用标记参数向 Applet 传递信息

前面已介绍了如何使用<PARAM>标记指明 Applet 的参数。这些参数用来给 Applet 传递参数名(paramName)和参数值(paramValue),其作用类似于独立应用程序中的命令行参数。通过这些参数，用户可以定制 Applet 的操作，增加其灵活性，使其可以在多种情况下工作而不需要重新编码和重新编译。下面讨论如何在 Applet 中设计、定义以及如何获得这些参数。

1. 设计 Applet 参数

参数设计就是确定设置哪些参数用于建立 Applet 用户接口，进而确定参数的名字和取值类型。

Applet 参数的设置取决于 Applet 要做什么和需要哪些灵活性。例如，显示图像的 Applet 可能要求参数指定图像的位置。类似地，播放声音的 Applet 要指定声音文件的位置，甚至要指定声音文件的类型。这些 Applet 除了要求指定源文件的位置外，有时还要求参数指明 Applet 的操作细节。例如，显示动画的 Applet 可能要求用户指明每秒显示的画面数目，有的 Applet 可能要求用户变动所显示的文本内容等。

在设计 Applet 参数时，有时要为每个参数提供合理的默认值，使得即使有的用户未说明某个参数或者说明不正确，Applet 也能运行。例如，一个动画 Applet 应该为它每秒显示的画面数提供一个合理的默认值。在这种情况下，如果用户没有说明相关的参数，这个 Applet 仍然会正常地运行。

2. 获取参数值

Applet 类设置了 getParameter()方法，通过这个方法可以从 HTML 文件获取对参数的指定值。有时 Applet 可能需要把 getParameter()方法返回的字符串转换成另一种类型，如整数类型等。Java 提供了 java.lang 包，可用来把字符串转换成简单类型。

除了使用 getParameter()方法获取 Applet 指定的参数值外，也可以用它获取<Applet>标记的属性值。

下面举一个例子来说明如何设计参数以及如何编写 HTML 文件获取参数。在 HTML 文件中获取参数，必须加入如下格式的语句：

<param name = 参数名 value = 参数值>

【例 7-7】 这是一个图形用户界面的例子，1 个文本框，1 个具有 4 个选择项的选择控件，如图 7-5 所示。注意，这里的参数值来自 html 文件的属性 param。

下面是其 html 文件，其参数名为 select1，select2，select3，select4。请注意其相应的参数值是怎样赋值的。

```
<HTML>
  <APPLET CODE="Choices.class" WIDTH=200 HEIGHT=200>
   <param name = select1 value = "Item1 from param of html file">
   <param name = select2 value = "Item2 from param of html file">
   <param name = select3 value = "Item3 from param of html file">
   <param name = select4 value = "Item4 from param of html file">
  </APPLET>
</HTML>
```

下面是其 Java 文件。注意，在 Java 文件中是如何获取这样参数值的。

```java
//JComboBoxes.java
import java.awt.*;
import java.awt.event.*;
import javax.swing.*;
/*
 <HTML>
   <APPLET CODE = JComboBoxes.class WIDTH = 200 HEIGHT= 60>
     <param name = select1 value = "Item1 来自 html 文件">
     <param name = select2 value = "Item2 来自 html 文件">
     <param name = select3 value = "Item3 来自 html 文件">
     <param name = select4 value = "Item4 来自 html 文件">
   </APPLET>
 </HTML>
*/
public class JComboBoxes extends JApplet implements ItemListener{
   JComboBox choice1;
   TextField text1;

   public void init(){
      JPanel jpan = new JPanel();
      jpan.setLayout(new GridLayout(2,1));
     text1=new TextField(20);

     choice1=new JComboBox();
     choice1.addItem(getParameter("select1"));//getParameter("select1")
     choice1.addItem(getParameter("select2"));
     choice1.addItem(getParameter("select3"));
     choice1.addItem(getParameter("select4"));
     choice1.addItemListener(this);

     jpan.add(text1);    jpan.add(choice1);    add(jpan);
   }

   public void itemStateChanged(ItemEvent e){
      if(e.getItemSelectable()==choice1){
          text1.setText(choice1.getSelectedItem().toString());
      }
   }
}
```

为获取上述参数值，在相应的 Java 文件中必须使用 getParameter(String)方法。运行程序 Choices.java 产生如图 7-5 所示的结果。

我们可以修改 html 文件中 param 后面的字符串，不用重新编译 java 文件，运行 Applet 看看选择控件有何变化。我们也可以比较一下用与不用 getParameter(String)方法时，在程序设计上的异同。

图 7-5 参数值来自 html 文件

7.3 Applet 的应用

下面介绍 Applet 的应用，特别是如何在 Applet 中使用 Java 的某些基本机制，如图形、用户界面和多媒体等。其中涉及一些编程技巧，包括如何继承超类、使用图像、显示动画、播放声音、使用鼠标事件等。

7.3.1 Applet 与图形用户界面

因为 Applet 类是 AWT Panel 类的子类（参见 7.1.1 节），所以大部分 Applet 有一个图形用户界面。Applet 可以通过它定义的参数从用户得到配置信息。Applet 也可以通过读取系统属性来获得系统信息。如果要给用户提供提示信息，Applet 可以使用它的 GUI 输出一个状态字符串，或者使用标准输出流或标准错误输出流。

Applet GUI 具有如下性质：

1．一个 Applet 是一个面板（Panel）

由于 Applet 是 Panel 类的子类，所以它继承了 Panel 默认的布局管理器 FlowLayout（流式布局管理器），可以像 Panel 一样包含其他的控件。Applet 作为一个 Panel 对象，还可以分享它的绘图方法和事件处理。

在第 6 章学习的文本框、文本域、标签、按钮等控件，在那些程序中，这些控件是放在框架（Frame）里的，用上面学过的方法，稍加改动，就可以在 Applet 中运行。

2．Applet 只能在浏览器窗口内显示

这里包含着两层含义，一是，Applet 与基于 GUI 的独立应用程序不同，不需要另外建立窗口，而是在浏览器的窗口内显示。二是，依赖于浏览器的实现，当 Applet 增加控件后要再次调用 validate()方法使布局刷新，否则新增的控件不能显示。

3．Applet 的背景颜色可能会与 Web 页面的颜色不一致

Applet 的背景颜色默认是浅灰色，Web 页面也可以使用其他的背景颜色和背景模式。如果设计的 Applet 与 Web 页面设计的背景颜色不一致，就有可能在显示图像时引起明显的闪烁。这里有两种解决办法，一种是用 Applet 的参数指明它的背景颜色，Applet 类可用 Component 类的 setBackground()方法把它的背景设成用户指定的颜色；另一种办法是，页面设计者可以选择 Applet 颜色参数作为 Web 页面背景颜色参数，使两种颜色能很地协调在一起。

4．用户可预先指定 Applet 窗口的大小

浏览器不允许调整 Applet 本身的大小，因此必须为 Applet 确定一个固定的大小。通过设置<APPLET>标记的宽度 WIDTH 和高度 HEIGHT 就可以实现。Applet 指定的这个空间大小对某个平台也许是理想的，但对另一个平台却不一定符合要求。这可以通过一些方法来补救，其中包括使用比指定略小一点的空间大小。另外也可以使用布局管理器，如 AWT 提供的 GridLayout（网络布局管理器）和 BorderLayout（边界布局管理器）。

5．通过 Applet 的 getImage()方法装载图像

Applet 类提供了一种方便的获取图像的方法 getImage(URL,String)，指定一个 URL 作为图像文件地址，第二个参数是图像文件名。大部分 Applet 使用它的 getCodeBase()和 getDocumentBase()方法获得当前目录的 URL。我们将在第 8 章中学习图像的装载和显示。

6．Applet 类及其使用的数据文件可以通过网络装入

为了减少 Applet 显示的启动时间，Applet 子类可以立即显示一条状态消息。如果某些 Applet 类或数据不需要立即使用，这个 Applet 可以把这些类和数据的装入预先放在一个后台的线程中。

7.3.2　实例——Applet 应用

1．声音的播放

作为多媒体软件，除了动画外还要有声音。J2SE1.5.0 以上版本支持 AU、WAV、MIDI、AIFF 等几种声音格式。

在程序中加入声音的方法很简单。只要用下面的语句即可：

```
void play(URL url);
void play(URL url, String name);
```

例如，若声音文件的 URL 是 http://xxx.yyy.edu/java-prog/audio/ 中，而声音文件名是 welcome.au，则播放声音的语句为：

```
try{
    play(new URL("http://xxx.yyy.edu/java-prog/audio/"), "welcome.au");
}
catch(MalformedURLException e){}
```

若声音文件存放在 Java 程序的当前目录或其子目录（audio）下，那么，可以用 getCodeBase()或 getDocumentBase()来取得声音文件的 URL。例如，

```
play(getCodeBase(),"welcome.au");
```

或

```
play(getDocumentBase(),"welcome.au");
```

这两个方法是略有区别的，getCodeBase()将返回特定 Applet 程序代码本身的 URL，而 getDocumentBase()将返回特定页面的 URL，该页面内含有指定的 Applet。由此可知，当

HTML 文件、Applet 程序代码和图像文件放在同一目录时,它们的功能相同。

play()方法只播放一次,放完声音就结束了。若要再放一遍,就只能再次调用 play()。某些场合,比如背景音乐,需要重复地播放。AudioClip 类的方法 loop()可以实现重复播放功能,该类提供了 3 个方法:

> loop(), play(), stop()

用 AudioClip 类载入声音,有两种方法:

> AudioClip getAudioClip(URL url),
> AudioClip getAudioClip(URL url, String name)

如上面的说明,可用以下的方法载入声音文件:

> AudioClip bgSound=getAudioClip(getCodeBase(), "audio/background.au");

若只要播放一次,就使用 play()方法:

> bgSound.play();

若要重复播放,就使用 loop()方法:

> bgSound.loop();

要停止播放声音,就使用 stop()方法:

> bgSound.stop();

下面的是播放声音的程序 AudioSample.java。

【例 7-8】 分别调用 Applet 类和 AudioClip 类播放不同格式声音的方法举例。

```
//AudioSample.java
import java.awt.*;
import java.applet.*;
import java.awt.event.*;
import javax.swing.*;
/*
  <html>
   <applet code = AudioSample.class width = 200 height = 60>
   </applet>
  </html>
 */
public class AudioSample extends JApplet implements ActionListener{
    JLabel    lb;
    JButton audioOnce, audioLoop, audioStop;
    AudioClip clip;
    boolean    looping;
```

```java
        public void init(){
           looping    = false;
           JPanel pan = new JPanel();
           pan.setLayout(new GridLayout(1,3));
           audioOnce = new JButton("once");
           audioLoop = new JButton("loop");
           audioStop = new JButton("stop");
           pan.add(audioOnce);   pan.add(audioLoop);   pan.add(audioStop);
           lb    = new JLabel("调用 Applet 类方法.");
           clip = getAudioClip(getCodeBase(), "audio/spacemusic.au");
           //clip = getAudioClip(getDocumentBase(), "audio/canon.aiff");    //供试验
           //clip = getAudioClip(getDocumentBase(), "audio/flourish.mid");//供试验
           audioOnce.addActionListener(this);
           audioLoop.addActionListener(this);
           audioStop.addActionListener(this);
           add(pan);
           add(lb, BorderLayout.SOUTH);
           validate();
           this.play(getCodeBase(), "audio/piano.wav");         //此处调用 Applet 类的方法
        }

        public void start(){
           if(looping) clip.loop();
        }

        public void stop(){
           if(looping) clip.stop();
        }

        public void actionPerformed(ActionEvent e){
           if(e.getSource() == audioOnce){
              clip.play();                                      //此处调用 AudioClip 类的方法
              looping = true;
              audioStop.setEnabled(true);
           }
           else if(e.getSource() == audioLoop){
              clip.loop();
              looping = true;
              audioStop.setEnabled(true);
           }
           else{
              clip.stop();
              looping = false;
              audioStop.setEnabled(false);
           }
        }
     }
```

程序运行结果如图 7-6 所示。

图 7-6　播放声音

7.4　习题

1．选择题

1.1　下面几个说法中正确的是．(　　)。

　　A．Java Applet 是可以独立运行的一种程序

　　B．Java Applet 是一种程序，它与 Java Application 没有什么区别

　　C．Java Applet 必须嵌入到 HTML 文件中由浏览器运行

　　D．Java Applet 有自己的 main()方法

1.2　下列 Applet 类的方法中，在 Applet 的整个生命周期里至多只执行一次的是
(　　)。

　　A．init()　　B．start()　　．stop()　　D．paint()

1.3　下面有关 Applet 运行的说法中不正确的是（　　）。

　　A．Java Applet 在运行过程中一定会自动调用 init()、start()、stop()、destroy()方法
　　　不管用户是否重载这些方法

　　B．Java Applet 与 Java Application 一样，都是从 main()方法开始执行的

　　C．Java Applet 必须嵌入到 HTML 文件中才能运行

　　D．最小化 Applet 运行窗口时，将运行 stop()方法

1.4　在下面的情况中，不会引起对 start()方法调用的是（　　）。

　　A．Applet 第 1 次载入时　　B．离开 Web 页面后，再次进入时

　　C．reload 该页面时　　　　D．每当浏览器从图标恢复为窗口时

　　E．移动窗口时

1.5　Java Applet 运行起点是（　　）。

　　A．begin()　　B．main()　　C．start()　　D．init()

1.6　Applet 类的直接父类是（　　）。

　　A．java.Object　　　　　　B．java.awt.Componet

　　C．java.awt.Container　　　D．java.awt.Panel

2．编程题

2.1　试编制一个 Applet，它接收一个图像文件名，然后在 Applet 中显示一个图像。

2.2　试编制一个 Applet，访问并显示指定的 URL 地址处的图像和声音资源。

2.3 试编制一个 Applet，接受用户输入的网页地址，并与程序中事先保存的地址比较，若两者相同则使浏览器指向该网页。

2.4 试编制一个 Applet 程序，并在浏览器上浏览，要求：

1）Applet 显示一个图像文件：http://java.sun.com/graphics/people.gif。

2）将这个 Applet 嵌入一个 HTML 文档，并在浏览器中浏览这个文档。

2.5 编写一个既可以作为 Applet，又可作为标准独立应用程序运行的程序。

2.6 使用 getCodeBase()和 getDocumentBase()方法获得 Applet 程序所在的路径和文档名。

2.7 将第 7 章例 7-4 转换为 Applet 程序，编写相应的 HTML 文件，并运行之。

2.8 参考程序例 7-8 和例 7-9，通过选择控件（Choice）和按钮等并参考如图 7-7 所示的程序，自行设计布局，编写实现播放 4 种格式音频文件的程序。

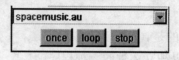

图 7-7 编程题 2.8 图

第 8 章 图形 GUI 设计

本章将学习 Java 的绘图，绘制直线、椭圆（包括圆）、矩形、圆角矩形和自由图形。还要学习图像的加入、切换以及 XOR 绘图模式等技术。

8.1 Graphics 类与 Color 类

Java 的绘图需要 Graphics 类，以后又发展了 Graphics2D 和 Graphics3D 等类。本章仅介绍 Graphics 类。

8.1.1 Graphics 类

图形类 Graphics 是最早使用的类。现在通过这个类的一些方法来画直线、矩形等。表 8-1 是其主要方法。

表 8-1 Graphics 类的一些方法

方法	功能
clearRect(int x,int y, int w,int h)	清除(x,y)处宽 w 高 h 的矩形区域
clipRect(int x,int y, int w, int h)	裁剪(x,y)处宽 w 高 h 的矩形区域
copyArea(int x,int y,int w, int h,int dx,int dy)	将(x,y)处宽 w 高 h 区域 copy 到(dx,dy)处
Create()	建立新 Graphics 对象
Create(int x, int y, int w,int h)	用(x,y)，宽 w 高 h 创建 Graphics 对象
dispose()	撤销当前图形对象
drawArc(int x,int y,int w, int h, int sAng, int aAng)	画弧线。sAng 为起始角，aAng 为弧线对应的角度
drawBytes(byte[] by,int offset, int num,int x,int y)	在(x,y)处绘制从数组 by 的下标为 offset 处截取的 num 个字节
drawChars(char[] ch, int offset,int num,int x,int y)	在(x,y)处绘制从数组 ch 的下标为 offset 处开始截取的 num 个字符
drawImage(Image img,int x,int y,int w,int h,ImageObserver obs)	在坐标(x,y)处画宽 w 高 h 的矩形图像
drawOval(int x,int y, int w,int h)	在(x,y)处的宽 w 高 h 的矩形内画椭圆
drawString(String str,int x, int y)	在(x,y)处绘制字符串 str
draw3DRect(int x,int y, int w,int h, boolean raised)	在(x,y)处的宽 w 高 h 的矩形内画 3D 矩形
Graphics()	构造新的图形对象

【例 8-1】 Graphics 类一些方法的应用。设置颜色、字体、字形和字号，截取和绘制字符串。

```java
//FontTest.java
import javax.swing.*;
import java.awt.*;
/**
 *<html>
 *<applet code = FontTest.class width = 400 height = 150>
 *</applet>
 *</html>
 */
public class FontTest extends JApplet{
    String s   = "Welcome ";
    char ch[] = {'t','o','a','b','c'};
    byte b[]  = {'n','e','w','H','a','n','g','z','h','o','u','!'};

    public void paint(Graphics g){
        g.setFont(new Font(" ", Font.PLAIN, 36));        //设置默认字体，Plain 字形，36 号
        g.drawString(s, 50, 40);                          //打印字符串 s
        g.setFont(new Font("Helvetica", Font.ITALIC, 36));
                                                          //设置字体 Helvetica 字形 ITALIC,36 号
        g.setColor(new Color(192, 192, 192));             //设置浅灰色
        g.drawChars(ch, 0, 2, 50, 80);                    //从 ch[]中取前 2 个字符
        g.setFont(new Font("TimesRoman", Font.BOLD, 48));
                                                          //设置字体 TimesRoman 字形 BOLD，48 号
        g.setColor(Color.cyan);                           //以下设置颜色 cyan
        g.drawBytes(b, 3, 9, 50, 130);                    //从 b[]中取后 9 个字符
    }
}
```

程序运行结果如图 8-1 所示。

图 8-1　例 8-1 运行结果

8.1.2　Color 类

Color 类定义有关颜色的常量和方法。其构造方法如表 8-2 所示。

不论使用哪种构造方法创建 Color 对象，都需要指定新建颜色中的 R（Red，红）、G（Green，绿）、B（Blue，蓝）三色的比例。Java 提供的这 3 个构造方法用不同的方式确定

RGB 的比例。可以使编程者从 256×256×256 种颜色中进行选择。一个 RGB 值由 3 部分组成，第一部分表示红色分量，第二部分表示绿色分量，第三部分表示蓝色分量。RGB 值中某一分量的值越大，这种特定颜色分量所起的作用越大。

表 8-2 Color 类的构造方法

构 造 方 法	说　　明
Color(int r,int g,int b)	用红 r、绿 g 和蓝 b 创建 Color 对象
Color(float r,float g,float b)	在 0.0~1.0 内用 r、g、b 比例创建 Color 对象
Color(int rgb)	使用指定的组合 RGB 创建 Color 对象

Color 类的成员方法如表 8-3 所示。

表 8-3 Color 类的成员方法

成 员 方 法	说　　明
int getRed()	获得对象的红色分量
int getGreen()	获得对象的绿色分量
int getBlue()	获得对象的蓝色分量
int getRGB()	获得对象的 RGB 值
Color brighter()	获取当前颜色的更亮版本
Color darker()	获取当前颜色的更暗版本

我们已经在上面例 8-1 中的下列语句

```
g.setColor(new Color(192,192,192));    //设置浅灰色
g.setColor(Color.cyan);                //设置青蓝
```

中使用了 Color 类的成员常量 Color.cyan 和它的构造方法。在下面的几节中还将有更多的应用。

8.2 建立绘图程序

下面将通过例 8-2 学习 Java 的绘图工作原理。建立 5 种图形：直线、椭圆（包括圆）、矩形、圆角矩形和自由图形。为此，创建有 5 个按钮的画板，如图 8-2 所示。

对于自由作图，实际上是在计算机屏幕上画出许多"点"或者"短线段"，从而组成一幅"图"。因此，需要下面的类 Point。

8.2.1 Point 类及其应用

Point 类指出一个点的 x 和 y 坐标。这个类在创建多边形对象与矩形对象等时十分有用。这个类有如下的一些主要方法。

- public Point(int x,int y)：用指定的 x 和 y 坐标创建一个点，并对其初始化。
- public boolean equals(Object obj)：比较两个点，并确定它们是否相等。

- public void move(int x,int y)：通过提供新的 x 和 y 坐标，移动或重新定位一个特定的点。

下面的例 8-2 要用 Graphics 类的如下 3 个方法：

> drawOval(ptAnchor.x,ptAnchor.y,drawWidth,drawHeight)
> drawRect(ptAnchor.x,ptAnchor.y,drawWidth,drawHeight)
> drawRoundRect(ptAnchor.x,ptAnchor.y,drawWidth,drawHeight,10,10)

其中参数 ptAnchor 是 Point 类对象，drawWidth，drawHeight 分别是宽度和高度，是两个正数。如图 8-2a 所示。

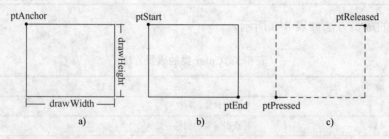

图 8-2　ptAnchor、drawWidth 和 drawHeight 示意图

记矩形的**左上角点**和**右下角点**分别为 **ptStart** 和 **ptEnd**，则有如下计算公式：

　　drawWidth = ptEnd.x - ptStart.x，drawHeight = ptEnd.y - ptStart.y;

因为 drawWidth 和 drawHeight 都是正数，所以必须满足以下条件：

　　　　　　　　　　ptEnd.x > ptStar.x　　和　　ptEnd.y > ptStar.y

例 8-2 设计在"拖动鼠标"动作中，"单击鼠标左键"即调用方法 mousePressed （MouseEvent e）时取得形成矩形的第 1 个点，记为 **ptPressed**。类似地，当"放开鼠标左键"，即调用方法 mouseReleased(MouseEvent e)时获取第 2 个点，记为 **ptReleased**。注意，这两点可能分别是左上和右下角点，也可能是右上和左下角点，如图 8-2c 所示。注意到矩形左上角点的 x,y 坐标是最小的，而右下角点 x,y 坐标是最大的。所以，有如下公式：

> ptStart.x = Math.min(ptPressed.x, ptReleased.x)
> ptStart.y = Math.min(ptPressed.y, ptReleased.y)
> ptEnd.x　 = Math.max(ptPressed.x, ptReleased.x)
> ptEnd.y　 = Math.max(ptPressed.y, ptReleased.y)

如图 8-2b、图 8-2c 所示。于是就可用 Point 类的构造方法中得到 ptStart 和 ptEnd 两点：

> ptStart = new Point(Math.min(ptPressed.x,ptReleased.x),
> 　　　　　　　　　　Math.min(ptPressed.y,ptReleased.y));
> ptEnd　 = new Point(Math.max(ptPressed.x,ptReleased.x),
> 　　　　　　　　　　Math.max(ptPressed.y,ptReleased.y));

此处应用了 Math 类的 max()和 min()方法。

获得了标准的两点 ptStart 和 ptEnd 后，上面应用 drawOval()等 3 个方法的参数 ptAnchor.x、ptAnchor.y、drawWidth、drawHeight 的值已不难获得。

8.2.2 布尔标志的设计与绘图程序

1．布尔标志的设计

为使程序检测单击了哪个按钮，程序需要设置**布尔标志**。布尔标志仅仅是一个变量，用来说明程序中某些选择的状态（true 或 false）。定义了如下的 6 个布尔变量，并将其初始值设置为 false。

```
boolean bDrawFlag      = false;    boolean bLineFlag     = false;
boolean bOvalFlag      = false;    boolean bRectFlag     = false;
boolean bMouseDownFlag = false;    boolean bMouseUpFlag  = false;
```

当单击某个按钮时，其相应的布尔值取反，而其他变量的布尔值保持不变。比如，buttonLine 是画直线按钮"Line"的对象名，则：

```
public void actionPerformed(ActionEvent e){
  if(e.getSource() == buttonLine){
    bLineFlag      = !bLineFlag;  bDrawFlag    = false;
    bOvalFlag      = false;       bRectFlag    = false;
    bMouseDownFlag = false;       bMouseUpFlag = false;
  }
}
```

2．关于接口方法的使用

绘图需要用鼠标，于是使用鼠标监视器 MouseListener 和鼠标运动监视器 MouseMotionListener。程序仅对

```
//单击鼠标左键
public void mousePressed(MouseEvent e)｛设计方法体｝；
//放开鼠标左键
public void mouseReleased(MouseEvent e)｛设计方法体｝；
//拖动鼠标左键
public void mouseDragged(MouseEvent e)｛设计方法体｝；
```

3 个事件方法设计了方法体。对事件中其他的几个方法，没有设计方法体。

```
public void mouseClicked(MouseEvent e){};
public void mouseEntered(MouseEvent e){};
public void mouseExited(MouseEvent e){};
public void mouseMoved(MouseEvent e){};
```

注意，这些方法具有方法体{}，虽然它们的方法体{}是空的。这与没有方法体的抽象方法是完全不同的。既然没有为方法体设计任何动作响应，是否可以删去呢？读者可以试验。如果删去，程序编译将出错。Java 的规定，调用一个事件接口，必须使用其全部方法。因此，程序不得不将其余四个未设计动作响应的方法写入程序。下面是程序的源代码。

【例 8-2】 画直线、椭圆（包括圆）、矩形、圆角矩形和自由图形。

```java
//DrawTest.java
import java.awt.*;
import java.awt.event.*;
import java.lang.Math;
import javax.swing.*;
/*
 <html>
  <applet code=DrawTest.class width=300 height=250>
  </applet>
 </html>
*/
public class DrawTest extends JApplet implements ActionListener,
                          MouseListener,MouseMotionListener{
    Graphics gg;
    JButton buttonDraw, buttonLine,
         buttonOval, buttonRect;

    Point    ptStart,    ptEnd,              //矩形框左上，右下角点
             ptPressed,  ptReleased,         //分别对应鼠标左键按下和松开时的点
             ptOld,      ptNew;              //自由作图时的原点和新点

    boolean bMouseDownFlag = false, bMouseUpFlag = false,
            bDrawFlag      = false, bLineFlag    = false,
            bOvalFlag      = false, bRectFlag    = false;

    public void init(){
        JPanel pan = new JPanel();           //设置面板
        buttonDraw = new JButton("曲线");
        buttonLine = new JButton("直线");
        buttonOval = new JButton("椭圆");
        buttonRect = new JButton("矩形");

        buttonDraw.addActionListener(this);  //为按钮设置行动监视器
        buttonLine.addActionListener(this);  //为按钮设置行动监视器
        buttonOval.addActionListener(this);  //为按钮设置行动监视器
        buttonRect.addActionListener(this);  //为按钮设置行动监视器

        pan.add(buttonDraw);                 //加入面板
        pan.add(buttonLine);                 //同上
        pan.add(buttonOval);                 //同上
        pan.add(buttonRect);                 //同上
        add(pan,BorderLayout.NORTH);         //对面板设置边界布局管理器

        addMouseListener(this);              //加入鼠标监视器
        addMouseMotionListener(this);        //加入鼠标行动监视器
```

```java
        ptOld = new Point();
        ptNew = new Point();
    }
    //按下鼠标函数
    public void mousePressed(MouseEvent e){
        bMouseDownFlag = true;
        bMouseUpFlag   = false;
        ptPressed = new Point(e.getX(), e.getY());//获取点 ptPressed
        if(bDrawFlag){
            ptOld.x = e.getX(); ptOld.y = e.getY(); //自由作图时，取点 ptOld
        }
    }
    //松开鼠标函数
    public void mouseReleased(MouseEvent e){
        bMouseDownFlag = false;
        bMouseUpFlag   = true;
        ptReleased = new Point(e.getX(),e.getY());//获取点 ptReleased
        if(!bLineFlag){
            //计算矩形左上、右下角点 ptStart 和 ptEnd
            ptStart = new Point(Math.min(ptPressed.x, ptReleased.x),
                                Math.min(ptPressed.y, ptReleased.y));
            ptEnd   = new Point(Math.max(ptPressed.x, ptReleased.x),
                                Math.max(ptPressed.y, ptReleased.y));
        }
        if(!bDrawFlag) repaint();              //更新画图
    }
    //拖动鼠标
    public void mouseDragged(MouseEvent e){
        if(bDrawFlag){                          //自由作图
            ptNew.x = e.getX(); ptNew.y = e.getY();
            gg = getGraphics();
            gg.drawLine(ptOld.x, ptOld.y, ptNew.x, ptNew.y);//ptOld 到 ptNew 画线段
            ptOld = ptNew;
        }
    }
    public void mouseClicked(MouseEvent e){}
    public void mouseEntered(MouseEvent e){}
    public void mouseExited(MouseEvent e){}
    public void mouseMoved(MouseEvent e){}

    public void paint(Graphics g){
        int drawWidth, drawHeight;
        g.drawRect(20, 40, 280, 200);         //作图区域矩形框

        if(bLineFlag&&bMouseUpFlag)
```

```
            g.drawLine(ptPressed.x, ptPressed.y, ptReleased.x, ptReleased.y);//画线

        if(bOvalFlag&&bMouseUpFlag){
            drawWidth  = ptEnd.x-ptStart.x;//计算矩形宽度
            drawHeight = ptEnd.y-ptStart.y;//计算矩形高度
            g.drawOval(ptStart.x, ptStart.y, drawWidth, drawHeight);//画椭圆
        }
        if(bRectFlag&&bMouseUpFlag){
            drawWidth  = ptEnd.x-ptStart.x;
            drawHeight = ptEnd.y-ptStart.y;
            g.drawRect(ptStart.x, ptStart.y, drawWidth, drawHeight);//画矩形
        }
    }

    public void actionPerformed(ActionEvent e){
        if(e.getSource() == buttonDraw){
            bDrawFlag = !bDrawFlag;    bLineFlag = false;
            bOvalFlag = false;         bRectFlag = false;
        }
        if(e.getSource()==buttonLine){
            bLineFlag = !bLineFlag;   bDrawFlag = false;
            bOvalFlag = false;         bRectFlag = false;
        }
        if(e.getSource() == buttonOval){
            bOvalFlag = !bOvalFlag;    bDrawFlag = false;
            bLineFlag = false;         bRectFlag = false;
        }
        if(e.getSource() == buttonRect){
            bRectFlag = !bRectFlag;    bOvalFlag = false;
            bDrawFlag = false;         bLineFlag = false;
        }
    }
}
```

运行程序结果如图 8-3 所示。

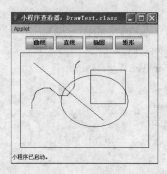

图 8-3 绘图程序

8.3 图形与图像的显示

本节将学习 Java 图像处理的一些方法。Java 能显示的图像只有 3 种，即 gif、jpg 和 png 型图像。对于其他类型的图像要通过转换成这三种图像来显示。

显示图像前，先要读入图像。我们使用

    getImage(url,"figure.jpg");   //或 figure.gif, figure.png

来读入图像，其中 url 是图像的地址，是 URL 类的对象。若图像文件存放在 Java 程序的当前目录或其子目录下，那么，可以用 getCodeBase() 或 getDocumentBase() 来取得图像文件的 URL。例如：

    getImage(getCodeBase(),"figure.jpg");

或

    getImage(getDocumentBase(),"figure.jpg");

这与在第 7 章 7.3.2 节播放声音时，用 getCodeBase() 或 getDocumentBase() 来取得声音文件的 URL 是类似的。

下面的程序在鼠标拖动的起点和终点定义的矩形内装载一幅图像。所谓"装载"图像实际上是用方法

    drawImage(image,ptAnchor.x,ptAnchor.y,drawWidth,drawHeight,this);

画图像。此处，遇到了"由鼠标拖动的起点和终点定义的矩形"问题，该算法已在上一节详细介绍且在例 7-2 中使用过。这里将再次使用这个算法。从而，drawImage()方法中的几个参数问题已经解决。

【例 8-3】 拖动鼠标装载一幅图像。

```java
//ImageSizer.java
import java.awt.*;
import java.awt.event.*;
import java.lang.Math;
import javax.swing.*;
/*
  <HTML>
    <APPLET CODE = "ImageSizer.class" WIDTH = 200 HEIGHT = 200>
    </APPLET>
  </HTML>
*/
public class ImageSizer extends JApplet implements MouseListener{
    Image image;
    boolean bMouseDnFlag = false, bMouseUpFlag = false;
```

```java
    Point    ptAnchor, ptDrawTo;

    public void init(){
        image = getImage(getCodeBase(), "Skype.png");
        //image = getImage(getDocumentBase(), "joe.gif");//试验 getDocumentBase()
        //image = getImage(getCodeBase(), "splash.jpg"); //供试验 jpg 图
        addMouseListener(this);
    }

    public void mousePressed(MouseEvent e){
        bMouseDnFlag = true;      bMouseUpFlag = false;
        ptAnchor = new Point(e.getX(), e.getY());
    }

    public void mouseClicked(MouseEvent e){}
    public void mouseReleased(MouseEvent e){
        bMouseDnFlag = false;     bMouseUpFlag = true;
        ptDrawTo = new Point(Math.max(e.getX(), ptAnchor.x),
                             Math.max(e.getY(), ptAnchor.y));
        ptAnchor = new Point(Math.min(e.getX(), ptAnchor.x),
                             Math.min(e.getY(), ptAnchor.y));
        repaint();
    }

    public void mouseEntered(MouseEvent e){}
    public void mouseExited(MouseEvent e){}

    public void paint(Graphics g){
        int drawWidth, drawHeight;
        g.clearRect(0,0,200,200);
        if(bMouseUpFlag){
            drawWidth  = ptDrawTo.x-ptAnchor.x;
            drawHeight = ptDrawTo.y-ptAnchor.y;
            g.drawRect(ptAnchor.x, ptAnchor.y, drawWidth, drawHeight);
            g.drawImage(image, ptAnchor.x, ptAnchor.y, drawWidth, drawHeight,this);
        }
        else
            g.drawString("拖动鼠标产生一幅图", 20, 100);
    }
}
```

运行程序 imagesizer.java，出现一个空白的 Applet 窗口。用鼠标在窗口上拖动，结果如图 8-4 所示。程序中使用的这幅图应该预先安放在 Java 程序所在的当前目录中。

图 8-4　装载图像

8.4　异或绘图模式

在一个图形上绘制另一个图形时，AWT 画出的是最后的一个图形。除了这个**重写**（overwrite）绘图模式外，AWT 还有第二种方法，可将新图形和原来窗口中的内容组合起来。这通常叫做**异或绘图模式**或 **XOR 绘图模式**。

Java 语言与 C 语言的异或（XOR）运算规则相同，见表 8-4。

表 8-4　异或运算规则

a	b	a XOR b
0	0	0
0	1	1
1	0	1
1	1	0

异或运算的特点是：当数字 A 与 B 异或的结果为 C 时，即　A **XOR** B = C，成立

$$C\ \mathbf{XOR}\ A = B, \qquad C\ \mathbf{XOR}\ B = A$$

将上述原理运用于绘图时，就有 XOR 绘图模式。通过调用下面的方法

```
g.setXORMode(xorColor);
```

来选择 XOR 绘图模式。

下面的程序 XOR.java 中，分别用蓝绿红先画出 3 个填充矩形：

```
g.setColor(Color.blue);   g.fillRect(10, 10, 80, 30);
g.setColor(Color.green);  g.fillRect(50, 20, 80, 30);
g.setColor(Color.red);    g.fillRect(130,40, 80, 30);
```

在重画模式下，green 矩形部分覆盖了 blue 矩形。然后，设置 XOR 绘图模式

```
g.setXORMode(Color.green);
```

注意当前颜色是 red，所以上述语句的结果应是"green XOR red"。现在，在上述 XOR 模式下画矩形（为清晰起见，实际上画 3 个边宽为 1 像素的矩形）：

```
g.drawRect(130, 70, 80, 30);
g.drawRect(131, 71, 78, 28);
g.drawRect(132, 72, 76, 26);
```

图形显示，XOR 模式下所画的矩形框画入填充 green 矩形的部分变为红色，画入填充 red 矩形的部分变为绿色，画入黑色背景的部分的颜色就是"green XOR red"与黑色异或结果的颜色。下面是这个程序的代码。

【例 8-4】 XOR 绘图模式。

```
//XORtest.java
import java.awt.*;
import java.awt.event.*;
import javax.swing.*;
class XORPanel extends JPanel{
    XORPanel(){ setBackground(Color.black); }
    public void paintComponent(Graphics g){
        super.paintComponent(g);    g.setColor(Color.blue);
        g.fillRect(50, 50, 80, 30); g.setColor(Color.green);
        g.fillRect(90, 60, 80, 30); g.setColor(Color.red);         //current color
        g.fillRect(170, 80, 80, 30);g.setXORMode(Color.green);//green XOR red
        g.drawRect(130, 70, 80, 30);g.drawRect(131, 71, 78, 28);
        g.drawRect(132, 72, 76, 26);g.drawRect(30, 70, 80, 30);
        g.drawRect(31, 71, 78, 28); g.drawRect(32, 72, 76, 26);
        g.drawString("Hello",20,20);
    }
}
class XORFrame extends JFrame{
    public XORFrame(){
        setTitle("XOR");    setSize(300, 200);
        addWindowListener(new WindowAdapter(){
            public void windowClosing(WindowEvent e){ System.exit(0); }
        } );
        Container contentPane = getContentPane();
        contentPane.add(new XORPanel());
    }
}
public class XORtest{
    public static void main(String[] args){
        JFrame frame = new XORFrame(); frame.setVisible(true);
    }
}
```

运行程序 xortest.java 结果如图 8-5 所示。

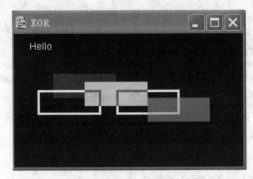

图 8-5 XOR 绘图模式示例

8.5 习题

1. 选择题

1.1 下列 Applet 方法可以返回小应用程序的 URL 是（ ）。
　　A．getCodeBase()　　　　　　B．getURL()
　　C．getURLBase()　　　　　　D．getAppletURL()

1.2 Java 的三原色是（ ）。
　　A．Red　　　　　　B．Yellow　　　　　　C．Blue
　　D．Green　　　　　E．White　　　　　　 F．Black

1.3 下列颜色不是预定义颜色的是（ ）。
　　A．Color.green　　　　　　B．Color.pink
　　C．Color.cyan　　　　　　 D．Color.purple

1.4 设置控件的背景颜色的方法是（ ）。
　　A．setBackgroundColor()　　B．setBackColor()
　　C．setColor()　　　　　　　D．setBackground()
　　E．setComponentColor()

1.5 下面颜色代表绿色的是（ ）。
　　A．new Color(55,0,0)　　　　B．new Color(0,255,0)
　　C．new Color(0,0,100)　　　 D．new Color(244,0,255)
　　E．new Color(0,0,0)

1.6 下面颜色代表灰色的是（ ）。
　　A．new Color(0,0,0)　　　　 B．new Color(10,200,100)
　　C．new Color(0,100,100)　　 D．new Color(255,255,255)
　　E．new Color(128,128,128)

1.7 声音文件使用（ ）Java 类。
　　A．Sound　　　　　　B．Audio　　　　　　C．SoundClip
　　D．AudioClip　　　　E．SoundFile　　　　F．AudioFile

1.8 对 Applet 类，能够播放一次声音文件的方法是（ ）。

A. playOnce() B. play()
C. start() D. startOnce()

1.9 能够重复播放声音文件的方法是（ ）。
A. loop() B. repeat()
C. playMany() D. startRepeat() E. playRepeat()

1.10 能够停止播放声音文件的方法是（ ）。
A. halt() B. cancel()
C. stop() D. end() E. pause()

1.11 可以装载声音文件的 Applet 方法是（ ）。
A. getAudioClip() B. loadAudioClip()
C. getAudioFile() D. getSoundFile()

1.12 声音文件能作为 URL 来引用是（ ）。
A. True B. False

1.13 现有一段程序

```
g.setColor(Color.blue);      g.fillRect(10,10,100,50);
g.setColor(Color.yellow);    g.fillRect(110,60,100,100);
g.setXORMode(Color.red);     g.fillRect(60,30,100,100);
```

在（60,30）处画出的矩形在 yellow 颜色区域部分显示的颜色是（ ）。
A. yellow B. blue C. red D. 不是 yellow，也不是 red

2. 编程题

2.1 用 Graphics 类的方法 drawArc(int top，int left，int width，int height，int startAngle，int sweepAngle)和 fillArc(int top，int left，int width，int height，int startAngle，int sweepAngle)可以绘制椭圆弧和填充椭圆弧。试编程实现如下图可在两个文本框中分别输入起始角度和扫描角度的画椭圆弧程序。如图 8-6 所示。

2.2 用 Graphics 类的方法 fillRect(int，int，int，int)绘制 10X10 红蓝相间的网格，如图 8-7 所示。

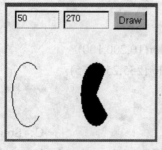

图 8-6 编程题 2.1 参考图

图 8-7 编程题 2.2 参考图

第9章 多　线　程

先从多任务谈起，**多任务**就是能同时运行两个或两个以上的程序，而且这些程序似乎在同时运行。比如，我们一边在上网浏览网页一边在听音乐。这时计算机同时完成了两个任务。注意，计算机只有一个 CPU，实际上是不能同时运行两个或两个以上程序的。计算机在完成一项任务时，CPU 还有很多时间是空闲着的。操作系统正是将 CPU 的空闲部分分配给其他程序，从而使人认为计算机是在同时完成几项任务。

多线程通过把多任务的原理用到程序的更低一层中，进一步发展了这一原理。在多线程程序中，单个程序似乎能同时执行多个任务。每个任务通常被称为一个**线程**（Thread），能同时运行一个以上线程的程序被称为**多线程程序**。

9.1　关于线程

本节将介绍**线程**（Thread）类。到目前为止，我们进行的全部程序都只有一个线程，即由 main()方法执行的主线程。但是，Java 语言支持多个线程，每个线程在同一个程序中执行自己的代码，并且每个线程"同时"运行。这称为**多线程**（multi-threading）。多线程除了有能完成多个任务的功能外，还有能够得到控制的功能。

9.1.1　不调用和调用多线程比较试验

先看下面的例 9-1，即不使用多线程和调用多线程将发生什么。

【例 9-1】　不使用多线程和调用多线程的小球运动对比试验。

```
//BounceFrame.java    使用异或模式擦除旧图
import java.awt.*;
import java.awt.event.*;
import javax.swing.*;

class BounceFrame extends JFrame implements ActionListener,Runnable{
    Thread thread;
    JPanel canvas;
    JButton startButton, threadButton, stopButton;
    boolean flag = true, first = true;
    int WIDTH = 15, HEIGHT = 15;
    int x = 0, y = 0, dx = 2, dy = 2;

    public BounceFrame(){
```

```java
        setTitle("多线程对比试验");

        addWindowListener(new WindowAdapter(){
            public void windowClosing(WindowEvent e){ System.exit(0); }
        });

        Container contentPane = getContentPane();
        canvas = new JPanel();
        canvas.setBackground(new Color(120, 220, 250));
        contentPane.add(canvas, "Center");
        JPanel p = new JPanel();
        startButton = new JButton("不用多线程");
        startButton.addActionListener(this);
        p.add(startButton);

        stopButton = new JButton("停    止");
        stopButton.addActionListener(this);
        p.add(stopButton);

        threadButton = new JButton("使用多线程");
        threadButton.addActionListener(this);
        p.add(threadButton);
        contentPane.add(p, "South");
        setSize(300, 200);
        setVisible(true);
    }

    public void actionPerformed(ActionEvent e){
        if(e.getSource() == startButton)          bounce();
        else if(e.getSource()== threadButton) start();
        else                                      stop();
    }

    public void move(boolean yn){
        Graphics g = canvas.getGraphics();

        //在红色小球上再次用异或色画小球
        g.setColor(Color.red);                              //设置当前色为红色
        g.setXORMode(canvas.getBackground());               //当前色与背景色异或
        g.fillOval(x, y, WIDTH, HEIGHT);                    //擦除小球
        if(first){
            g.fillOval(0, 0, WIDTH, HEIGHT);                //擦除第一次画的小球
            first = false;
        }
        //设置小球下一步移动的坐标
        Dimension d = canvas.getSize();
```

```
        if (x < 0){ x = 0; dx = -dx; }
        if (x + WIDTH >= d.width){ x = d.width - WIDTH; dx = -dx; }
        if (y < 0){ y = 0; dy = -dy; }
        if (y + HEIGHT >= d.height){ y = d.height - HEIGHT; dy = -dy; }
        x += dx;   y += dy;

        g.fillOval(x, y, WIDTH, HEIGHT);             //用异或色在背景上画小球
        if(yn == true){                              //当使用多线程时
           try{
              thread.sleep(10);                      //sleep 约 10ms
           }
           catch(InterruptedException e) {}                              (9.1.1)
        }
        else{                                        //当不使用多线程时
           double x = 0.371;
           for(int k = 0; k < 999999; k++)           //延迟约 10ms
              x = 4*x*(1-x);
        }
    }

    public void start(){                             //属于多线程的方法
       flag = true;
       thread = new Thread(this);
       thread.start();
    }

    public void run(){                               //属于多线程的方法
       while(flag){
          move(true);
       }
    }

    public void stop(){
        flag = false;
    }

    public void bounce(){                            //不属于多线程的方法
       int i = 0;
       while(flag && i<1000){
          move(false);   i++;
       }
    }

    public static void main(String[] args){
       new BounceFrame();
    }
}
```

运行程序界面如图 9-1 所示。单击"不用多线程"按钮，小球开始作弹射运动。在小球运动 1000 次未完成之前，即使单击"停止"按钮，小球仍在运动。这说明一个不使用多线程的程序，在程序运行过程中不能加以控制。

然后单击"使用多线程"按钮，单击"停止"按钮，小球就停止，再单击"使用多线程"按钮，小球又开始运动。总之，调用多线程后，小球的运行能得到有效的控制。下面对本程序的设计给出几点说明。

图 9-1　多线程对比试验

[编程说明]

（1）在上述程序中，bounce()和 run()方法体的代码是完全相同的。调用方法 bounce()时，单击"停止"按钮得到 flag = **false**。但其 while 循环

```
while(flag&&i<1000){
    move(); thread.sleep(10); i++;
}
```

仍在执行。

当调用方法 run()时，同样的代码能使其 while 循环停止是因为 run()属于多线程的方法，而多线程在其运行过程中是可以控制的。

（2）程序中一个值得注意之处是使用异或模式擦除旧的小球。在计算机动画中只有不断地擦除旧图，绘制新图才能使屏幕"动"起来。本例提供了异或模式作图在动画中的应用实例。

注意，JFrame 默认的背景和前景色分别是浅灰色（lightgray）和红色（red）。所以程序画图用的当前色是红色（red），而 canvas.getBackground()的结果是浅灰色（lightgray）。

在方法 move()中，下面两条语句

```
g.setColor(Color.red);
g.setXORMode(canvas.getBackground());
```

的作用是当前色 red 与背景色作异或运算，即

C = red XOR lightgray

称这个异或结果的颜色 C 为**异或色**。于是方法

```
g.fillOval(x, y, XSIZE, YSIZE);
```

用异或色 C 在颜色为 lightgray 的背景上画出的填充小球的颜色是

C XOR lightgray = red,

即画出的小球所显示的颜色是红色。

但若第 1 次调用 move()，boolean first=true 时，上面画出的红色小球通过下面的程序块

```
if(first){
```

```
                g.fillOval(0, 0, WIDTH, HEIGHT);
                first=false;
            }
```

"擦除"第 1 次画出的小球。下面解析这个"擦除"的过程。注意，上面的语句（9.1.1）是在前面画出的红色小球的上再次用异或色 C 画小球，其结果颜色是

    C XOR red = lightgray

即在红色小球上用背景色画同样大小的小球，其实际作用是在画布上"擦除红色小球"。

接下来程序代码块是小球运动的坐标算法代码。在坐标算法结束获得新的小球的坐标后，下面的语句

    g.fillOval(x, y, WIDTH, HEIGHT);

才是用异或色在背景上画小球的真正开始。这个红色小球经过延时 10 毫秒，在再次调用 move()方法时，首先通过异或方法擦除，然后进入小球运动的坐标算法代码，依此类推。

（3）小球运动算法

    dx = 2,dy = 2   //小球移动步长
    WIDTH = 15, HEIGHT = 15   //包围小球的矩形的宽度和高度
    //x, y 为包围小球的正方形的左上角坐标。

小球运动程序需要计算小球在运动中的坐标并制作动画。这两部分，分别称其为小球运动的**坐标算法**。小球运动的坐标算法的依据是小球反弹满足入射角等于反射角的原理。具体算法如下：

1）获取画布 canvas 的尺寸 d, d.width, d.height 分别为画布的宽度和高度。

2）当小球到达和超出画布的左边界时，即当 x<=0，设置小球在画布的左边界且水平运动方向取反，即

    x = 0, dx = -dx

3）当小球到达和超出画布的右边界时，即当 x+WIDTH >= d.width，设置小球在画布的右边界且水平运动方向取反，即

    x = d.width - WIDTH, dx = -dx

4）当小球到达和超出画布的上边界时，即当 y<= 0，设置小球在画布的上边界且垂直运动方向取反，即

    y = 0, dy = -dy

5）当小球到达和超出画布的下边界时，即当 y + HEIGHT >= d.height，设置小球在画布的下边界且垂直运动方向取反，即

    y = d.height - HEIGHT, dy = -dy

可以简单地总结上述算法的过程是：

画小球→延时→擦除小球→移动坐标→再画小球→延时→再擦除小球……

延时若干毫秒的作用是为了看清所画的图形。上面这个画图、擦除旧图，在新坐标处再画新图、再擦除的过程，加上延时的作用，只要移动的步长不要太大，在人的视觉中就会产生"连续移动"的动画的效果。这就是动画的基本原理。

在上面的例 9-1 中，已经初步接触了多线程。Java 多线程的基础是 3 个方法：

> start(), run(), stop()

通常，Java 的程序应有一个线程——**主线程**。但是，可以在 start()方法中启动另一个线程。这个线程要运行的代码在 run()方法之中。这表明，在这个方法中的代码将在主线程执行其他代码时自动运行。在 stop()方法中可以停止线程。

每一个线程都有一个**优先级**，在默认情况下线程的优先级为 5，用常量 **NORM_PRIORITY** 表示。最高的优先级为 10，即 **MAX_PRIORITY**，最低的优先级为 1，即 **MIN_PRIORITY**。优先级高的线程先执行，优先级低的线程后执行。当线程中运行的代码创建一个新线程对象时，这个新线程拥有与创建它的线程一样的优先级。

线程可以设置为**守护线程**（daemon thread）。所谓守护线程就是为其他线程服务的线程。比如，下面的计时器线程被设置为守护线程：

```
class timer extends Thread{
    public timer(int i, TimerListener t){
        target = t;
        interval = i;
        setDaemon(true);    //设置守护线程
    }
    ......
}
```

其中语句

> setDaemon(true);

将计时器线程设置为守护线程。当程序中只有守护线程时，它就会停止，因为剩余的线程都是守护线程，再继续运行这个守护线程就没有意义了。当 Java 虚拟机启动时，通常至少有一个非 daemon 线程。Java 虚拟机将持续地运行该线程直到发生下列情况之一：

- 调用 Runtime 库的 exit()方法，并且，安全管理器允许执行 exit 操作。
- 所有的线程都不是守护线程并已终止。
- 从调用的 run()方法返回。
- 在 run()方法中抛出异常。

9.1.2 线程的状态

每个 Java 程序都有一个默认的主线程。对于独立应用程序，主线程是 main()方法执行的线程。对于 Applet，主线程指挥浏览器加载并执行 Applet。要实现多线程，必须在主线程中创建新的线程对象。一个线程有自己的完整的生命周期，通常要经历新生、就绪、运行、阻塞和死亡五种状态。线程的行为完全依赖于线程所处的状态。

1．新生状态，即 New 状态

当用 new 关键词和线程类的构造方法创建了一个线程对象，但未调用 start()方法时，线程处于 new 新生状态。此时，它已经有了相应的内存空间，并已被初始化。

2．就绪状态，即 Runnable 状态

对于新创建的线程，调用 start()方法后，会自动调用 run()方法。这时，线程进入 Runnable 状态。这时线程具备了运行的条件，但尚未分配到 CPU 资源，因此它进入线程队列按线程的"优先"级别排队，等待系统为它分配 CPU。

3．运行状态，即 Running 状态

一旦线程获得了 CPU 资源，该线程才进入运行状态。这时，线程执行自己 run()方法中代码。直到有其他命令终止 run()方法的执行。

4．阻塞状态，即 Not Running 状态

由于某些原因，线程被临时暂停，则进入 Not Running 状态。处于这种状态的线程对于用户而言仍然有效，仍然可以重新进入 Runnable 状态。以下几种事件会造成线程被临时暂停：

- 调用 sleep()方法。
- 调用 wait()方法。
- 线程由于 I/O 而阻塞（block）。

以下事件会让线程重新进入 Runnable 状态：

- 当线程 sleep 或 sleep()方法所指定的时间已过去。
- 如果线程处于等待（waiting），拥有条件变量的对象调用了 notify()或 notifyAll()方法。
- 如果线程由于 I/O 而阻塞，I/O 操作完成。

5．死亡状态，即 Dead 状态

当线程不再需要时，则进入"dead"状态。死亡的线程不能再恢复和执行。让线程进入 Dead 状态可以有以下两种方法：

1）用 run()方法执行结束。
2）调用 stop()方法（Java2 已不鼓励使用）。

第一种方法是线程死亡最普通的方式。当 run()方法运行结束引起线程的自然死亡，调用 stop()方法，是以异步的方式杀死线程。

9.1.3 与线程有关的类

Java 通过一个接口和少数的类提供了对线程的支持。这些接口和类分别是：Runnable，Thread，ThreadDeath，ThreadGroup，Object。

1. Runnable 接口

Java 不支持多重继承，所以，如果一个类已经从其他类派生而来，那么，它只能使用 Runnable 接口使其支持线程。

2. Thread 类

Thread 类是向其他类提供线程功能的最主要的类。为了给一个类增加线程功能，可以简单地从 Thread 类派生出一个类，并创建 run() 方法。Run() 方法是线程发生的主体，它常常被称为**线程体**。线程类的主要方法如表 9-1 所示。

表 9-1 Thread 类的主要方法

方　法	说　明
currentThread()	返回对当前执行线程对象的引用
destroy()	销毁线程，不作任何清理
getName()	获取并返回线程的名字
getPriority()	获取并返回线程的优先级
getThreadGroup()	获取并返回线程的组
join()	等待线程进入死亡状态。一直等待，直到线程死亡
run()	定义线程体。一旦线程被启动，就开始执行这个方法
setDeamon(boolean)	设置线程为"守护线程"
setName(String)	设置线程名字
setPriority(int)	设置线程的优先级
sleep(long mills)	当前线程睡眠 mills 毫秒
sleep(long mills,int nanos)	当前线程睡眠 mills 毫秒加 nanos 纳秒（毫微秒）
start()	启动线程
Thread()	构造一个新线程 Thread()
Thread(String)	用给定的名称构造新线程
Thread(ThreadGroup,String)	在线程组中构造新线程。
Thread(ThreadGroup,Runnable)	用小程序 run() 方法指定的线程组构造新线程

3．ThreadDeath 类

从类结构上，ThreadDeath 类是 java 的错误类（Error）的子类，而不是异常类（Exception）的子类。ThreadDeath 类提供了一种机制，它允许清理被异步中断的线程，称其为错误类是因为它是从 Error 类派生而来，提供对错误的报告和处理。当线程调用 stop() 方法时，ThreadDeath 实体被垂死的线程当作一个错误抛出。如果需要对异步中断执行特定的清理，可以捕获 ThreadDeath 对象。若捕获了该对象，必须再次抛出它，以便线程真正死掉。

4．ThreadGroup 类

ThreadGroup 类常常用于管理一组线程。一组线程可以用一个线程组来代表。线程组中还可以包含其他的线程组。线程组仅仅允许本组内的线程访问有关线程组的信息。

ThreadGroup 类的构造方法为

```
public ThreadGroup(String name)
public ThreadGroup(ThreadGroup parent, String name)
```

其中 name 为新线程组的名字，parent 为父线程组。

ThreadGroup 类的主要方法如表 9-2 所示。

表 9-2　ThreadGroup 类的主要方法

方法	功能
String getName()	获取线程组的名字
int getMaxPriority()	获取线程组的最大优先级
int setMaxPriority(int pri)	设置线程组的最大优先级，pri 为最大优先级
int activeCount()	获取线程组中活动线程的个数
void interrupt()	中断线程组中所有线程的运行
void add(Thread t)	在线程组中增加线程
void remove(Thread t)	在线程组中移走线程
void list()	打印线程组的信息到标准输出。常在调试中使用

5．关于 Object 类

Object 类虽然不是一个严格的线程支持类，但是它提供了三种方法，对 Java 线程的结构至关重要。这些方法是：

```
public final native void notify()           通知等待的线程继续执行
public final native void notifyAll()        通知所有等待的线程继续执行
public final void wait(long timeout) throws InterruptedException   等待 timeout 毫秒
public final void wait() throws InterruptedException   让线程等待，直到通知它继续。
```

下面是一个简单的多线程程序，实现一个简单的时钟。

【例 9-2】　简单多线程举例。

```java
//Clock.java
import java.awt.*;
import javax.swing.*;
import java.util.Calendar;
/*
 <html>
    <applet code = "Clock.class" width = 300 height = 70>
    </applet>
 </html>
*/
public class Clock extends JApplet implements Runnable{
  Thread timer;
  Font font = new Font("Monospaced",Font.BOLD,64);
  int hour, minute, second;

  public void init(){
    timer = new Thread(this);
    timer.start();
  }

  public void run(){
    while(true){
```

```
            Calendar time = Calendar.getInstance();
            hour    = time.get(Calendar.HOUR);
            minute = time.get(Calendar.MINUTE);
            second = time.get(Calendar.SECOND);
            try{ timer.sleep(200); }                      //延时 200ms
            catch(InterruptedException e){}
            repaint();
        }
    }

    //计算时间函数，返回时间字符串
    private String setTime(){
        String time = String.valueOf(hour)+":";
        if(minute/10 == 0)
           time = time+0+String.valueOf(minute)+":";
        else
           time = time+String.valueOf(minute)+":";

        if(second/10 == 0)
           time = time+0+String.valueOf(second);
        else
           time = time+String.valueOf(second);
        return time;
    }

    public void paint(Graphics g){
        g.setFont(font);                                  //设置字体
        g.setColor(new Color(0, 0, 255));                 //设置文字颜色
        g.clearRect(0,0,300,70);                          //清屏
        g.drawString(setTime(), 5, 60);                   //显示文字
    }
}
```

运行程序结果如图 9-2 所示。

9.2 创建线程

在 Java 中，有两种方法创建线程：

1）扩展线程类，用 extends Thread。

2）利用 Runnable 接口，通过 implements Runnable。

图 9-2 时钟

9.2.1 扩展线程类

如果设计的多线程程序不需要继承其他类，就可以将程序的类设计成继承 Thread 类。下面的类 printingThread 直接继承了 Thread 类。

【例 9-3】 从 Thread 类派生线程举例。

```java
//Threads.java
import javax.swing.*;
import java.awt.*;
import java.awt.event.*;
/*
 *<html>
 *    <applet code="Threads.class" width=200 height=80>
 *    </applet>
 *</html>
 */
public class Threads extends JApplet implements ActionListener{
    JButton button1,button2;
    printingThread Thread1;

    public void init(){
        JPanel pan = new JPanel();
        button1=new JButton("Start thread");
        pan.add(button1);
        button1.addActionListener(this);
        button2=new JButton("Stop thread");
        pan.add(button2);
        add(pan);
        button2.addActionListener(this);
        Thread1=new printingThread();
    }

    public void actionPerformed(ActionEvent e){
        if(e.getSource()==button1){
            Thread1.start();
        }
        if(e.getSource()==button2){
            Thread1.animateFlag=false;
        }
    }
}

class printingThread extends Thread{
    boolean animateFlag=true;
    public void run(){
        int i=0;
        while(animateFlag){
            System.out.println("Hello from Java"+i);
            i++;
```

```
            }
        }
    }
```

运行结果是，在 DOS 屏幕上不停地打印 "Hello from Java i"，i 在不断地增加，直到线程停止。如图 9-3 所示。

图 9-3　例 9-3 运行结果

9.2.2　利用 Runnable 接口

直接继承 Thread 类的多线程程序比较少。通常还需要继承其他类，比如，继承 Applet，由于 Java 不允许多继承，所以可以通过实现 Runnable 接口设计多线程程序。

【例 9-4】　从两个方向切换图像。

```
//ImageSlide.java
import java.awt.*;
import javax.swing.*;
import java.awt.event.*;
/*
 <HTML>
    <APPLET CODE = "ImageSlide.class" WIDTH = 400 HEIGHT = 250>
    </APPLET>
 </HTML>
*/
public class ImageSlide extends JApplet implements Runnable, MouseListener{
    Thread thread = null;
    Image imageOne, imageTwo,                    //定义图像对象
          offScreenImage;                        //定义图像空对象
    Graphics offScreen;                          //定义图形空对象
    int Width, Height;                           //图像宽和高
    int whichImage = 0;                          //图像编号
    int slideStyle = -1;                         //0,1 分别表示左方和右下方切入
    boolean goFlag = true;                       //run 标志
    boolean bMouseClicked = false;               //鼠标单击标志

    public void init(){
        imageOne = loadingImage("lion.jpg");
        imageTwo = loadingImage("tiger.jpg");
        Width    = imageOne.getWidth(this);      //获取图像宽度
```

```java
    Height     = imageOne.getHeight(this);              //获取图像高度
    offScreenImage = createImage(Width, Height);        //双缓冲技术，空图像
    offScreen      = offScreenImage.getGraphics();      //空图形
    this.addMouseListener(this);
    offScreen.drawImage(imageOne,0,0,this);             //在空图形对象中作图 One
    repaint();
}

public Image loadingImage(String imageFile){
    Image image;
    MediaTracker mediaTracker = new MediaTracker(this);

     image = getImage(getCodeBase(),imageFile);
    mediaTracker.addImage(image,0);
    try {
       mediaTracker.waitForID(0);
    }
    catch(InterruptedException e){}
    return (image);
}

public void paint(Graphics g){                          //覆盖 paint()方法
    if(!bMouseClicked){
       g.setColor(Color.blue);
       g.drawImage(offScreenImage, 15, 0, this);
       g.drawString("鼠标单击实现动画", 150, 50);
    }
    else{
       int w = Width, h = Height;
       Image image = (whichImage==0?imageOne:imageTwo);

       switch(slideStyle){
          case 0:                                       //从左方切入
            for(int x = -w+10; x < 5; x += 10){
               offScreen.drawImage(image, x, 0, this);
               g.drawImage(offScreenImage, 15, 0, Width, Height, this);
               delay(20);
             ,}
             break;
          case 1:                                       //从右下切入
            for(float x=w,y=h; (x>-1&&y>-1); x-=w/32.0f,y-=8){
               offScreen.drawImage(image, (int)x, (int)y,this);
               g.drawImage(offScreenImage, 15, 0, Width, Height, this);
               delay(20);
            }
            break;
```

```java
            }
        }
    }

    public void run(){
        while(goFlag){
            try{
                Thread.sleep(50);
            }
            catch(InterruptedException e){
                goFlag = false;
            }
        }
    }

    public void delay(int milliSeconds){
        try{
            thread.sleep(milliSeconds);
        }
        catch(InterruptedException e){}
    }

    public void start(){
        if(thread == null){
            thread = new Thread(this);
            thread.start();
        }
    }

    public void mouseClicked(MouseEvent evt){
        bMouseClicked = true;
        if(evt.getModifiers()== MouseEvent.BUTTON1_MASK){
            whichImage ^= 1;
            slideStyle++;
            slideStyle = (slideStyle == 2)?0:slideStyle;    //仅设计两种方式
            repaint(15, 0, Width, Height);                  //调用 paint()
        }
    }

    public void mouseEntered (MouseEvent evt){}
    public void mouseExited   (MouseEvent evt){}
    public void mousePressed (MouseEvent evt){}
    public void mouseReleased(MouseEvent evt){}
}
```

程序运行结果如图 9-4 所示，是狮子图正从右下方切入时的情形。

[编程说明]

1）关于 MediaTracker 类。在调用 Image loading Image(String imageFile)中使用了 MediaTracker 类。注意到 loadingImage()返回图像对象，从而可以取得图像的宽度和高度。

```
Width = imageOne.getWidth(this);
                    //获取图像宽度
Height = imageOne.getHeight(this);
                    //获取图像高度
```

为什么不用 Image 类简便的方法 getWidth()，getHeight()取得图像的宽度和高度呢？比如

图 9-4　切换图像

```
imageOne = getImage(getCodeBase(),"lion.jpg");
Width  = imageOne.getWidth(this);          //获取图像宽度
Height = imageOne.getHeight(this);         //获取图像高度
```

读者不妨试验。用此方法，将在方法 createImage(Width,Height)中产生异常，将得到 Width=-1,Height=-1。这表明从 imageOne 中取不到 Width 和 Height。为此，本程序在 loadingImage()方法中，使用了 MediaTracker 类的方法 addImage(image,0)给 image 添加标识号 0 和方法 waitForID(0)等待标识为 0 的图像完全加载后，才取其宽度和高度。这样就避免了上面取不到 Width 和 Height 情形。

2）图像"步进"切入的算法其实是简单的。比如，程序中有如下一段

```
for(int x=-w+10;x<5;x+=10){
    offScreen.drawImage(image,x,0,this);
    g.drawImage(offScreenImage,15,0,Width,Height,this);
    delay(20);                                    //停止 20ms
}
```

通过坐标 x+=10 的增加，方法 drawImage(image,x,0,this)在屏幕外画"图"的 x 坐标增加了 10 个像素，而 y 坐标不变。这就是水平从左到右的步进切入。其他方向的切入算法与之类似。

9.3　线程同步

在大多数实用多线程应用程序中，两个或两个以上的线程需要共享相同的对象。假设两个线程共享同一对象，且每一个线程都调用了能改变它状态的方法，会产生什么结果呢？结果正如所料，它们会互相破坏对方的执行。从而使程序得到错误的结果，这就产生了线程的"同步"问题。

9.3.1　线程不同步产生的问题

本节将介绍不使用同步化机制所产生的问题。下一节将介绍如何同步地访问对象。

在下面的试验程序中，模拟了一个有 10 个账户的银行。银行随机地在这 10 个账户间进行现金交易。本程序设计两个类 Bank 和 Customer，共有 10 个线程。一个线程对应一个账户。每次交易将把一笔随机数量的现金从一个账户转移到另一个随机产生的账户。我们用 Bank 类的 transfer()方法来实现现金交易。它把一定数量的现金从一个账户转移到另一个账户。如果源账户中没有足够现金，那么 transfer()方法将直接返回，不执行任何交易。Bank 类的 transfer()方法的源代码如下所示：

```
public void transfer(int from,int into,int amount){
    //警告：多个线程同时调用本方法不安全
    if((accounts[from]>=amount)&&(from!=into)){
        int newAmountFrom=accounts[from]-amount;
        int newAmountTo=accounts[into]+amount;
        wasteSomeTime();
        accounts[from]=newAmountFrom;
        accounts[into]=newAmountTo;
    }
    status.setText("Transfers completed: "+counter++);
}
```

在 Customer 类中，run()方法不断地从一个指定的银行账户取出一定数量的现金。在每个循环中，run()方法首先随机地选取一个目标账户和产生不超过$1000 的随机数量的交易现金，接着调用 Bank 类对象的 transfer()方法来进行现金转移。

```
public void run(){
    while(running){
        int into=(int)(bank.NUM_ACCOUNTS*Math.random());
        int amount=(int)(1000*Math.random());
        bank.transfer(id,into,amount);
        yield();
    }
}
```

在这个模拟程序运行过程中，我们不知道任何一个账户在某一时刻的现金数量，但是我们知道这 10 个账户的现金总额应保持不变，因为我们只是把一定数量的现金从一个账户转移到另一个账户，而没有取走。如图 9-5 所示，10 个账户 Account0～Account9，每个账户都有$100000，总金额 Total Amount 为$1000000。但是当单击"Restart"按钮，开始进行交易 121 次，单击"Stop"按钮后，显示的总金额 Total Amount 是$984851。总金额 Total Amount 小于$1000000，出现了错误。总金额怎么会少了呢？少了钱哪里去了？请读者思考。

图 9-5　10 个账户的初始状态

下面的程序例 9-5 给出了这个程序的全部源代码，仔细研究一下其代码，找出代码中的问题。

【例 9-5】 线程不同步产生的错误。

```java
//Bank.java
import java.awt.*;
import java.awt.event.*;
public class Bank extends Frame implements ActionListener{
    protected final static int NUM_ACCOUNTS=10;
    private final static int WASTE_TIME=1000;
    // private final static int WASTE_TIME=1;
    private int accounts[]=new int[NUM_ACCOUNTS];
    private Customer customer[]=new Customer[NUM_ACCOUNTS];
    private int counter=0;
    private Label status=new Label("Transfers Completed: 0");
    private TextArea display=new TextArea();
    private Button show=new Button("Show Accounts");
    private Button start=new Button("Restart");
    private Button stop=new Button("Stop");

    public Bank(){
        super("Mystery   Money");
        Panel buttons=new Panel();
        buttons.setLayout(new FlowLayout());
        buttons.add(show);show.addActionListener(this);
        buttons.add(start);start.addActionListener(this);
        buttons.add(stop);stop.addActionListener(this);
        setLayout(new BorderLayout());
        add("North",status); add("South",buttons);add("Center",display);

        for(int i=0;i<accounts.length;i++)   accounts[i]=100000;
        start();    validate(); setSize(300,300); setVisible(true);
        addWindowListener(new WindowAdapter(){
            public void windowClosing(WindowEvent we){System.exit(0);}
        });
    }
    public void transfer(int from,int into,int amount){
    // public synchronized void transfer(int from,int into,int amount){
    //警告：多个线程同时调用本方法不安全
        if((accounts[from]>=amount)&&(from!=into)){
            int newAmountFrom=accounts[from]-amount;
            int newAmountTo=accounts[into]+amount;
            wasteSomeTime();   accounts[from]=newAmountFrom;
            accounts[into]=newAmountTo;
        }
        status.setText("Transfers completed: "+counter++);
```

```java
    }
    private void start(){
        stop();
        for(int i=0;i<accounts.length;i++)
            customer[i]=new Customer(i,this);
    }
    private void stop(){
        for(int i=0;i<accounts.length;i++)
            if(customer[i]!=null)   customer[i].halt();
    }
    private void wasteSomeTime(){
        try{
            Thread.sleep(WASTE_TIME);
        }
        catch(InterruptedException ie){
            System.err.println("Error: "+ie);
        }
    }
    private void showAccounts(){
        int sum=0;
        for(int i=0;i<accounts.length;i++){
            sum+=accounts[i];
            display.append("\nAccount "+i+":$"+accounts[i]);
        }
        display.append("\nTotal Amount: $"+sum);
        display.append("\nTotal Transfers: "+counter+"\n");
    }
    public void actionPerformed(ActionEvent ae){
        if(ae.getSource()==show)           showAccounts();
        else if(ae.getSource()==start) start();
        else if(ae.getSource()==stop)   stop();
    }
    public static void main(String args[]){
        Bank bank=new Bank();   bank.stop();   bank.showAccounts();
    }
}
```

上述程序还需要 Customer 类，放在另一个文件 Customer.java 中。

```java
//Customer.java
public class Customer extends Thread{
    private Bank bank =null;
    private int id=-1;
    private boolean running=false;
    public Customer(int _id,Bank _bank){
        bank=_bank;   id=_id;      start();
    }
```

```
    public void start(){
       running =true;    super.start();
    }
    public void halt(){    running=false;    }
    public void run(){
       while(running){
          int into=(int)(bank.NUM_ACCOUNTS*Math.random());
          int amount=(int)(1000*Math.random());
          bank.transfer(id,into,amount);
          yield();
       }
    }
}
```

运行程序，将产生如图 9-6 和图 9-7 所示的结果。这表明多线程程序在某些情况下，不使用同步会产生严重错误。出现错误的原因是在交易线程 from 与 into 之间，插进了其他线程的交易，从而进与出不同步。读者不妨将方法 transfer(int from,int into,int amount)中"先减后加"改为"先加后减"，其交易结果，总金额会多出钱来。其解决的办法就是让 Java 的线程同步执行。

图 9-6　总金额出现错误一

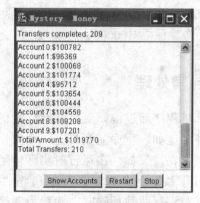

图 9-7　总金额出现错误二

9.3.2　同步线程

同步线程就是让多个线程协调地工作。线程的同步保护了共享的数据，使线程的控制和切换能同步执行。

Java 的多线程机制提供了关键词 **synchronized** 来声明同步方法。一个类中的任何方法都可声明为 **synchronized**。当某对象用 **synchronized** 修饰时，表明该对象在同一时刻只能由一个线程访问。当一个线程进入声明为 **synchronized** 的方法后，就能保证在任何其他线程访问这个方法之前完成自己各条命令的执行。换言之，如果某一线程试图访问一个已经启动的 **synchronized** 方法，则这个线程必须等待，直到已启动的线程执行完毕。

声明 synchronized 方法的一般格式是：

[modifier] synchronized returnType methodName([parameterList]) {/*method body*/}

关键词 **synchronized** 除了可以放在方法前声明整个方法为同步方法外，还可以放在一段代码的前面限制它的执行。比如：

> [modifier] returnType methodName([parameterList]) **synchronized**（this）{/*some codes*/}

如果将 **synchronized** 用于类声明，则表明该类中的所有方法都是 **synchronized** 的。

现在，要将例 9-6 中的方法 void transfer(int from,int into,int amount) 声明为 **synchronized**。只要将程序中两行

> public void transfer(int from,int into,int amount){
> // public **synchronized** void transfer(int from,int into,int amount){

的注释对换，即

> //public void transfer(int from,int into,int amount){
> public **synchronized** void transfer(int from,int into,int amount){

即可。若要加快交易的速度，可对换语句

> private final static int WASTE_TIME=1000;
> // private final static int WASTE_TIME=1;

的注释即可。修改后的同步线程，运行结果如图 9-8 所示，其总金额保持$1000000 不变。

9.4 异常处理

计算机程序通过编译后，在运行时仍然可能出现一些**意外**。比如，程序需要打开一个文件，但发现这个文件不存在。又如，在运行时实际使用的数组元素个数超过了数组的长度，发生了所谓"越界"的意外。还有在进行两数相除时，除数为零等。总之，计算机程序在运行时出现意外是难以避免的。在不支持意外处理的语言中，对意外必须进行手工的检查和处

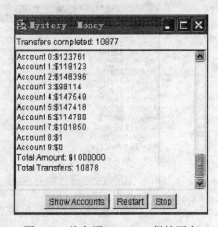

图 9-8 总金额$1000000 保持不变

理。Java 的意外处理机制避免了这些问题，在处理过程中将运行时发生意外的管理带进了面向对象的领域。

Java 将运行中可能遇到的意外分为两大类。一类是**非致命性**的，通过某种修正后程序还能继续执行，这类意外称作**异常**（Exception）。另一类**致命性**的，即程序遇到了严重的不正常状态，不能简单地恢复执行，这就是**错误**（Error）。比如程序运行过程中内存耗尽，不能恢复执行。

Java 设立异常处理机制的好处就是能够智能化地处理异常，不会导致系统崩溃或数据丢失。当发生意外的时候，不用检查一个特定的意外，然后在程序的多处地方对其进行控制；也不需要在方法调用的时候进行检查，只需要在"异常控制模块"中处理这些异常。Java 这样处理可有效地减少代码量，并将那些用于描述具体操作的代码与可能发生异常的

代码分开。于是，程序代码就变得更有条理。

例 9-2 程序 Clock.java 中，使用了"try-catch"异常处理机制

```
try{ timer.sleep(200); }                    //延时 200ms
catch(InterruptedException e){}
```

下面学习有关 Java 的异常处理机制。

9.4.1 Java 异常处理机制

Java 提供了异常处理机制，在 Exception 类中定义了程序产生异常的条件。Java 对待异常通常并不是简单地结束程序，而是执行某段特殊代码处理这个异常，设法恢复程序继续执行。但是如果程序遇到错误时，往往不能从中恢复，因此最好的办法是让程序中断执行。由此可知，Java 对意外的处理主要是处理异常，所以，Java 的意外处理机制实际上是指异常处理机制。为此，本书与一些 Java 著作一样，有时将这两者"混为一谈"。

当程序中发生异常时，称程序产生了一个**异常事件**，相应地生成**异常对象**。该对象可能由正在运行的方法生成，也可能由 JVM 生成。异常对象中包含了必要的信息，包括所发生异常事件的类型及异常发生时程序的运行状态。异常产生和提交的这一过程称为**抛出**。异常发生时，Java 运行时系统从生成异常对象的代码块开始，沿方法的调用者逐层回溯，寻找相应的处理代码，并把异常对象交给该方法处理，这一过程称为**捕获**。具体过程是：当程序运行中一个方法发生了意外，如果它不具备处理这个意外的能力，它就抛出这个异常，希望它的调用者能够捕获这个异常并进行处理。如果调用者也不能处理这个异常，那么，这个异常还将继续被传递给更高一级调用者去处理。这种传递会一直继续到异常被处理为止。如果程序始终没有处理这个异常，最终它被传递到运行时系统。运行时系统捕获这个异常后通常只是简单地终止这个程序，输出异常信息。

简而言之，发现异常的代码可以"抛出"一个异常，它的"上级"可以"捕获"该异常进行处理，如果可能则恢复它。Java 所有的包中都定义了异常类和错误类。Exception 类是所有异常类的父类，Error 类是所有错误类的父类，这两个类同时又是**意外类** Throwable 的子类。

9.4.2 异常的处理

一般地，当发生异常时程序中断执行，并输出一条信息，对所发生的异常进行的处理就是**异常处理**。异常处理的重要性在于，程序不但能发现异常，还要捕获异常，然后继续程序的执行。

Java 通过 **try-catch[-finally]** 程序结构来完成发现、捕获和处理异常的。语法格式如下：

```
try{
    [写入可能抛出异常的代码]
}
catch (ExceptionType1 e){
    [抛出 ExceptionTyp1 类异常时，要执行的代码]
}
```

```
catch (ExceptionType2 e){
    [抛出 ExceptionType2 类异常时,要执行的代码]
}
...
catch (ExceptionTypeK e){
    [抛出 ExceptionType2 类异常时,要执行的代码]
}
finally {
    [必须执行的代码]
}
```

其中:
- try{}语句块用于写入可能抛出异常的代码段。
- catch{}语句块可以有多句,写入要捕获异常的类型及其相应的处理代码。
- finally{}语句块可以省略,在其中写入必须执行的语句。
- 在 try{}语句块后至少带有 catch{}语句块或者 finally{}语句块。

Java 在 try 语句块中抛出异常,根据发生异常所属的类,找到对应的 catch 块,然后执行块中的语句。不论是否捕获到异常,总要执行 finally 块的语句。一般地,为了统一处理程序出口,可将需公共处理的内容放到 finally 块的代码段中。

9.4.3 MediaTracker 类和异常处理应用

例 9-6 程序中,在 MediaTracker 类的 waitFor()方法中使用了异常处理模块,在其 HTML 文件中,多处向 Java 程序输入各种参数。

【例 9-6】 简单文字动画,漂浮的字符串。从 HTML 文件向 Applet 输入参数举例二。

```java
//flying.java
import java.awt.*;
import java.awt.event.*;
import javax.swing.*;

public class flying extends JApplet implements ActionListener{
    int yStep = 0,                              //字符串 inputText 漂移的步长
        xPos  = 0, yPos  = 0,                   //字符串 inputText 的坐标
        textW = 0;                              //字符串 inputText 的宽度
    Image offScreen,image;
    Font font;
    MediaTracker mt;
    String inputText;

    public void init() {
        offScreen = createImage(getWidth(), getHeight());
        Timer tr = new Timer(50,this);          //设置时间触发器
        tr.start();

        inputText = getParameter("text");       //获取 text 的参数值
```

```java
    if(inputText == null) {
        inputText = "Hello! World!";
    }
    font = new Font("Helvetica", 2, 25);
    FontMetrics fontmetrics = getFontMetrics(font);
    textW = fontmetrics.stringWidth(inputText);

    mt = new MediaTracker(this);
    image=getImage(getDocumentBase(), getParameter("bkimage"));
    mt.addImage(image, 0);
    try {
        mt.waitForID(0);
    }
    catch(InterruptedException ie) {
        return;
    }
}

public void run() {
    setcoord();
    repaint();
}

public void setcoord(){
    xPos = xPos + 2;
    yPos = yPos + yStep;
    if(xPos > 500){
        xPos = -textW;
    }
    if(yPos > 50){
        yStep = -1;
    }
    if(yPos < 20){
        yStep = 1;
    }
}
//画屏函数
public void paint(Graphics g) {
    Graphics offG=offScreen.getGraphics();
    offG.drawImage(image, 0, 0, this);              //画背景图
    offG.setColor(Color.red);                        //画字符串
    offG.setFont(font);
    offG.drawString(inputText, xPos, yPos);
    g.drawImage(offScreen, 0, 0, null);              //一次性画出图像
}
//更新屏幕函数
```

```
    public void update(Graphics g) {
       paint(g);
    }

    public void actionPerformed(ActionEvent e){
       run();
    }
}
```

相应的 HTML 文件如下：

```
<HTML><BODY>
<HEAD><TITLE>漂浮举例</TITLE></HEAD>
I am Flying...
<HR WIDTH=500 ALIGN=LEFT SIZE=3 COLOR=RED>
<applet code=flying2.class width=500 height=250>
    <param name="bkimage" value="PIC5.jpg">
    <param name="text" value="I am flying...">
</applet>
</BODY>
</HTML>
```

程序运行结果如图 9-9 所示。字符串"I am Flying..."通过参数由 HTML 文件输入，它在背景图像上漂浮，属于比较简单的文字动画。

图 9-9　漂浮举例

1．字符串漂浮算法

记字符串坐标为(xPos, yPos)，字符串宽度为 textW，垂直方向移动步长为 yStep。字符串漂浮的设计思想如下：

字符串在水平方向从左边移动到右边,并同时在上方 20 像素,下方为 50 像素的区域内上下浮动。当整个字符串消失在 Applet 的右边界时,字符串从 Applet 的左边界重新开始漂浮。

根据上述思想,可以设计算法如下:

1)设计水平移动步长固定为 2(像素),垂直移动步长当向下移动时 yStep = 1,当向上移动时 yStep = -1。

2)当 xPos > 500 时,设置 xPos = -textW,即字符串右边框的水平坐标等于 0。

上述字符串漂浮算法在 setcoord()中实现。

2. MediaTracker 类

当图像来自速度较慢的网络连接时,可以用 MediaTracker 类对图像的载入情况进行跟踪。方法的主要思想是给每个图像赋于唯一的 ID 号。当启动图像跟踪后,可以通过 waitForID()方法等待图像加载完毕,相应代码如下:

```
MediaTracker mt = new MediaTracker(this);
Image image=getImage(name);
mt.addImage(image, id);
```

其中,name 为需要跟踪的图像,id 为图像的编号。在一个媒体跟踪器内可添加任意多幅图像,每幅图像都有唯一的 ID 号。启动图像跟踪器后,可以通过 waitForID()方法等待图像加载完毕,代码如下:

```
try {
   mt.waitForID(id);
}
catch(InterruptedException e) { }
```

该代码一直处于等待状态,直到图像加载完毕才继续后面代码。其中方法 waitForID()可能产生 InterruptedException 类异常,必须放在 try-catch 代码块中。

若要等待所有的图像加载完毕,可使用以下代码块:

```
try {
   mt.waitForIDAll();
}
catch(InterruptedException e) { }
```

9.5 习题

1. 选择题

1.1 Thread 类中实现线程终止操作的方法是(   )。
    A. destroy()　　　　B. stop()　　　　C. end()　　　　D. suspend()

1.2 处理线程间通信等待和通知的方法是(   )。
    A. wait()和 notify()　　　　　　　　B. start()和 stop()
    C. run()和 stop()　　　　　　　　　D. wait()和 suspend()

1.3 在下列方法中,用于调度线程使其运行的是（ ）。
    A．init()   B．start()   C．run()
    D．resume()   E．sleep()

1.4 下面的类

```
class X implements Runnable{
    public void run(Runnable r){}
}
```

在编译中会不会出错（ ）。
    A．不会出错   B．会出错

2．编程题

2.1 试用线程的方法编写一个读写文件的应用程序,允许多个读者同时读文件,仅允许一个读者写文件。

2.2 试用线程的方法编写两个 5×5 矩阵相乘的计算程序,用 5 个线程完成结果矩阵每一行的计算。

2.3 改写例 9-4 的程序 ImageSlide.java,使图像能从上、下、左、右、左上、右下、右上、左下共 8 个方向切入。

2.4 编写一个电子时钟程序。

2.5 试用多线程模拟银行业务过程。银行处理业务的过程是:设置有几个柜台,顾客排队先来先接受服务。在程序中生成几个线程模拟银行柜台,来的顾客则进入到一个队列中,然后由几个线程进行处理。

第 10 章 JDBC 与数据库

数据库是指长期存储在计算机内的、有组织的、可共享的数据集合。在当今这个信息爆炸的时代，数据库可以说是"无处不在"。无论在现实世界中还是在计算机领域里，如何将数以万计的数据高效地存储并方便取用，一直是一个重要的研究课题。在这方面，数据库管理技术可以说是目前公认的最有效的工具。从 20 世纪 60 年代中期数据库技术产生到现在四十多年的历史，已经造就了 C.W.Bachman、E.F.Codd 和 James Gray 三位图灵奖获得者，这足以说明数据库技术的重要性及价值所在。

关系型数据库使用被称为第四代语言（4GL）的 SQL 语言对数据库进行定义、操纵、控制和查询。Java 程序与数据库的连接是通过 JDBC（Java Data Base Connectivity）来实现的。本章将简要介绍数据库的基本概念和 SQL 语言，进而讲述如何在 Java 程序中连接数据库、存取数据库中的数据。

10.1 关系数据库与 SQL 语言

SQL（Structured Query Language）意思是结构化查询语言。SQL 语言作为关系型数据库管理系统的标准语言，其主要功能是同各种数据库建立联系并进行操作。SQL 最初是由 IBM 公司提出的，其主要功能是对 IBM 自行开发的关系型数据库进行操作。由于 SQL 语言结构性好，易学且功能完善，于是 1987 年美国国家标准局（ANSI）和国际标准化组织（ISO）以 IBM 的 SQL 语言为蓝本，制定并公布了 SQL-89 标准。此后，ANSI 不断改进和完善 SQL 标准，于 1992 年又公布了 SQL-92 标准。虽然目前数据库的种类繁多，如 SQL Server、Access、Visual FoxPro、Oracle、Sybase 和 MySQL 等，并且不同的数据库有着不同的结构和数据存放方式，但是它们基本上都支持 SQL 语言标准。可以通过 SQL 语言来存取和操作不同数据库的数据。

10.1.1 关系数据库的基本概念

数据库技术是计算机科学与技术领域的一个重要分支，其理论和概念比较复杂。这里简要地介绍一下本章涉及的有关数据库的概念。首先，顾名思义，**数据库**（Data Base）是存储数据的仓库，用专业术语来解释就是指长期存储在计算机内的、有组织的、可共享的数据集合。在**关系型数据库**中，数据以记录（Record）和字段（Field）的形式存储在**数据表**（Table）中。若干个数据表又构成一个数据库。数据表是关系数据库的一种基本数据结构。如图 10-1 所示，数据表在概念上很像我们日常所使用的二维表格（关系代数中称为关系）。数据表中的一行称为一条**记录**，一列称为一个**字段**，字段有**字段名**与**字段值**之分。字段名是表的结构部分，由它确定该列的名称、数据类型和限制条件。字段值是该列中的一个具体值,它与第 2 章介绍的变量名与变量值的概念类似。

图 10-1　学生数据库的组成及相关名词

SQL 语言的操作对象主要是数据表。依照 SQL 命令操作关系型数据库的不同功能,可将 SQL 命令分成**数据定义语言 DDL**（Data Definition Language）、**数据操纵语言 DML**（Data Manipulation Language）、**数据查询语言 DQL**（Data Query Language）和**数据控制语言 DCL**（Data Control Language）共 4 类。我们这里只介绍前 3 类。

10.1.2　数据定义语言

数据定义语言提供对数据库及其数据表的创建、修改、删除等操作。常用的数据定义语言的命令有 CREATE、ALTER 和 DROP。

1．创建数据表

在 SQL 语言中,使用 CREATE TABLE 语句创建新的数据表。CREATE TABLE 语句的使用格式如下:

> CREATE␣TABLE␣表名(字段名 1␣数据类型[限制条件],
> 　　字段名 2␣数据类型[限制条件], …, 字段名 n␣数据类型[限制条件])

其中:

1）**表名**是指存放数据的表格名称。字段名是指表格中某一列的名称,通常也称为**列名**。表名和字段名都应遵守标识符命名规则。

2）**数据类型**用来设定某一个具体列中数据的类型。

3）**限制条件**就是当输入此列数据时必须遵守的规则。通常由系统给定的关键字来说明。例如,使用 UNIQUE 关键字限定本列的值不能重复;NOT NULL 用来规定该列一的值不能为空;PRIMARYKEY 表明该列为该表的**主键**（也称**主码**）。它既限定该列的值不能重复,也限定该列的值不能为空。

4）[ ]表示可选项（下同）。例如,CREATE 语句中的限制条件便是一个可选项。

2．修改数据表

修改数据表包括向表中添加字段和删除字段。这两个操作都使用 ALTER 命令,但其中的关键字有所不同。添加字段使用的格式如下:

> ALTER␣TABLE␣表名␣ADD␣字段名␣数据类型␣[限制条件]

删除字段使用的格式如下:

> ALTER␣TABLE␣表名␣DROP␣字段名

3．删除数据表

在 SQL 语言中使用 DROP TABLE 语句删除某个表格及表格中的所有记录，其使用格式如下：

> DROP␣TABLE␣表名

10.1.3 数据操纵语言

数据操纵语言用来维护数据库的内容。常用的数据操纵语言的命令有 INSERT、DELETE 和 UPDATE。

1．向数据表中插入数据

SQL 语言使用 INSERT 语句向数据库表格中插入或添加新的数据行，其格式如下：

> INSERT␣INTO␣表名(字段名1，…，字段名n)␣VALUES(值1，…，值n)

说明：命令行中的"值"表示对应字段的插入值。在使用时要注意字段名的个数与值的个数要严格对应，二者的数据类型也应该一一对应，否则就会出现错误。

2．数据更新语句

SQL 语言使用 UPDATE 语句更新或修改满足规定条件的现有记录，使用格式如下：

> UPDATE␣表名␣SET␣字段名1␣新值1[，字段名2␣新值2␣…]␣WHERE␣条件

说明：关键字 WHERE 引出更新时应满足的条件，即满足此条件的字段值将被更新。在 WHERE 从句中可以使用所有的关系运算符和逻辑运算符。

3．删除记录语句

SQL 语言使用 DELETE 语句删除数据库表格中的行或记录，其使用格式如下：

> DELETE␣FROM␣表名␣WHERE␣条件

说明：通常情况下，由关键字 WHERE 引出删除时应满足的条件，即满足此条件的记录将被删除。如果省略 WHERE 子句，则删除当前记录。

10.1.4 数据查询语言

数据库查询是数据库的核心操作。SQL 语言提供了 SELECT 语句进行数据库的查询，并以数据表的形式返回符合用户查询要求的结果数据。SELECT 语句具有丰富的功能和灵活的使用方式，其一般的语法格式如下：

> SELECT␣[DISTINCT]␣字段名1␣[字段名2␣…]␣FROM␣表名␣[WHERE␣条件]

其中 DISTINCT 表示不输出重复值，即当查询结果中有多条记录具有相同值时，只返回满足条件的第一条记录值；字段名用来决定哪些字段将作为查询结果返回。用户可以按照自己的需要返回数据表中的任意字段，也可以使用通配符"*"来表示查询结果中包含所有字段。

10.2 使用 JDBC 连接数据库

JDBC 是 Java 程序连接和存取数据库的应用程序接口（API）。此接口是 Java 核心 API 的一部分。JDBC 由一组类和接口组成，它支持 ANSI SQL-92 标准。因此，通过调用这些类和接口所提供的成员方法，可以方便地连接各种不同的数据库，进而使用标准的 SQL 命令对数据库进行查询、插入、删除、更新等操作。

10.2.1 JDBC 结构

用 JDBC 连接数据库可以实现与平台无关的客户机/服务器的数据库应用。由于 JDBC 是针对"与平台无关"设计的，因此我们只要在 Java 数据库应用程序中指定使用某个数据库的 JDBC 驱动程序，就可以连接并存取指定的数据库。而且，当我们要连接几个不同的数据库时，只需修改程序中的 JDBC 驱动程序，无需对其他的程序代码做任何改动。JDBC 的基本结构由 Java 程序、JDBC 管理器、Java 驱动程序和数据库 4 部分组成，如图 10-2 所示。在这 4 部分中，根据数据库的不同，相应的驱动程序又可分为 4 种类型。

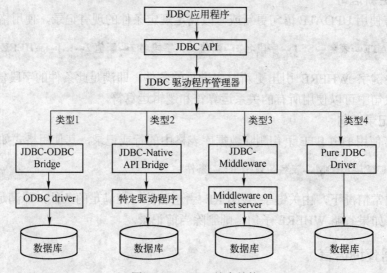

图 10-2 JDBC 基本结构

1. Java 应用程序

Java 应用程序的主要功能是根据 JDBC 方法实现对数据库的访问和操作。完成的主要任务有：请求与数据库建立连接、向数据库发送 SQL 请求、为结果集定义存储应用和数据类型、查询结果、处理错误、控制传输、提交及关闭连接等操作。

2. JDBC 管理器

JDBC 管理器提供了一个"驱动程序管理器"。它能够动态地管理和维护数据库查询所需要的所有驱动程序对象，实现 Java 程序与特定驱动程序的连接，从而体现 JDBC 的"与平台无关"这一特点。它完成的主要任务有：为特定数据库选择驱动程序、处理初始化调用、为每个驱动程序提供 JDBC 功能的入口、为 JDBC 调用执行参数等。

3．驱动程序

驱动程序处理 JDBC 方法，向特定数据库发送 SQL 请求，并为 Java 程序获取结果。在必要的时候，驱动程序可以翻译或优化请求，使 SQL 请求符合 DBMS 支持的语言。驱动程序可以完成下列任务：建立与数据库的连接、向数据库发送请求、用户程序请求时执行翻译、将错误代码格式化成标准的 JDBC 错误代码等。

JDBC 是独立于数据库管理系统的，而每个数据库系统均通过自己的协议与客户机通信，因此，JDBC 利用数据库驱动程序来使用这些数据库引擎。ODBC 驱动程序由数据库软件商和第三方的软件商提供，因此，编程所使用的数据库系统不同，所需要的驱动程序也有所不同。

4．数据库

这里的数据库是指 Java 程序需要访问的数据库及其数据库管理系统。

10.2.2　4 类 JDBC 驱动程序

尽管存在数据库语言标准 SQL-92，但由于数据库技术发展，各公司开发的 SQL 也存在着一定的差异。因此，当我们想要连接数据库并存取其中的数据时，选择适当类型的 JDBC 驱动程序是非常重要的。目前，JDBC 驱动程序可细分为 4 种类型，如图 10-2 所示。不同类型的 JDBC 驱动程序有着不一样的特性和使用方法。下面将说明不同类型的 JDBC 驱动程序之间的差异：

类型 1　JDBC-ODBC Bridge（**JDBC-ODBC 桥**）。这类驱动程序的特点是必须在计算机上事先安装好 ODBC 驱动程序，然后通过 JDBC-ODBC Bridge 的转换，把 Java 程序中使用的 JDBC API 转换成 ODBC API，进而通过 ODBC 来存取数据库。

类型 2　JDBC-Native API Bridge（**JDBC-本地 API 桥**）。同类型 1 一样，这类驱动程序也必须在计算机上事先安装好特定的驱动程序（类似 ODBC），然后通过 JDBC-Native API Bridge 的转换，把 Java 程序中使用的 JDBC API 转换成 Native API，进而存取数据库。

类型 3　JDBC-Middleware（**JDBC 中间件**）。使用这类驱动程序时不需要在计算机上安装任何附加软件，但是必须在安装数据库管理系统的服务器端加装中间件（Middleware）。这个中间件负责所有存取数据库时必要的转换。

类型 4　Pure JDBC Driver（**纯 JDBC 驱动器**）。使用这类驱动程序时无需安装任何附加的软件（无论是计算机还是数据库服务器端），所有存取数据库的操作都直接由 JDBC 驱动程序来完成。

由以上的简单陈述可以知道，最佳的 JDBC 驱动程序类型是类型 4。因为使用类型 4 的 JDBC 驱动程序不会增加任何额外的负担，而且类型 4 的 JDBC 驱动程序是由纯 Java 语言开发而成的，因此拥有最佳的兼容性。类型 1 和类型 2 的 JDBC 驱动程序，它们都必须事先安装其他附加的软件，若有多台计算机就必须安装多次附加软件，这将使 Java 数据库程序的兼容性大打折扣。使用类型 3 的 JDBC 驱动程序也是不错的选择，因为类型 3 的 JDBC 驱动程序也是由纯 Java 语言开发而成的，且中间件也仅需要在服务器上安装。因此，我们建议最好以类型 3 和类型 4 的 JDBC 驱动程序为主要选择，类型 1 和类型 2 为次要选择。

10.2.3 JDBC 编程要点

在 Java 中使用数据库进行 JDBC 编程时，Java 程序中通常应包含下述几部分内容：
1）在程序的首部用 import 语句

```
import java.sql.*;
```

将 java.sql 包引入程序。

2）使用 Class.forName()方法加载相应数据库的 JDBC 驱动程序。若以加载 JDBC-ODBC 桥为例，则相应的语句格式如下：

```
Class.forName("sun.jdbc.odbc.JdbcOdbcDriver");
```

3）定义 JDBC 的 URL 对象。例如：

```
String conURL="jdbc:odbc:TestDB";
```

其中，TestDB 是我们要创建的数据源。

4）连接数据库。例如：

```
Connection s=DriverManager.getConnection(conURL);
```

5）使用 SQL 语句对数据库进行操作。将在 10.3 节中，举例创建和删除数据表，插入、更新和删除记录，查询数据库等。

6）使用 close()方法解除 Java 与数据库的连接并关闭数据库。例如：

```
s.close();
```

10.2.4 常用的 JDBC 类与方法

JDBC API 提供的类和接口在 java.sql 包中进行了定义。JDBC API 所包含的类和接口非常多，这里只介绍几个常用类及它们的成员方法。

1. DriverManage 类

java.sql.DriverManager 类是 JDBC 的管理器，负责管理 JDBC 驱动程序，跟踪可用的驱动程序并在数据库和相应驱动程序之间建立连接。如果我们要使用 JDBC 驱动程序，必须加载 JDBC 驱动程序并向 DriverManager 注册后才能使用。加载和注册驱动程序可以使用 Class.forName()这个方法来完成。此外，java.sql.DriverManager 类还处理如驱动程序登录时间限制及登录和跟踪消息的显示等事务。java.sql.DriverManager 类提供的常用成员方法如下：

1）static synchronized Connection getConnection(String url) throws SQLException 方法。这个方法的作用是使用指定的数据库 URL 创建一个连接，使 DriverManager 从注册的 JDBC 驱动程序中选择一个适当的驱动程序。如果发生数据库访问错误，则程序抛出个 SQLException 异常。

2）static synchronized Connection getConnection(String url，Properties info) throws SQLException 方法。这个方法使用指定的数据库 URL 和相关信息（用户名、用户密码等属

性列表）来创建一个连接，使 DriverManager 从注册的 JDBC 驱动程序中选择一个适当的驱动程序。如果发生数据库访问错误，则程序抛出一个 SQLException 异常。

3）static synchronized Connection getConnection(String url, String user, String password) throws SQLException 方法。它使用指定的数据库 URL、用户名和用户密码创建一个连接，使 DriverManager 从注册的 JDBC 驱动程序中选择一个适当的驱动程序。如果发生数据库访问错误，则程序抛出一个 SQLException 异常。

4）static Driver getDriver(String url) throws SQLException 方法。它定位在给定 URL 下的驱动程序，让 DriverManager 从注册的 JDBC 驱动程序选择一个适当的驱动程序。如果发生数据库访问错误，则程序抛出一个 SQLException 异常。

5）static void println(String message)方法。它用来给当前 JDBC 日志流输出指定的消息。

2. Connection 类

java.sql.Connection 类负责建立与指定数据库的连接。Connection 类提供的常用成员方法如下：

1）Statement createStatement() throws SQLException 方法。它用来创建 Statement 类对象。

2）Statement createStatement(int resultSetType, int resultSetConcurrecy) throws SQLException 方法。它用来按指定的参数创建 Statement 类对象。

3）PreparedStatement prepareStatement(String sql) throws SQLException 方法。它用来创建 PreparedStatement 类对象。关于该类对象的特性将在后面介绍。

4）void commit() throws SQLException 方法。它用来提交对数据库执行的添加、删除或修改记录（Record）等操作。

5）void close() throws SQLException 方法。它用来断开 Connection 类对象与数据库的连接。

6）boolean isClosed() throws SQLException 方法。它用来测试是否已关闭 Connection 类对象与数据库的连接。

3. Statement 类

java.sql.Statement 类的主要功能是将 SQL 命令传送给数据库，并将 SQL 命令的执行结果返回。Statement 类提供的常用成员方法如下：

1）ResultSet executeQuery(String sql) throws SQLException 方法。它用来执行指定的 SQL 查询语句，并返回查询结果。如果发生数据库访问错误，则程序抛出一个 SQLException 异常。

2）int executeUpdate(String url) throws SQLException 方法。它用来执行 SQL 的 INSERT、UPDATE 和 DELETE 语句，返回值是插入、修改或删除的记录行数或者是 0。如果发生数据库访问错误，则程序抛出一个 SQLException 异常。

3）boolean execute(String sql) throws SQLException 方法。它用来执行指定的 SQL 语句，执行结果有多种情况。如果执行结果为一个结果集对象，则返回 true，其他情况返回 false。如果发生数据库访问错误，则程序抛出 SQLException 异常。

4）ResultSet getResultSet() throws SQLException 方法。它用来获取 ResultSet 对象的当

前结果集。对于每一个结果，该方法只调用一次。如果发生数据库访问错误，则程序抛出一个 SQLException 异常。

5）int getUpdateCount() throws SQLException 方法。它用来获取当前结果的更新记录数。如果结果是一个 ResultSet 对象或没有更多的结果，则返回 -1。对于每一个结果，该方法只调用一次。如果发生数据库访问错误，则程序抛出一个 SQLException 异常。

6）void clearWarnings() throws SQLException 方法。它用来清除 Statement 对象产生的所有警告信息。如果发生数据库访问错误，则程序抛出一个 SQLException 异常。

7）void close() throws SQLException 方法。它用来释放 Statement 对象的数据库和 JDBC 资源。如果发生数据库访问错误，则程序抛出一个 SQLException 异常。

4．PreparedStatement

java.sql.PreparedStatement 类的对象可以代表一个**预编译 SQL 语句。**它是 Statement 接口的子接口。由于 PreparedStatement 类会将传入的 SQL 命令编译并暂存在内存中，因此当某一 SQL 命令在程序中被多次执行时，使用 PreparedStatement 类的对象执行速度要快于使用 Statement 类的对象。因此，将需要多次执行的 SQL 语句创建为 PreparedStatement 对象，以提高执行效率。

PreparedStatement 对象继承了 Statement 对象的所有功能，另外还增加了一些特定的方法。PreparedStatement 类提供的常用成员方法如下：

1）executeQuery() throws SQLException 方法。它使用 SQL 指令 SELECT 对数据库进行记录查询操作，并返回 ResultSet 对象。

2）int executeUpdate() throws SQLException 方法。它使用 SQL 指令 INSERT、DELETE 和 UPDATE 对数据库进行添加、删除和修改记录（Record）操作。

3）void setDate(int parameterIndex，Date x) throws SQLException 方法。它用来给指定位置的参数设定日期类型数值。

4）void setTime(int parameterIndex, Time x) throws SQLException 方法。它用来给指定位置的参数设定时间型数值。

5）void setDouble(int parameterIndex, double x) throws SQLException 方法。它用来给指定位置的参数设定 Double 型数值。

6）void setFloat(int paramcterIndex, float x) throws SQLException 方法。它用来给指定位置的参数设定 Float 型数值。

7）void setInt(int parameterIndex, int x) throws SQLException 方法。它用来给指定位置的参数设定整数型数值。

8）void setNull(int parameterIndex, int sqlType) throws SQLException 方法。它用来给指定位置的参数设定 NULL 型数值。

5．ResultSet 类

java.sql.ResultSet 类表示从数据库中返回的结果集。当使用 Statement 和 PreparedStatement 类提供的 executeQuery()方法下达 SELECT 命令来查询数据库时，executeQuery() 方法将会把数据库响应的查询结果存放在 ResultSet 对象中供我们使用。ResultSet 类提供的常用成员方法如表 10-1 所示。

表 10-1 ResultSet 类的常用成员方法

成 员 方 法	说　明
boolean absolute(int row) throws SQLException	移动记录指针到指定记录
boolean first() throws SQLException	移动记录指针到第一个记录
void beforeFirst() throws SQLException	移动记录指针到第一个记录之前
boolean last() throws SQLException	移动记录指针到最后一个记录
void afterLast() throws SQLException	移动记录指针到最后一个记录后
void previous() throws SQLException	移动记录指针到上一个记录
boolean next() throws SQLException	移动记录指针到下一个记录
void insertRow() throws SQLException	插入一个记录到数据表中
void updateRow() throws SQLException	修改数据表中的记录
void deleteRow() throws SQLException	删除记录指针指向的记录
void updateType(int ColumnIndex, Type x) throws SQLException	修改数据表指定字符的值，此处 Type 可以是 String，Int，Float 等
int getType(int ColumnIndex) throws SQLException	取得数据表中指定 Type 的值，如 getString()，getInt()

10.2.5 实例——安装 ODBC 驱动程序

尽管在 4 类 JDBC 驱动程序中以选择类型 3 和类型 4 的 JDBC 驱动程序为最佳，但由于目前国内应用较广的数据库是 Microsoft Access 等微软产品，因此，本节以它为例，说明创建 ODBC 用户数据源的步骤，并以操作系统 Windows XP 为例。对于使用 Windows 2000 等其他操作系统，其步骤是类似的。

1）在 Windows XP 的"控制面板"对话框中选择"管理工具"，如图 10-3 所示。弹出"管理工具"对话框，如图 10-4 所示。

图 10-3 "控制面板"对话框

图 10-4 "管理工具"对话框

2）单击"数据源（ODBC）"，弹出"ODBC 数据源管理器"对话框，如下图 10-5 所示。

3）在"用户 DSN"选项卡的"用户数据源"列表中选择"MS Access Database"选项，然后单击"添加"按钮，将弹出如图 10-6 所示的"创建新数据源"对话框。

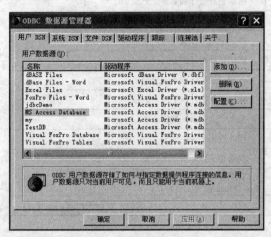

图 10-5 "ODBC 数据源管理器"对话框　　　　图 10-6 "创建新数据源"对话框

4）在图 10-6 中选择"Microsoft Access Driver(*.mdb)"选项，然后单击"完成"按钮，将弹出"ODBC Microsoft Access 安装"对话框，如图 10-7 所示。

在此对话框中，输入数据源名称，若没有现存的数据库，则单击"创建"按钮，将弹出如图 10-8 所示的"新建数据库"对话框。

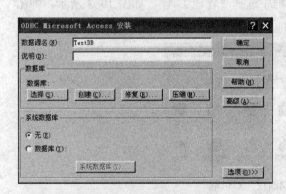

图 10-7 "ODBC Microsoft Access 安装"对话框　　图 10-8 "新建数据库"对话框

若已经建立了数据库，如图 10-6 所示，则在"ODBC Microsoft Access 安装"对话框中单击"选择"按钮，进而指明数据库的存放路径即可。

5）如图 10-8 所示，"新建数据库"对话框中输入数据库名称，选择路径，然后单击"确定"按钮，将出现如图 10-9 所示的信息框。

单击"确定"按钮，将返回"ODBC Microsoft Access 安装"对话框，如图 10-10 所示。与图 10-7 中"ODBC Microsoft Access 安装"对话框不同的是，在"数据库："后面出现了刚才创建的数据库名称和路径："E:\xsun\Java\java\jdbc\TestDb.mdb"。

6）在"ODBC Microsoft Access 安装"对话框中，单击"确定"按钮，返回"ODBC 数

据源管理器"对话框，新添加的用户数据源已出现在此对话框中。如图 10-5 所示，单击"确定"按钮，新用户数据源创建全部完成。

图 10-9　安装信息框

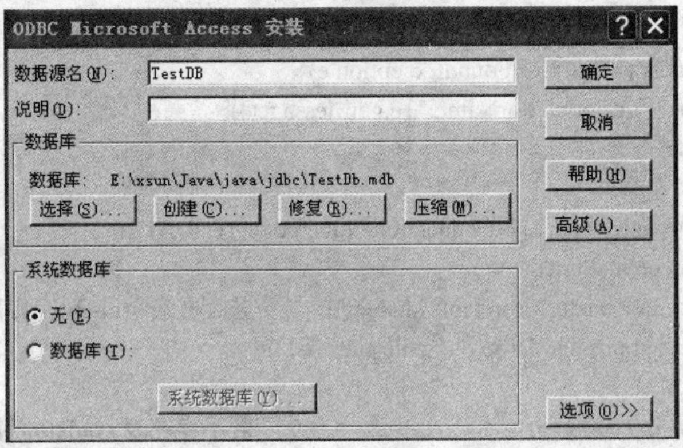

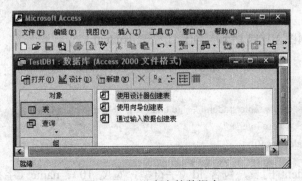

图 10-10　重返的"ODBC Microsoft Access 安装"对话框显示数据库路径

创建完成用户数据源后，可以对这个数据库进行数据表的创建和修改，记录和添加、修改和删除等操作。

10.3　JDBC 编程实例

本节将以前面建立的用户数据源为例，使用 SQL 语言进行数据库的操作。

10.3.1　创建和删除数据表

在当前目录下双击 TestDB1.mdb 将出现如图 10-11 所示的 Microsoft Access 数据库。从图可以看出，还没有创建任何表。现在要用 Java 语言完成表的创建等工作。

图 10-11　没有表的数据库

【例 10-1】 创建学生表 student。此表有 3 个字段：学号（id）、姓名（name）和成绩（score）。若表已存在，则先删除后创建表。若表不存在，抛出异常信息后，创建表。

```java
//JDBC1.java 在数据库 TestDB1 中，创建和删除学生表 student
import java.sql.*;
public class JDBC1{
    public static void main(String[] args){
        Connection con;
        Statement sm;
        try{
            Class.forName("sun.jdbc.odbc.JdbcOdbcDriver");
        }
        catch(java.lang.ClassNotFoundException e){
            System.out.println("ForName:"+e.getMessage());
        }
        try{
            con=DriverManager.getConnection("jdbc:odbc:TestDB1");
            sm=con.createStatement();
            sm.executeUpdate("drop table student");     //若存在表 student，则删除旧表
            System.out.println("Drop old table success!");
        }
        catch(SQLException e){                           //若不存在表 student，则捕获异常
            System.out.println("SQLException:"+e.getMessage());
        }
        try{
            con=DriverManager.getConnection("jdbc:odbc:TestDB1");
            sm=con.createStatement();
            String query="create table student("
                    +"id char(10)," +"name char(15)," +"score integer"+")";
            sm.executeUpdate(query);                     //创建表
            sm.close();
            con.close();
        }
        catch(SQLException e){ System.out.println("SQLException:"+e.getMessage()); }
    }
}
```

程序运行结果如图 10-12 所示，创建了空表 student。

[编程说明]
语句

```
String query= "create table student(" +"id char(10)," +"name char(15),"
        + "score integer" +")";
s.executeUpdate(query);
```

建立了名为 student 的表，包含 id（字符型，宽度 10）、name（字符型，宽度为 15）、

与 score（数字型）3 个字段。若存在表 student，则删除旧表，用如下语句

图 10-12　例 10-1 创建的表 student

```
    sm.executeUpdate("drop table student");
```

程序运行结果，可在当前目录下的数据库文件 TestDB1.mdb 中查看。

10.3.2　插入记录

【例 10-2】　在例 10-1 创建的数据表 student 中插入 3 个学生的记录。

```
//JDBC2.java
import java.sql.*;
public class JDBC2{
  public static void main(String[] args){
    try{
      Class.forName("sun.jdbc.odbc.JdbcOdbcDriver";);
    }
    catch(java.lang.ClassNotFoundException e){
      System.out.println("ForName:"+e.getMessage());
    }
    try{
    Connection con=DriverManager.getConnection("jdbc:odbc:TestDB1");
    Statement s=con.createStatement();
    String r1="insert into student values("+"'0001','王明',80)";
    String r2="insert into student values("+"'0002','高强',95)";
    String r3="insert into student values("+"'0003','李莉',82)";
     String r4="insert into student values("+"'0004','张林',87)";
    String r5="insert into student values("+"'0005','马宏',98)";
    String r6="insert into student values("+"'0006','钱华',47)";
     String r7="insert into student values("+"'0007','周峰',77)";
    String r8="insert into student values("+"'0008','陶宝',65)";
    String r9="insert into student values("+"'0009','温生',53)";
```

```
                    s.executeUpdate(r1);        s.executeUpdate(r2);
                    s.executeUpdate(r3);        s.executeUpdate(r4);
                    s.executeUpdate(r5);        s.executeUpdate(r6);
                     s.executeUpdate(r7);        s.executeUpdate(r8);
                    s.executeUpdate(r9);
                    s.close();
                    con.close();
                }
                catch(SQLException e){
                    System.out.println("SQLException:"+e.getMessage());
                }
            }
        }
```

程序运行后，打开数据库 TestDB.mdb 的表 student，如图 10-13 所示。

id	name	score
0001	王明	80
0002	高强	95
0003	李莉	82
0004	张林	87
0005	马宏	98
0006	钱华	47
0007	周峰	77
0008	陶宝	65
0009	温生	53

图 10-13　例 10-2 运行结果中的表 student

10.3.3　更新数据

下面的程序例将修改上例数据表的内容，并将修改后的数据表内容输出。但这次不是输出到控制台的屏幕上，而是在 swing 表格控件 JTable 中排序显示。

【例 10-3】　修改例 10-2 数据表中的第二条和第三条记录的学生成绩字段值，并把修改后的数据表的内容输出到屏幕上。

```
//JDBC3.java
import java.sql.*;
import java.awt.*;
import javax.swing.*;
import javax.swing.table.*;
public class JDBC3 extends JFrame{
    private JTable table;
    public JDBC3(){
        super("JTable 显示数据表");
        String[] id={"0002","0003"};
        int[] score={89,60};
        String[] columnNames={"ID","姓名","成绩"};
        Object[][] rowData=new Object[9][3]; //定义对象数组
```

```java
        try{
            Class.forName("sun.jdbc.odbc.JdbcOdbcDriver");
        }
        catch(java.lang.ClassNotFoundException e){
            System.out.println("ForName:"+e.getMessage());
        }
        try{
            Connection con=DriverManager.getConnection("jdbc:odbc:TestDB1");
            //修改数据库中数据表的内容
            PreparedStatement ps=con.prepareStatement(
                    "UPDATE student set score=? where id=?");
            int i=0;
            int idlen=id.length;
            do{
                ps.setInt(1,score[i]);              //1，表示第 1 个问号
                ps.setString(2,id[i]);              //2，表示第 2 个问号
                ps.executeUpdate();                 //执行 SQL 修改命令
                ++i;
            }while(i<id.length);
            ps.close();
            //查询数据库并把数据表的内容输出到屏幕上
            Statement sm=con.createStatement();
            ResultSet rs=sm.executeQuery("select * from student");
            int count=0;
            while(rs.next()){           //读取各行数据，存入对象数组
                rowData[count][0]=rs.getString("id");
                rowData[count][1]=rs.getString("name");
                rowData[count][2]=rs.getString("score");
                count++;
            }
            sm.close();
            con.close();
        }
        catch(SQLException e){
            System.out.println("SQLException:"+e.getMessage());
        }
        Container container=getContentPane();
        table = new JTable(rowData,columnNames);
        container.add(new JScrollPane(table),BorderLayout.CENTER);
        setSize(300,200);
        setVisible(true);
        setDefaultCloseOperation(JFrame.EXIT_ON_CLOSE);
    }
    public static void main(String args[]){
        new JDBC3();
    }
}
```

该程序的运行结果如图 10-14 所示。

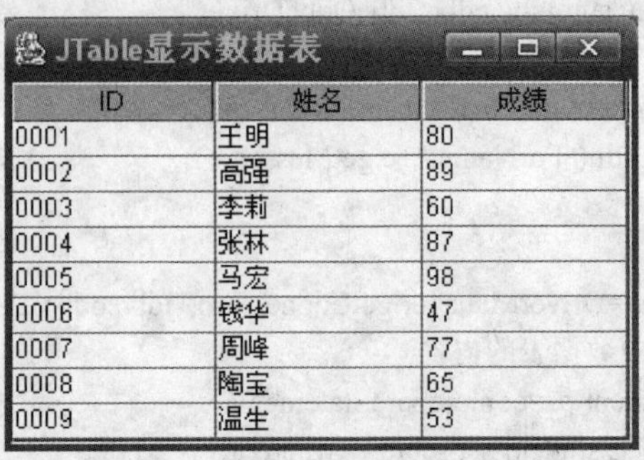

图 10-14 例 10-3 运行结果

[编程说明]

在这个程序中使用了 PreparedStatement 类。它提供了一系列的 set 方法来设定位置。请注意程序中 prepareStatement()方法中的参数 "?"。程序中的语句：

```
PreparedStatement ps=con.prepareStatement("UPDATE student set
                          score = ? where id = ?");
ps.setInt(1, score[i]); //将 score[i]的值作为 SQL 语句中第 1 个问号所代表参数的值
ps.executeUpdate();
```

其中，"UPDATE student set score = ? where id = ?"这个 SQL 语句中各字段的值并未指定，而是以 "?" 表示，常称该类语句为**预编译语句**。程序必须在执行 ps.executeUpdate()语句之前指定各个问号位置的字段值。例如，用 ps.setInt(1,score[i])语句中的参数 1 指出这里的 score[i]的值是 SQL 语句中第 1 个问号位置的值。当前面两条语句执行完后，才可执行 ps.executeUpdate( )语句，完成对一条记录的修改。

程序中用到的查询数据库并把数据表的内容输出到屏幕的语句是：

```
ResultSet rs=s.executeQuery("select *from student");
while(rs.next()){
   System.out.println(rs.getString("id")+
                     "\t"+rs.getString("name")+"\t"+rs.getInt("score"));
}
```

其中，executeQuery()返回一个 ResultSet 类的对象 rs，代表执行 SQL 查询语句后所得到的结果集，之后再在 while 循环中使用对象 rs 的 next()方法将返回的结果一条一条地取出，直到 next()为 false 时为止。

10.3.4 删除记录

【例 10-4】 删除表中的第 2 条记录，然后把数据表的内容输出。

```
//JDBC4.java
import java.sql.*;
public class JDBC4{
   public static void main(String args[]){
```

```java
    try{
        Class.forName("sun.jdbc.odbc.JdbcOdbcDriver");
    }
    catch(java.lang.ClassNotFoundException e){
        System.out.println("ForName:"+e.getMessage());
    }
    try{
        Connection con=DriverManager.getConnection("jdbc:odbc:TestDB1");
        Statement s=con.createStatement();
        PreparedStatement ps=con.prepareStatement(
                    "delete from student where id=?");      //删除第 2 条记录
        ps.setString(1,"0002");                              //1，表示第 1 个问号
        ps.executeUpdate();                                  //执行删除
        //查询数据库并把数据表的内容输出到屏幕上
        ResultSet rs=s.executeQuery("select * from student");
        while(rs.next()){
            System.out.println(rs.getString("id")+"\t"+rs.getString("name")
                        +"\t"+rs.getString("score"));
        }
        s.close();
        con.close();
    }
    catch(SQLException e){
        System.out.println("SQLException:"+e.getMessage());
    }
  }
}
```

该程序的运行结果如下：

0001	王明	80
0003	李莉	60
0004	张林	87
0005	马宏	98
0006	钱华	47
0007	周峰	77
0008	陶宝	65
0009	温生	53

打开表 student 如图 10-15 所示。可见第 2 条记录确已被删除了。

10.3.5 查询数据库

下面的例题将查询数据库，并在文本域 TextArea 中显示结果。其优点是不需要 DOS 屏幕，也不用打开数据表。

【例 10-5】 查询数据库，将数据在文本域 TextArea 中显示。

id	name	score
0001	王明	80
0003	李莉	60
0004	张林	87
0005	马宏	98
0006	钱华	47
0007	周峰	77
0008	陶宝	65
0009	温生	53

图 10-15　例 10-4 中的表 student

```java
//JDBC5.java
import java.sql.*;
import java.awt.*;
import javax.swing.*;

public class JDBC5 extends JFrame{
    private JTextArea text;                          //定义 TextArea 控件

    public JDBC5(){
        super("TextArea 显示查询数据");
        text=new JTextArea("", 20,30);
        add(text);

        try{
            Class.forName("sun.jdbc.odbc.JdbcOdbcDriver");
        }
        catch(java.lang.ClassNotFoundException e){
            System.out.println("ForName:"+e.getMessage());
        }
        try{
            Connection con=DriverManager.getConnection("jdbc:odbc:TestDB1");
            Statement sm=con.createStatement();

            //查询数据库并把数据表的内容输出到屏幕上
            ResultSet rs=sm.executeQuery("select * from student where 60 < score
                            AND score <=80");
            text.append("显示满足  60 < score <= 80  的全部数据\n");
            text.append("id"+"\t\t"+"name"+"\t\t"+"score"+"\n");
            while(rs.next()){
                text.append(rs.getString("id")+"\t"+rs.getString("name")
                            +"\t"+rs.getString("score")+"\n");
            }
```

```java
            text.append("\n 显示  id = 0008  的全部数据\n");
            ResultSet ri=sm.executeQuery("select * from student where id='0008'");
             while(ri.next()){
                text.append(ri.getString("id")+"\t"+ri.getString("name")
                                    +"\t"+ri.getString("score")+"\n");
             }

            text.append("\n 显示  name=高强  的全部数据\n");
            ResultSet rg=sm.executeQuery("select * from student where name='高强' ");
             while(rg.next()){
                text.append(rg.getString("id")+"\t"+rg.getString("name")
                                    +"\t"+rg.getString("score")+"\n");
             }

            text.append("\n 显示  name=李 X  的全部数据\n");
            ResultSet rl=sm.executeQuery("select * from student where name LIKE '李%' ");
             while(rl.next()){
                text.append(rl.getString("id")+"\t"+rl.getString("name")
                                    +"\t"+rl.getString("score")+"\n");
             }
            text.append("\n 显示除  name=高强和 name=李 X 外的全部数据\n");
            ResultSet rn=sm.executeQuery("select * from student where NOT
                                  name='高强' AND NOT name LIKE '李%' ");
            text.append("id"+"\t\t"+"name"+"\t\t"+"score\n");
             while(rn.next()){
                text.append(rn.getString("id")+"\t"+rn.getString("name")
                                    +"\t"+rn.getString("score")+"\n");
             }
          sm.close();        con.close();
        }
        catch(SQLException e){
            System.out.println("SQLException:"+e.getMessage());
        }
      setSize(400,400);      setVisible(true);
    }

    public static void main(String args[]){
       new JDBC5();
    }
}
```

程序运行结果如图 10-16 所示。

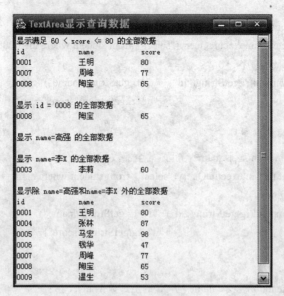

图 10-16 查询数据库

10.4 习题

1. 选择题

1.1 设数据库的表 employee 见表 10-2。下面的 SQL 语句中正确的是（　　）。

  A．SELECT FROM employee

  B．SELECT * FROM employee WHERE Name = 李娜

  C．SELECT ID FROM employee WHERE Salary >=2000

  D．SELECT Name FROM employee WHERE Sex =男

1.2 设数据库的表 employee 见表 10-2。下面的 SQL 语句中错误的是（　　）。

  A．UPDATE employee SET Position =工程师　WHERE Name='张明华'

  B．DELETE FROM employee

  C．SELECT NAME FROM employee WHERE SEX='女' AND Salary >=2000

  D．SELECT * FROM employee ORDER BY Salary

1.3 在 JDBC API 中完成和数据库提交带参数的 SQL 语句的类是（　　）。

  A．Statement　B．PreparedStatement　C．CallableStatement　D．ResultSet

2. 编程题

2.1 编写程序创建某公司职工数据表 employee，结构和内容如表 10-2 所示。

表 10-2　编程题 2.1 用表

ID	Name	Sex	Salary	Position
1003	张明华	男	1600	助工
1005	李娜	女	2000	工程师
1001	王卫国	男	1650	助工

(续)

ID	Name	Sex	Salary	Position
1004	黄明倩	女	2200	工程师
1002	朱波涛	男	3500	高 工

2.2 编写程序将表 10-2 所建立的职工表从数据库读出并显示到屏幕上，再将每人的工资加 50 元后存入原表中。

2.3 编写程序读表 10-2 在修改工资后的表，按职工号从小到大排序并显示到屏幕上，再存入另一个表中。

2.4 用语句 execute("ALTER TABLE <表名> ADD <字段名> <类型>") 给习题 2.3 的职工表 employee2 插入新字段 Telephone，用预编译语句为各职工写入电话号码，并显示表的全部内容。

2.5 编写程序读习题 2.4 的职工表，从表中删除 1001 和 1005 号职工的记录，再删除字段 Sex，并输出删除记录和字段 Sex 后的表。

2.6 编写程序将习题 2.1 所建立的职工表从数据库读出，并在文本域 TextArea 中显示。

2.7 编写程序将习题 2.1 所建立的职工表从数据库读出，并在表格控件 JTable 中显示。

下篇 Java 应用开发

第 11 章 多媒体技术

本章将学习具有图形、图像、音乐等多种媒体组成的多媒体编程技术。

11.1 综合案例——多媒体电子相册设计

本节将设计多媒体电子相册,它具有前后翻动照片、简单放大、缩小照片和播放音乐等功能,其界面如图 11-1 所示。这里将分段学习,最后实现其全部功能。

11.1.1 界面设计

界面采用"北中南"的边界布局。在其"北部"和"南部"分别放置面板 mp 和 bp,在面板上各有一些控件,如图 11-2 所示。其"中部"将放置画布类 Canvas,控件画布是专门用于画图的控件。

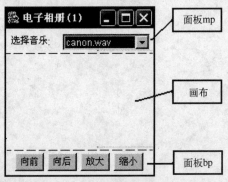

图 11-1 多媒体电子相册

图 11-2 电子相册界面布局示意图

【例 11-1】 多媒体电子相册 MyAlbum 的界面设计。
在下面的程序中,还未设置画布类。

```
//MyAlbum1.java,界面设计
import java.awt.*;
import java.awt.event.*;
import javax.swing.*;
```

```java
public class MyAlbum1 extends Frame{
    Button next,back,enlarge,reduce;
    Label lmusic;
    Choice choiceMusic;

    public MyAlbum1(){
      setTitle("电子相册(1)");
       setLayout(new BorderLayout());
      Panel mp=new Panel();                    //实例化音乐面板
      lmusic=new Label("选择音乐:");
      mp.add(lmusic);                          //将标签 lmusic 加入面板 mp
      choiceMusic=new Choice();                //实例化选择控件
      choiceMusic.add("canon.wav");            //将文件名 canon.wav 加入选择控件
      choiceMusic.add("piano.aiff");
      choiceMusic.add("spacemusic.au");
      mp.add(choiceMusic);
      add(mp,BorderLayout.NORTH);              //将面板 mp 放入北部

      Panel bp=new Panel();                    //实例化按钮面板
      next=new Button("向前");
      back=new Button("向后");
      enlarge=new Button("放大");
      reduce=new Button("缩小");
      bp.add(next);       bp.add(back);        //将按钮加入面板 bp
      bp.add(enlarge);        bp.add(reduce);
      add(bp,BorderLayout.SOUTH);              //将面板 bp 放入南部
      setSize(200,220);       setVisible(true);
      addWindowListener(new WindowAdapter() {
        public void windowClosing(WindowEvent e){
           System.exit(0);
        }
      });
    }

    public static void main(String[] args){
       new MyAlbum1();
    }
}
```

程序运行结果如图 11-2 所示，但中部没有图像。

11.1.2 在独立应用程序中播放音乐的方法

本节要在程序中加入播放音乐的程序段并加入监视器接口 ItemListener，使选择框 Choice 的各选项可供选择音乐播放。

这里首先学习有关音频的知识和音乐的播放方法。

1．关于音频及其格式

数字音频的格式有很多种类，其质量和声波的采样频率与采样精度有关。采样频率越高，声音质量越好。采样精度为每次采样所存储的数据数量，数据越多音质越好。由此可见，高品质的音频需要占用大量的内存和磁盘空间，由于网络带宽的限制，在 Internet 上传输也将花费更多的时间。由于这些原因，产生了多种音频格式。

目前，Java 能够支持的文件格式有：AIFF、AU、MID、WAV。音质可分为 8 位和 16 位的单道和立体声，采样频率为 8kHz～48kHz。AU 是 Java 最早版本支持的格式，采样频率为 8kHz，采样精度为 8 位。AIFF、MID 和 WAV 是 Java1.2 以后版本支持的格式。

2．在独立应用中音乐文件的载入和播放

对于格式为 AIFF、AU、WAV 的音乐文件载入和播放的步骤如下：

1）需要如下引入语句：

```
import sun.audio.*;
import java.io.*;
```

其中第 1 条引入语句是为了应用 audio 类库中的 AudioPlayer、AudioData、AudioStream、AudioDataStream、ContinuousAudioDataStream 等类。第 2 条引入语句是为了应用 io 类库中的 FileInputStream 类。

2）定义 AudioData 类对象。例如：

```
AudioData theData = null;
```

3）定义且实例化文件输入流类 FileInputStream 的对象。例如：

```
FileInputStream fis = new FileInputStream("audio\\"+str);
```

4）定义且实例化 AudioStream 类对象。例如：

```
AudioStream as = new AudioStream(fis);
```

5）取得音乐文件的数据。例如：

```
theData = as.getData();
```

6）一次性播放音乐使用 AudioDataStream 类。例如：

```
AudioDataStream ads = new AudioDataStream(theData);
```

音乐播放完成后将停止。若要进行不间断地循环播放，则使用 ContinuousAudioDataStream 类

```
ContinuousAudioDataStream ads = new ContinuousAudioDataStream(theData);
```

7）播放音乐使用 AudioPlayer 类的方法 start()。例如：

```
AudioPlayer.player.start(ads);
```

对于格式为 MID 的音乐文件的播放，将在第 11 章中学习。而在独立应用程序中，需要用到 javax.sound.midi 类库，这里不作介绍。

3. 关于播放音乐的算法设计

因为有多首音乐可供选择，所以在选择播放新音乐时需要停止旧音乐，为此设计了 stop()方法和 AudioDataStream 类对象 nowPlaying，具体如下：

```java
public void stop(){
    if(nowPlaying!=null){
        AudioPlayer.player.stop(nowPlaying);
        nowPlaying=null;
    }
}
```

在 play()方法中，再次遇到了"try-catch"程序块，这是因为在使用语句

FileInputStream fis = new FileInputStream("audio\\"+str);

打开的音乐文件时有可能这个文件不存在，或者文件虽然存在但打不开，从而出现"异常"情形。

下面的例题程序将继承前面的类 MyAlbum1 构造新类 MyAlbum2。

【例 11-2】 在独立应用程序中播放音乐。

```java
//MyAlbum2.java，在 Application 中播放音乐
import java.awt.*;
import java.awt.event.*;
import javax.swing.*;
import sun.audio.*;
import java.io.*;

public class MyAlbum2 extends MyAlbum1 implements ItemListener{//继承类 MyAlbum1
    AudioData theData = null;
    AudioDataStream nowPlaying=null;

    public MyAlbum2(){
        setTitle("电子相册(2)");
        choiceMusic.addItemListener(this);
        play("canon.wav");              //播放音乐
    }

    //播放音乐
    public void play(String str){
        try{
            FileInputStream fis = new FileInputStream("audio\\"+str);
            AudioStream as = new AudioStream(fis);
            theData = as.getData();
        }
        catch(IOException e){
            System.err.println(e);
        }
```

```
            if(theData != null){
               if(nowPlaying==null){
                  AudioDataStream ads = new AudioDataStream(theData);   //一次性播放
                  AudioPlayer.player.start(ads);
                  nowPlaying=ads;
               }
               else{
                  stop();                                                //停止旧音乐
                  //循环播放新音乐
                  ContinuousAudioDataStream cads = new ContinuousAudioDataStream(theData);
                  AudioPlayer.player.start(cads);
                  nowPlaying=cads;
               }
            }
         }

         //停止播放
         public void stop(){
            if(nowPlaying!=null){
               AudioPlayer.player.stop(nowPlaying);
               nowPlaying=null;
            }
         }

         public void itemStateChanged(ItemEvent ie){
            if(ie.getItemSelectable()==choiceMusic){
               play(choiceMusic.getSelectedItem());
            }
         }

         public static void main(String[] args){
            new MyAlbum2();
         }
      }
```

程序运行结果界面如图 11-2 所示,由于程序中已经设置了选项监视器和播放音乐的程序块,所以现在可以通过选择框播放音乐了。

11.1.3 独立应用程序中图像的载入和图像类

1. 关于图像及其格式

目前 Java 支持显示的图像文件格式有 3 种:JPG 或 JPEG、GIF 和 PNG。对于主要图像文件格式之一的 BMP 图像,虽然这种图像的质量较高,但由于没有经过压缩,文件较大不适于在网络上传输,所以 Java 不支持显示该类图像。如果要显示这类图像,必须进行格式转换。格式转换可以通过任何图像处理软件,比如 Photoshop 等。最简单的格式转换可以利用 Windows 2000/XP 等自带的"附件"→"画图"程序。这里介绍在"画图"程序中进行图像格式转换的方法。

1）打开"画图"程序，然后在"画图"的菜单中选择"文件"→"打开"，弹出"打开"对话框，如图 11-3 所示。

图 11-3 "打开"对话框

2）选择要转换格式的图像文件，比如，选择 sea256.bmp，然后单击"打开"按钮。在"画图"中将显示选择的图像，如图 11-4 所示。

3）在"画图"的菜单中选择"文件"→"另存为"命令，将出现"另存为"对话框，如图 11-5 所示。

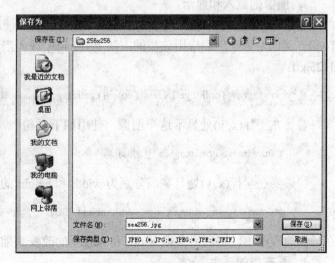

图 11-4 显示图像　　　　　　　　　　图 11-5 "另存为"对话框

4）在"保存类型"中选择 Java 能显示的类型，比如 JPG 类型。在"文件名"文本框中输入新图像格式的文件名，比如 sea256.jpg，并在"保存在"文本框中选择文件路径，然后单击"保存"按钮即可。

JPEG 或 JPG 是 Joint Photographil Expents GROUP 的简写，是这个组织开发的一种图形

标准。JPEG 图像具有 24 位彩色处理能力，可以处理照片中微小色彩细节，具有较高的图像质量。

GIF 是"可交换图形文件格式"的简写。这种图像只能使用 256 种颜色，因此，GIF 图像通常只能用来作为色彩比较简单的插图使用。

PNG 是"可移植网络图形文件格式"的简写，是一种新的 Web 图像格式。它集 JPEG 和 GIF 两种图像文件的优点，但在性能上比 GIF 图像优越得多，能显示上百万种颜色。

2．图像类 Image

图像类的主要方法如下：
- getGraphics()：获取描述此图像的图形对象。
- getHeight(ImageObserver)：获取图像的实际高度。
- getWidth(ImageObserver)：获取图像的实际宽度。

注意，对于图像类不能用

```
Image im=new Image(w,h);          //错误
```

来创建一个宽高分别为 w 和 h 图像对象。Java.awt 提供一个 createImage()方法来生成图像对象。有两种形式：

1）Image createImage(ImageProducer imgProd)。

2）Image createImage(int width,int height)。

第 1 种形式返回由 imgProd 产生的图像。第 2 种作法返回具有指定宽度和高度的空图像对象。对于第 2 种作法和 getGraphics()，将在 11.2.2 的双缓冲技术中得到应用，用来产生空的 Graphics 对象和空的 Image 对象。因为双缓冲技术正是需要这种对象。

3．图像的载入和显示

在独立应用程序中载入图像需要利用 Toolkit 类，使用 getDefaultToolkit()方法可以得到 Toolkit 类的对象。然后应用该类的方法 getImage()载入当前目录下的子目录 image 中的图像 0125.gif。

```
nowImage=Toolkit.getDefaultToolkit().getImage("image\\0125.gif");
```

若要在坐标(x, y)处显示这个图像，使用如下语句

```
g.drawImage(nowImage, x, y, this);
```

如果要在坐标(x, y)处且宽高分别为 width 和 height 的矩形框内显示图像，使用以下语句

```
g.drawImage(nowImage, x, y, width, height, this);
```

在后面的程序中，将利用参数 width 和 height 的改变来缩小和放大显示图像。

4．画布类的派生

画布类 Canvas 主要用于画图形和图像。画布类是通用的控件，自身不具备任何实际功能，也不处理任何事件。为显示图形或处理事件必须对画布类进行派生。

画布类的主要方法如下：
- Canvas()：构造方法。

- paint(Graphics g)：画图形 g。
- setLocation(int x, int y)：设置画布坐标(x, y)。

本程序将从 Canvas 类派生出 myCanvas 类，根据需要将图像前后翻动和进行缩放变换。myCanvas 类的设计如下：

（1）成员变量

```
Image image;                        //图像对象
int    width=0,height=0,            //图像宽度、高度
       index=0;                     //index=1 表示图像缩放，0 表示无缩放
```

（2）构造方法

```
myCanvas(Image im)
```

（3）成员方法

```
1） void setImage(Image im)           //设置图像
2） void setData(int w,int h, int in) //设置数据域
3） void paint(Graphics g)            //画图
```

【例 11-3】 独立应用程序中图像载入及画布类的设计。继承类 MyAlbum2 构造新类 MyAlbum3。

```java
//MyAlbum3.java，图像载入和画布类的设计
import java.awt.*;
import java.awt.event.*;
import javax.swing.*;

public class MyAlbum3 extends MyAlbum2{
    Image nowImage;
    myCanvas canvas;

    public MyAlbum3(){
        setTitle("电子相册(3)");
        nowImage=Toolkit.getDefaultToolkit().getImage("image\\0125.gif");//载入图像
        canvas=new myCanvas(nowImage);
        add(canvas,BorderLayout.CENTER);        //画布 canvas 放在中央
        setVisible(true);
    }

    public static void main(String[] args){
        new MyAlbum3();
    }
}

//继承画布类 Canvas

class myCanvas extends Canvas{
```

```java
    Image image;
    int width=0,height=0,
        index=0;                        //index=1 表示图像缩放，0 无缩放

    public myCanvas(Image im){
        image=im;
    }

    public void setImage(Image im){
        image=im;
    }

    public void setData(int w,int h, int in){
        width=w;
        height=h;
        index= in;
    }

    public void paint(Graphics g){
        if(index==0){              //无缩放
            g.drawImage(image,0,0,this);
        }
        else if(index==1){         //缩放
            g.drawImage(image,0,0,width,height,this);
        }
    }
}
```

程序运行结果如图 11-6 所示。

图 11-6　图像载入和画布类

11.1.4 图片翻动功能设计

现在给出图片向前向后翻动算法,其中 nowImage 为当前图像,myImage[]为图像数组。

【例11-4】 照片向前向后翻动算法。

```
int i = 0;                              //初始值
nowImage = myImage[0];                  //初始值

if(event.getSource()==next){
    i=i+1;
    if(i==4) i=0;
    nowImage=myImage[i];
}
else if(event.getSource()==back){
    i=i-1;
    if(i==-1) i=3;
    nowImage=myImage[i];
}
```

11.1.5 加入显示缩放功能

本实例中图像的缩小和放大是利用方法

```
g.drawImage(Image img, int x, int y, int width, int height, this)
```

改变图像 img 的显示的宽度 width 和高度 height。以每次改变 10 像素为例,设选择放大时,j 增 1,选择缩小时,k 减 1,则宽度和高度的变化如下:

```
width = width+j*10-k*10
height = height +j*10-k*10
```

将数据 width 和 height 输入画布类,并以此作图即可实现图像显示缩小和放大的功能。以下是实现上面算法思想的程序段。

【例11-5】 图像显示缩放算法。

```
if(event.getSource()==enlarge){
    j++;
    width=nowImage.getWidth(this)+j*10-k*10;
    height=nowImage.getHeight(this)+j*10-k*10;
    canvas.setData(width,height,1);     //设置画布数据
}
else{
    k++;
    width=nowImage.getWidth(this)+j*10-k*10;
    height=nowImage.getHeight(this)+j*10-k*10;
    canvas.setData(width,height,1);     //设置画布数据
}
```

【例 11-6】 图片翻动和显示缩放功能设计。

```java
//MyAlbum4.java,照片翻动和缩放功能设计
import java.awt.*;
import java.awt.event.*;
import javax.swing.*;

public class MyAlbum4 extends MyAlbum3 implements ActionListener{
    Image[] myImage=new Image[4];
    Image    nowImage;

    int i=0,j=0,k=0;
    int width=0,height=0;

    public MyAlbum4(){
        setTitle("电子相册(4)");

        next.addActionListener(this);
        back.addActionListener(this);
        enlarge.addActionListener(this);
        reduce.addActionListener(this);

        myImage[0]=Toolkit.getDefaultToolkit().getImage("image\\0125.gif");
        myImage[1]=Toolkit.getDefaultToolkit().getImage("image\\0126.gif");
        myImage[2]=Toolkit.getDefaultToolkit().getImage("image\\0127.gif");
        myImage[3]=Toolkit.getDefaultToolkit().getImage("image\\01211.gif");
        nowImage=myImage[0];
    }

    public void actionPerformed(ActionEvent event){
        if(event.getSource()==next){
            i=i+1;
            if(i==4) i=0;
            nowImage=myImage[i];
        }
        else if(event.getSource()==back){
            i=i-1;
            if(i==-1) i=3;
            nowImage=myImage[i];
        }
        else if(event.getSource()==enlarge){
            j++;
            width=nowImage.getWidth(this)+j*10-k*10;
            height=nowImage.getHeight(this)+j*10-k*10;
            canvas.setData(width,height,1);              //设置画布数据
        }
```

```
            else{
               k++;
               width=nowImage.getWidth(this)+j*10-k*10;
               height=nowImage.getHeight(this)+j*10-k*10;
               canvas.setData(width,height,1);         //设置画布数据
            }

            canvas.setImage(nowImage);                 //设置画布图像
            canvas.repaint();                          //画布进行重画
        }

        public static void main(String[] args){
            new MyAlbum4();
        }
    }
```

程序运行结果如图 11-7 所示。

图 11-7　照片翻动和缩放

11.1.6　多媒体电子相册的实现

综合以上各部分代码，下面是实现多媒体电子相册全部功能的完整程序。

【例 11-7】　多媒体电子相册，实现三种音乐播放，在 Application 程序中获取图像和音乐。

```
//MyAlbum.java
import java.awt.*;
import java.awt.event.*;
import javax.swing.*;
import sun.audio.*;
import java.io.*;

public class MyAlbum extends Frame implements ActionListener,ItemListener{
    Image[] myImage=new Image[4];
    Image nowImage;
    Button next,back,enlarge,reduce;
    Label lmusic;
    Choice choiceMusic;
```

```java
AudioData theData = null;
AudioDataStream nowPlaying=null;
myCanvas canvas;
int i=0,j=0,k=0;
int width=0,height=0;

public MyAlbum(){
    setLayout(new BorderLayout());
    setTitle("多媒体电子相册");

    Panel mp=new Panel();                              //实例化音乐面板
    lmusic=new Label("选择音乐:");
    mp.add(lmusic);                                    //将标签 lmusic 加入面板 mp
    choiceMusic=new Choice();                          //实例化选择控件
    choiceMusic.add("canon.wav");                      //将文件名 canon.wav 加入选择控件
    choiceMusic.add("piano.aiff");
    choiceMusic.add("spacemusic.au");
    choiceMusic.addItemListener(this);
    choiceMusic.select(0);                             //默认选择第 0 项,即"canon.wav"
    mp.add(choiceMusic);
    add(mp,BorderLayout.NORTH);                        //将面板 mp 放入北部

    Panel bp=new Panel();                              //实例化按钮面板
    next=new Button("向前");            back=new Button("向后");
    enlarge=new Button("放大");         reduce=new Button("缩小");
    bp.add(next);         bp.add(back);                //将按钮加入面板 bp
    bp.add(enlarge);      bp.add(reduce);
    add(bp,BorderLayout.SOUTH);                        //将面板 bp 放入南部
    next.addActionListener(this);       back.addActionListener(this);
    enlarge.addActionListener(this);    reduce.addActionListener(this);

    myImage[0]=Toolkit.getDefaultToolkit().getImage("image\\0125.gif");
    myImage[1]=Toolkit.getDefaultToolkit().getImage("image\\0126.gif");
    myImage[2]=Toolkit.getDefaultToolkit().getImage("image\\0127.gif");
    myImage[3]=Toolkit.getDefaultToolkit().getImage("image\\01211.gif");
    nowImage=myImage[0];

    canvas=new myCanvas(nowImage);
    add(canvas,BorderLayout.CENTER);                   //画布 canvas 放在中央
    play("canon.wav");
    setSize(200,220);       setVisible(true);
    addWindowListener(new WindowAdapter() {
        public void windowClosing(WindowEvent e){
            System.exit(0);
        }
    });
```

```java
    }
    //播放音乐
    public void play(String str){
        try{
            FileInputStream fis = new FileInputStream("audio\\"+str);
            AudioStream as = new AudioStream(fis);
            theData = as.getData();
        }
        catch(IOException e){
            System.err.println(e);
        }
        if(theData != null){
            if(nowPlaying==null){
                AudioDataStream ads = new AudioDataStream(theData);   //一次性播放
                AudioPlayer.player.start(ads);
                nowPlaying=ads;
            }
            else{
                stop();                                                //停止旧音乐
                //循环播放新音乐
                ContinuousAudioDataStream cads = new ContinuousAudioDataStream(theData);
                AudioPlayer.player.start(cads);
                nowPlaying=cads;
            }
        }
    }

    //停止播放
    public void stop(){
        if(nowPlaying!=null){
            AudioPlayer.player.stop(nowPlaying);
            nowPlaying=null;
        }
    }

    public void actionPerformed(ActionEvent event){
        if(event.getSource()==next){
            i=i+1;
            if(i==4) i=0;
            nowImage=myImage[i];
        }
        else if(event.getSource()==back){
            i=i-1;
            if(i==-1)   i=3;
            nowImage=myImage[i];
```

```
            }
            else if(event.getSource()==enlarge){
                j++;
                width=nowImage.getWidth(this)+j*10-k*10;
                height=nowImage.getHeight(this)+j*10-k*10;
                canvas.setData(width,height,1);          //设置画布数据
            }
            else{
                k++;
                width=nowImage.getWidth(this)+j*10-k*10;
                height=nowImage.getHeight(this)+j*10-k*10;
                canvas.setData(width,height,1);          //设置画布数据
            }

            canvas.setImage(nowImage);                   //设置画布图像
            canvas.repaint();                            //画布进行重画
        }

        public void itemStateChanged(ItemEvent ie){
            if(ie.getItemSelectable()==choiceMusic){
                play(choiceMusic.getSelectedItem());
            }
        }

        public static void main(String[] args){
            new MyAlbum();
        }
    }

    //继承画布类 Canvas
    class myCanvas extends Canvas{
        Image image;
        int width=0,height=0,
            index=0;                                     //index=1 表示图像缩放，0 无缩放

        public myCanvas(Image im){
            image=im;
        }

        public void setImage(Image im){
            image=im;
        }

        public void setData(int w,int h, int in){
            width=w;
            height=h;
```

```
            index= in;
        }
        public void paint(Graphics g){
            if(index==0)                              //无缩放
                g.drawImage(image,0,0,this);
            else if(index==1)                         //缩放
                g.drawImage(image,0,0,width,height,this);
        }
    }
```

程序运行结果如图 11-1 所示。

11.1.7 文件的输入与输出

在程序 MyAlbum.java 的音乐文件的载入部分，需要应用文件输入流 FileInputStream 类。现在，简单介绍 Java 的输入/输出流类。

使用任何语言编写的程序都会涉及输入/输出操作。常见的情况是输入来自键盘，而输出到显示器。在 Java 语言中，输入/输出的操作是使用"流"来实现的。流（Stream）是指数据在计算机各部件之间的流动，它包括输入流与输出流。输入流（Input Stream）表示从外部设备（键盘、鼠标、文件等）到计算机的数据流动。输出流（Output Stream）表示从计算机到外部设备（屏幕、打印机、文件等）的数据流动。Java 的输入/输出类库 java.io 提供了若干输入流类和输出流类。利用输入流类可以建立输入流对象，利用输入流类提供的成员方法可以从输入设备上将数据读入到程序中。利用输出流类可以建立输出流对象，输出流类提供的成员方法可以将程序中产生的数据写到输出设备上。

在计算机系统中，需要长期保存的数据是以文件的形式存放在磁盘、光盘等外部存储设备中的。程序运行时常常要从文件中读取数据，同时也要把需要长期保存的数据写入文件中。所以文件操作是计算机程序中不可缺少的一部分。

Java 系统提供的 FileInputStream 类是用于读取文件中字节数据的输入流类，FileOutputStream 类是用于向文件写入字节数据的输出流类。表 11-1 列出了 FileInputStream 类和 FileOutputStream 类的构造方法。

表 11-1　FileInputStream 类和 FileOutputStream 类的构造方法

构造方法	说明
public FileInputStream(String name)	用指定的字符串创建 FileInputStream 对象
public FileInputStream(File file)	用指定的文件对象创建 FileInputStream 对象
publicFileInputStream(FileDescriptor fd)	用指定的 FileDescriptor 创建 FileInputStream 对象
public FileOutputStream(String name)	用指定的字符串创建 FileOutputStream 对象
public FileOutputStream(File file)	用指定的文件对象创建 FileOutputStream 对象
public FileOutputStream (FileDescriptor fd)	用指定的 FileDescriptor 创建 FileOutputStream 对象

程序 MyAlbum.java 通过应用表 11-1 中的第 1 个构造方法：

```
FileInputStream fis = new FileInputStream("audio\\"+str);
```

定义且实例化 FileInputStream 类对象 fis，然后用它来定义且实例化音频流 AudioStream 对象 as

```
AudioStream as = new AudioStream(fis);
```

从而可以使用 Java 的音频类库 sun.audio 中方法，在独立应用程序中实现音乐的播放。

【例 11-8】 信息输出到文件 LoginDemo.txt，并读入和显示文件。

```java
//LoginDemo7.java
import java.awt.*;
import java.awt.event.*;
import java.io.*;

public class LoginDemo7 extends Frame implements ActionListener{
    Label lYourInform,lName,lSex;
    Button bEnter,bOpen;
    TextField textName;
    TextArea areaInform;
    Checkbox box1,box2;
    CheckboxGroup boxgroup;

    public LoginDemo7(){
        super("用户个人信息");
        lYourInform=new Label("请输入您的个人信息，单击确定");
        add(lYourInform,BorderLayout.NORTH);

        //中心面板 centerPanel 开始========================
        Panel centerPanel=new Panel();

        //panel1
        Panel panel1=new Panel();
        lName=new Label("姓名:");
        lSex=new Label("性别:");
        textName=new TextField("",6);
        boxgroup=new CheckboxGroup();
        box1=new Checkbox("男",true,boxgroup);
        box2=new Checkbox("女",false,boxgroup);
        panel1.add(lName);
        panel1.add(textName);
        panel1.add(lSex);
        panel1.add(box1);
        panel1.add(box2);
        centerPanel.add(panel1);

        //文本域 areaInform
```

```
      areaInform=new TextArea("",3,30);
      centerPanel.add(areaInform);
      add(centerPanel);
      //中心面板 centerPanel 结束=========================

      //按钮面板 bPanel 开始============================
      Panel bPanel=new Panel();
      bEnter=new Button("确定");
      bEnter.addActionListener(this);                  //对 bEnter 安装监视器
      bOpen=new Button("打开");
      bOpen.addActionListener(this);                   //对 bCancel 安装监视器
      bPanel.add(bEnter);
      bPanel.add(bOpen);
      add(bPanel,BorderLayout.SOUTH);
      //按钮面板 bPanel 结束============================

   setSize(250,220);
   setVisible(true);
}

public void actionPerformed(ActionEvent ae){
   areaInform.setText("");
   if(ae.getSource()==bEnter){
      String str = "姓名: "+textName.getText()+" ";
      if(box1.getState()) {
         str = str + "性别: 男"+"。\n";
      }
      else {
         str = str + "性别: 女"+"。\n";
      }
      try{
         OutputStream out=new FileOutputStream("LoginDemo.txt");   //建立输出流对象
         byte buf[]=str.getBytes();
         out.write(buf);
         //out.writeUTF(str);                                       //以 UTF 形式写入文件
         out.close();
      }
      catch(IOException e){}
      areaInform.setText("存入文件成功！");
   }
   else{
      try{
         InputStream in =new FileInputStream("LoginDemo.txt");    //建立文件输入流对象
         int size=in.available();
         byte b[]=new byte[size];
         if(in.read(b)!=size){
            System.err.println("couldn't read"+size+"bytes.");
         }
```

```
                areaInform.setText(new String(b,0,size));    //用数组 b 从 0 开始长度 size 创建字符串
                //areaInform.setText(""+in.readUTF());       //以 UTF 形式读出文件，供试验
                in.close();
            }
            catch(IOException e){}
        }
    }

    public static void main(String args[]){
        new LoginDemo7();
    }
}
```

运行程序出现如图 11-8a 所示，在图中输入姓名和选择性别后单击"确定"按钮，将出现"存入文件成功！"的信息。若单击按钮"打开"，则在文本域中出现读出文件的内容，如图 11-8b 所示。

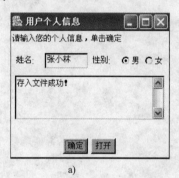 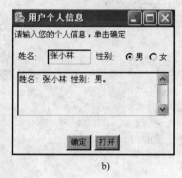

图 11-8　输入和读出文件

a) 输入内容　b) 读出文件

在上面程序中，还以注释形式写入了以 UTF 形式写入文件的语句

```
    out.writeUTF(str);
```

和相应的以 UTF 形式读出文件的语句

```
    areaInform.setText(""+in.readUTF());
```

供读者试验。

有关文件输入/输出的更多知识可以参考文献[1]中的第 10 章。

还可查看文件 LoginDemo7.java 的当前目录，找到文件 LoginDemo.txt，用"记事本"打开文件，可以看到如图 11-9 所示的文件内容。

图 11-9　"记事本"中打开的文件 LoginDemo.txt

11.2 综合案例——音乐日历时钟的图形设计

本节将分步完成多媒体音乐日历时钟程序的图形图像部分设计。

11.2.1 整体界面和图形设计

音乐日历时钟程序整体界面设计为边界布局，在南区将放置一块控制音乐播放的面板，在中区放置面板 mycalendar，上面的时钟和图像部分尚未画出。如图 11-10 所示。

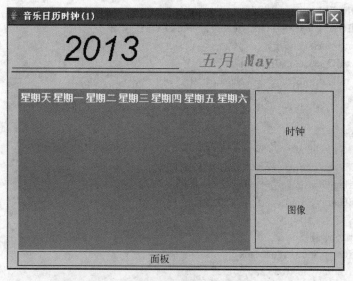

图 11-10　音乐日历时钟整体界面设计示意图

【例 11-9】 音乐日历时钟的日历部分设计一，年月显示。

```java
//MusicCalencdar1.java
import java.awt.*;
import java.util.*;
import java.util.Calendar;

//日历和时钟类
class myCalendar extends Panel{
    Calendar today=Calendar.getInstance();
    String weekName[]={"星期天","星期一","星期二","星期三",
                       "星期四","星期五","星期六"};
    String monthName[]={"一月 January","二月 February","三月 March",
                        "四月 April","五月 May","六月 June",
                        "七月 July","八月 August","九月 September",
                        "十月 October","十一月 November","十二月 December"
    };
    public void paint(Graphics g){
        int i,j;
        Image offImage=createImage(this.getWidth(),this.getHeight());
```

```java
        Graphics offG=offImage.getGraphics();

        //画日历----------------------------------------------------------
        //设置整页背景色为淡灰色
        offG.setColor(new Color(230,230,230));
        offG.fillRect(0, 0, 500, 350);

        //画日历的"星期"
        offG.setColor(new Color(100,230,195));
        offG.fillRect(15,90,340,230);
        offG.setFont(new Font("Helvetica",Font.BOLD,14));
        for (i=0;i<=6;i++) {
            offG.setColor(Color.white);
            offG.drawString(weekName[i],19+i*48,108);
        }

        //画"2013"
        offG.setColor(new Color(0,50,150));
        offG.setFont(new Font("Courier",Font.ITALIC,50));
        String yearString=""+today.get(Calendar.YEAR);
        offG.drawString(yearString,80,50);

        //画水平基线
        offG.setColor(Color.black);
        offG.drawLine(6,60,250,60);
        offG.setColor(new Color(100,200,100));
        offG.drawLine(5,65,495,65);
        offG.drawLine(5,66,495,66);

        //画"月"
        offG.setFont(new Font("Monospaced",Font.BOLD+Font.ITALIC,25));
        offG.setColor(Color.orange);
        offG.drawString(monthName[today.get(Calendar.MONTH)],280,57);
        g.drawImage(offImage,0,0,this);            //将 offImage 一次性画出
    }
}

public class MusicCalendar1 extends Frame{
    myCalendar mycalendar;

    public MusicCalendar1() {
        mycalendar=new myCalendar();
        setLayout(new BorderLayout());
        add("Center",mycalendar);
        setSize(500,380);
        setVisible(true);
```

```
        }
        public static void main(String[] args){
            new MusicCalendar1();
        }
    }
```

程序运行结果如图 11-11 所示，其中时钟部分、图像部分和音乐面板尚未画出。

11.2.2　日历类和双缓冲技术

为完成如图 11-10 的界面，需要画出 2 个矩形，2 条直线，画文字串 9 个，从星期天到星期六、2013 和 5 月 May。由于要较多的图形（包括文字串），如果一个图形一个图形地在屏幕上直接画出来，人眼看到的效果是闪烁。使用双缓冲技术可以减少闪烁，提高屏幕图像的质量。

1. 双缓冲技术 Double-Bufferring

双缓冲技术允许程序不必在屏幕上一次一次地画图形或构造图像，而是在屏幕之外的内存中完成。在完成之后把图像一次性地在屏幕显示。其主要思想方法如下：

先创建一个空的 Image 对象，再将原先程序所做的绘图动作转移到这个 Image 对象上，直到动作全部完成后，再一次性地将这个图像显示到屏幕上。具体步骤如下：

（1）在程序中构造 Image 对象

```
Image offImage=createImage(this.getWidth(),this.getHeight());
```

将用 OffImage 作为画图的空 Image 对象。

（2）再构造 Graphics 的对象

```
Graphics offG=offImage.getGraphics();
```

后面将用它的方法来绘图。

注意，上面构造对象时并没有使用语句

```
offImage=new Image();
offG=new Graphics();
```

来创建这两个对象的实例，因为在这里我们需要**空的对象**。方法 createImage(width, height) 定义在 java.awt.Component 类中的。因为 java.applet.Applet 是 java.awt.Component 的子类，所以它也继承了这个方法。设计 createImage()方法的目的是用来制造一个可以接受绘图动作的空 Image 对象，对其使用 double-buffering 技术。

（3）把 paint()方法中原来执行的绘图动作都先转移到备用屏幕 offG 上。例如，用

```
offG.setColor(new Color(230,230,230));
```

对 offG 设置整页背景色为淡灰色。然后

```
offG.fillRect(0, 0, 500, 350);
```

在 offG 上画填充矩形。总之，所有的绘图动作都先转移到备用屏幕 offG 上。

（4）最后，也是最重要的一步。将在备用屏幕 offG 上完成的"图"（OffImage）一次性地在前台画出

```
g.drawImage(OffImage,0,0,this);
```

2．日历类 Calendar

Calendar 类是用于处理日期和时间的类，与挂在墙壁上日历有许多相似之处。关于 Calendar 类的变量域，可以通过 get()和 set()成员方法来获取或者设置其域值：

```
Calendar cal=Calendar.getInstance();                        //获取默认的 Calendar 实例
int    year=cal.get(Calendar.YEAR);                         //获取今年的年份
int    maxdate=cal.getActualMaximum(Calendar.DAY_OF_MONTH); //获取本月最多的天数
cal.set(Calendar.MONTH,Calendar.NOVEMBER);                  //设置本月为 11 月
```

日历类有许多参数，表 11-2 列出了部分参数和方法 get（Calendar.参数）返回值的意义。

表 11-2　方法 get（Calendar.参数）返回值的意义

参　　数	方法 get（Calendar.参数）返回值的意义
DATE	今天的日期，几号
MONTH	本年的月份，返回 0 表示 1 月（January），返回数值 11 表示 12 月（December）
YEAR	今年，比如 2008
DAY_OF_MONTH	当天是本月的第几天，即日期的日
DAY_OF_YEAR	当天是本年中的第几天，比如 12 月 2 日对应第 336 天
DAY_OF_WEEK	本星期的第几天，返回 1 对应星期天 SUN，返回 7 对应星期六 SAT
WEEK_OF_MONTH	当天属于本月中的第几个星期，从 1 开始

【例 11-10】 Calendar 类方法的应用。

```java
//CalendarDemo.java
import java.util.*;

public class CalendarDemo{
    public static void main(String args[]){
        Calendar cal=Calendar.getInstance();//获取默认的 Calendar 实例
        String year =String.valueOf(cal.get(Calendar.YEAR));            //获取年份
        String month=String.valueOf(cal.get(Calendar.MONTH)+1);         //获取月份
        String date =String.valueOf(cal.get(Calendar.DAY_OF_MONTH));    //获取日期
        String day  =String.valueOf(cal.get(Calendar.DAY_OF_WEEK)-1);   //获取星期几
        int hour   =cal.get(Calendar.HOUR_OF_DAY);                      //获取时间，时
        int minute=cal.get(Calendar.MINUTE);                            //获取时间，分
        int second=cal.get(Calendar.SECOND);                            //获取时间，秒
        System.out.println("现在的时间是：");
        System.out.println(""+year+"年"+month+"月"+date+"日"+"星期"+day);
        System.out.println(""+hour+"时"+minute+"分"+second+"秒");
```

```
        cal.set(2008,7,8);                        //将日历翻到 2008 年 8 月 8 日，0 表示 1 月
        long time88=cal.getTimeInMillis();
        cal.set(2013,4,22);
        long time422=cal.getTimeInMillis();       //返回当前时间，作为从开始时间的 UTC 毫秒值
        long interdays=(time422-time88)/(1000*60*60*24);
        System.out.println("2013 年 5 月 22 日与 2008 年 8 月 8 日相隔"+interdays+"天");
    }
}
```

程序运行结果如下。

现在的时间是：
2013 年 5 月 22 日星期 3
8 时 43 分 58 秒
2013 年 5 月 22 日与 2008 年 8 月 8 日相隔 1748 天

下面例题用双缓冲技术和日历类的方法完成音乐日历时钟的日历部分设计。

【例 11-11】 音乐日历时钟的日历部分设计二。

```
//MusicCalencdar2.java,
import java.awt.*;
import java.util.*;
import java.util.Calendar;
import javax.swing.*;

//关于日历和时钟的类.
class myCalendar extends Panel{
    Calendar today=Calendar.getInstance();
    String weekName[]={ "星期天","星期一","星期二","星期三",
                        "星期四","星期五","星期六"
                      };
    int lastxs=0, lastys=0, lastxm=0, lastym=0, lastxh=0, lastyh=0;
    public void paint(Graphics g){
        int i,j;
        Image offImage=createImage(this.getWidth(),this.getHeight());
        Graphics offG =offImage.getGraphics();

        //画日历-----------------------------------------------------------
        //设置整页背景色为淡灰色
        offG.setColor(new Color(230,230,230));
        offG.fillRect(0, 0, 500, 350);

        //画日历的"星期"
        offG.setColor(new Color(100,230,195));
        offG.fillRect(15,90,340,230);
        offG.setFont(new Font("Helvetica",Font.BOLD,14));
        for (i=0;i<=6;i++) {
```

```java
            offG.setColor(Color.white);
            offG.drawString(weekName[i],19+i*48,108);
        }

        //画"日"
        boolean raised=true;
        offG.setFont(new Font("Serif",Font.PLAIN,20));
        Calendar newDay=Calendar.getInstance();
        newDay.set(Calendar.DATE,1);                              //日历翻到本月第1天
        int grid=newDay.get(Calendar.DAY_OF_WEEK)-1;              //获取本月第1天是星期几
        int maxday=newDay.
                getActualMaximum(Calendar.DAY_OF_MONTH);  //取本月最后一天
        int k=1;
        for (j=0;j<=5;j++) {
            for (i=0;i<=6;i++) {
                if(k==today.get(Calendar.DATE)){
                    offG.setColor(Color.lightGray);               //当天，用浅灰色
                }
                else{
                    offG.setColor(new Color(180,255,220));        //日历每格日期的颜色
                }
                offG.fill3DRect(17+i*48,114+j*34,48,34,raised);   //画填充矩形
                if(i==0||i==6){
                    offG.setColor(Color.red);                      //星期六、日用红色
                }
                else{
                    offG.setColor(Color.black);                    //其他用黑色
                }
                if(j==0&&i>=grid){                                 //开头几格不打印
                    offG.drawString(""+(k++),28+i*48,138+j*34);
                }
                else if(j>0&&k<=maxday){                           //超过本月最大天数不打印
                    offG.drawString(""+(k++),28+i*48,138+j*34);
                }
            }
        }//画日历结束--------------------------------------------------------
        g.drawImage(offImage,0,0,this);                            //将 offImage 一次性画出
    }
}

public class MusicCalendar2 extends Frame{
    myCalendar mycalendar;
    public MusicCalendar2() {
        setTitle("音乐日历时钟(2)");
        mycalendar=new myCalendar();
        setLayout(new BorderLayout());
```

```
        add("Center",mycalendar);
        setSize(500,380);
        setVisible(true);
    }

    public static void main(String[] args){
        new MusicCalendar2();
    }
}
```

程序运行结果如图 11-11 所示。

图 11-11 音乐日历时钟之日历部分设计

3．画日历中的算法

画日历需要解决日历开头空格数 grid 的计算问题，即需要知道本月的 1 号是星期几。下面是其算法步骤：

（1）定义 Calendar 对象 newDay

  Calendar newDay=Calendar.getInstance();

（2）设置日期为本月第 1 天

  newDay.set(Calendar.DATE,1);

（3）注意表 11-2，用 get(Calendar.DAY_OF_WEEK)获取本星期第 1 天是星期几，然后计算"日历"中的本月 1 号前的空格数 grid

  int grid=newDay.get(Calendar.DAY_OF_WEEK)-1;

（4）计算本月的最后一天 maxday 是几号

  int maxday=newDay.getActualMaximum(Calendar.DAY_OF_MONTH);

有了这几个数据就可画出基本的日历了。在上面的程序中，使用了颜色区别当天日期，星期六和星期日等，使日历更美观且更接近于实际的日历。

11.2.3 图像映射

图像映射是网页上经常应用的技术。下面介绍 Java 中使用鼠标监视器 MouseListener 的图像映射技术，以及在本程序切换图像中的应用。

1．鼠标监视器 MouseListener

鼠标监视器 MouseListener 有 5 个方法：

- mousePressed()：鼠标按下时调用。
- mouseReleased()：鼠标松开时调用。
- mouseClicked()：鼠标完成上面两个动作，合并为一次鼠标单击时调用。
- mouseEntered()：鼠标进入时调用。
- mouseExited()：鼠标离开时调用。

因为鼠标监视器是一个接口，所以在使用时必须全部实现上面的 5 个方法。

2．鼠标事件 MouseEvent

鼠标事件的主要方法有：

- getModifiers()：返回的键值是常数 MouseEvent. BUTTON1_MASK（左键）、MouseEvent. BUTTON2_MASK（中键）、MouseEvent.BUTTON3_MASK（右键）。从而可以区分鼠标的左键和右键，其中的中键现已很少使用了。
- getX()、getY()：分别返回鼠标的 x、y 坐标值。

3．关于图像映射

下面的程序 MusicCalencdar3.java 实现本地机的图像映射。只要鼠标单击图像区域 30<=x<=150，35<=y<=140，就能实现图 11-12 中左右两幅图之间的切换。这两幅图像文件 pic1.jpg 和 pic2.jpg 是预先放在 Java 文件的当前目录。图像切换的原理是覆盖 MouseListener 接口的方法 mouseClicked()。其算法非常简单，只要在定义的区域内，使单击方法 mouseClicked()生效即可。例如，可用

```
            if((e.getModifiers()== MouseEvent.BUTTON1_MASK)&&
                            (x >= 30)&&(x <= 150)&&(y >= 35)&&(y <= 140)){
        [设计动作];
        repaint();          //再次调用 paint()方法，重画
    }
```

实现鼠标单击区域 30 <= x <= 150，35 <= y <= 140 后的动作。

【例 11-12】 音乐日历时钟之图像映射设计。

```
//MusicCalencdar3.java
import java.awt.*;
import java.awt.event.*;

public class MusicCalendar3 extends Frame implements MouseListener{
    int imageNum = 0;
    Image image1,image2;
    boolean bMouseClicked = false;
```

```java
    public MusicCalendar3() {
        setTitle("音乐日历时钟(3)");
        image1=Toolkit.getDefaultToolkit().getImage("pic1.jpg");
        image2=Toolkit.getDefaultToolkit().getImage("pic2.jpg");
        setSize(220,150);
        setVisible(true);
        this.addMouseListener(this);
    }

    public void paint(Graphics g){
        if(!bMouseClicked) {
            g.drawImage(image1,50,38,120,100,this);
        }
        else{
            Image image = (imageNum == 0 ? image1 : image2 );
            g.drawImage(image,50,38,120,100,this);
        }
    }

    public void mouseClicked(MouseEvent e){
        int x = e.getX(), y = e.getY();
        bMouseClicked = true;

        if((e.getModifiers()== MouseEvent.BUTTON1_MASK)&&
                (x >= 30)&&(x <= 150)&&(y >= 35)&&(y <= 140)){
            imageNum ^= 1;
            repaint();
        }
    }

    public void mouseEntered(MouseEvent evt) {}
    public void mouseExited(MouseEvent evt) {}
    public void mousePressed(MouseEvent evt) {}
    public void mouseReleased(MouseEvent evt){}

    public static void main(String[] args){
        new MusicCalendar3();
    }
}
```

程序运行结果如图 11-12 所示。当单击左右图中的任何一幅图，都能实现图像的切换。读者还可增加几幅图，实现更多图像的切换。

图 11-12 音乐日历时钟的图像映射

11.3 习题

1. 填空题

按照提示要求在空白处填入适当的代码,完成如图 11-13 所示的 RGB 圆环。

```java
//drawCircle.java
import java.awt.*;
import java.awt.event.*;

public class drawCircle extends Frame{
  int x1,y1,x,y,r;

  public drawCircle(){
     x1=100; y1=110; r=60;
     ____(1)____ ;      //设置窗口大小为 200X200
     ____(2)____ ;      //设置窗口可见
     addWindowListener( new WindowAdapter(){
       public void windowClosing(WindowEvent e){
          System.exit(0);
       }
     });
  }

  public void paint(Graphics g){
     for(int j=10;j<=r;j=j+10){
       for(int i=0;i<=360;i=i+10){
          x=(int)(x1+j*Math.cos(i*Math.PI/180.0));
          y=(int)(y1+j*Math.sin(i*Math.PI/180.0));
          if(____(3)____)                  //当 i 被 3 整除
            ____(4)____ ;                  //设置红色
          else if(____(5)____)             // 当 i 被 3 除余数为 1
            ____(6)____ ;                  //设置绿色
          else
            ____(7)____ ;                  //设置蓝色
```

```
            g.drawString("*",x,y);
        }
    }
}

    public static void main(String[] args){
        new drawCircle();
    }
}
```

图 11-13　RGB 圆环

2．编程题

修改程序 MusicCalendar3.java 实现至少 3 幅图像的映射切换。

第 12 章　动 画 设 计

本章将学习使用多线程设计动画。仅有活动文字的动画称为文字动画，而将含有活动图形和图像的动画称为图形动画。

12.1　综合案例——文字动画

文字动画在电子广告中经常用到，其主要功能是活动的文字。

12.1.1　逐个显示字符串

在一幅背景图像上逐个显示字符串"Welcome To Java！"。

【例 12-1】　文字动画，逐个显示字符串。

```java
//WelcomeToJava.java
import java.applet.Applet;
import java.awt.*;
/*
 *<HTML>
 *<applet code="WelcomeToJava.class" align="baseline" width="500" height="250">
 *    <param name="bkimage" value="PIC5.jpg">
 *</applet>
 *</HTML>
 **/
public class WelcomeToJava extends Applet implements Runnable {
    char letters[]={'W','e','l','c','o','m','e',' ','t','o',' ','J','a','v','a','!'};
    Thread flyThread;
    Image offScreen;
    Image image;

    Font font;
    FontMetrics fm;
    Dimension dim;
    MediaTracker mt;
    boolean flag=false;

    //初始化小程序
    public void init() {
        dim = getSize();
```

```java
        offScreen = createImage(dim.width, dim.height);

        font = new Font("Helvetica", 3, 36);
        FontMetrics fontmetrics = getFontMetrics(font);

        mt = new MediaTracker(this);
        image = getImage(getDocumentBase(), getParameter("bkimage"));//从 HTML 中获取图像
        mt.addImage(image, 0);
        try {
            mt.waitForID(0);
        }
        catch(InterruptedException e) {
            return;
        }
    }

    //启动线程
    public void start(){
        if(flyThread == null) {
            flag = true;
            flyThread = new Thread(this);
            flyThread.start();
        }
    }

    //停止小程序
    public void stop() {
        flag=false;
    }

    int i = 0;
    int wSum=80,w=0, gap=2, y=0;
    public void run(){                                      //属于多线程的方法
        Graphics offG=offScreen.getGraphics();
        offG.drawImage(image, 0, 0, this);                  //画背景图

        Graphics g=getGraphics();
        offG.setFont(font);
        fm=getFontMetrics(font);

        while(flag){
            if(i<letters.length){
                offG.setColor(new Color(255,0,0));          //画文字
                y = (int)(20*Math.sin(0.05*(wSum−10))+80.0);//设置文件为红色
                offG.drawChars(letters,i,1,wSum,y);
                g.drawImage(offScreen, 0, 0, null);
```

```
                w=fm.charWidth(letters[i]);
                wSum=wSum+w+gap;
                try{
                    flyThread.sleep(200);                    //延时200ms
                }
                catch(InterruptedException e){}
                i++;
            }
            if(i==letters.length){
                offG.drawImage(image, 0, 0, this);           //画背景图
                g.drawImage(offScreen, 0, 0, null);
                try{
                    flyThread.sleep(200);                    //延时200ms
                }
                catch(InterruptedException e){}
                wSum=80;
                w=0;
                gap=2;
                y=0;
                i=0;
            }
        }
    }
}
```

程序运行结果，如图 12-1 所示。

图 12-1　文字动画

下面介绍文字以曲线排列显示的算法，以正弦函数 sin(x) 为例。

1．文字按曲线排列的算法

以曲线 y=20*sin(0.05*(x-10))+80 为例。下面是一个 while 循环的算法步骤：

1）初始化各变量如下：

```
    int wSum=80,              //初始化字符的横坐标
        w=0,                  //初始化单个字符宽度
        gap=2,                //初始化字符间隔
        y=0;                  //初始化字符串纵坐标
```

2）当 i<letters.length 时，进入下一步 3），否则进入步骤 11）。
3）为缓冲图 offG 设置前景色为红色。
4）用 y = (int)(20*Math.sin(0.05*(wSum-10))+80) 计算字符串的纵坐标。
5）在坐标(wSum,y)处的缓冲图 offG 中画出字符数组 letters 中的第 i 个字符。
6）将缓冲图 offG 在屏幕上画出。
7）计算第 i 个字符的宽度 w。
8）用公式 wSum=wSum+w+gap 计算得到下一个字符的横坐标。
9）延时 200ms。
10）i 增 1，返回步骤 2）。
11）在缓冲图 offG 中画背景图 image。
12）将缓冲图 offG 在屏幕上画出，其作用上擦除屏幕上所有的文字。
13）延时 200ms。

2．Math 类

在程序中首次使用了正弦函数 sin(x)。C 语言中的三角函数、随机函数等在 Java 中都有相应的方法，这些方法都属于 Math 类，使用时必须用形式 Math.sin(x)。注意这些三角函数的变量是以弧度为单位的。若要使用通常的"度"为单位，在 Math 类中有一个方法 toRadians(z)将度转变的弧度。比如，Math.toRadians(90)=Math.PI/2，而后者正是 Java 中的弧度形式，注意这里的"Math."是不能缺少的。

12.1.2 文字浮动的多线程程序

在第 9 章例 9-6 程序 flying.java 中，我们使用了时间触发器 timer 而没使用多线程，下面将其修改为多线程程序。

【例 12-2】 将例题 9-6 改为多线程程序。文字的漂浮方式也进行一些修改，使字符串能来回漂浮。

```
//flyingThread.java
import javax.swing.*;
import java.awt.*;
/*
 *<HTML>
 *<APPLET CODE="flyingThread.class" ALIGN="baseline"
 *         WIDTH="500" HEIGHT="250">
 *   <PARAM NAME="bkimage" VALUE="PIC5.jpg">
 *   <PARAM NAME="text" VALUE="我正在飞翔...">
 *</APPLET>
```

```java
*</HTML>
*/
public class flyingThread extends JApplet implements Runnable {
    int xStep = 1, yStep = 0,
        xPos   = 0, yPos   = 0, textW = 0;
    Thread flyThread;
    Image offScreen;
    Image image;

    Font font=null;
    Dimension dim;
    MediaTracker mt;
    String inputText;

    //初始化小程序
    public void init() {
        dim = getSize();
        offScreen = createImage(dim.width, dim.height);

        inputText = getParameter("text");                       //从 HTML 中获取字符串参数
        if(inputText == null)
            inputText = "Hello! World!";
        font = new Font("Helvetica", 2, 25);
        FontMetrics fontmetrics = getFontMetrics(font);
        textW = fontmetrics.stringWidth(inputText);             //计算字符串的宽度

        mt = new MediaTracker(this);
        image = getImage(getDocumentBase(), getParameter("bkimage"));//取背景图像
        mt.addImage(image, 0);
        try {
            mt.waitForID(0);
        }
        catch(InterruptedException e) {
            return;
        }
    }

    //启动线程
    public void start(){
        if(flyThread == null) {
            flyThread = new Thread(this);
            flyThread.start();
        }
    }

    //停止小程序
```

```java
    public void stop() {
        flyThread = null;
    }

    //运行线程
    public void run() {
        while(flyThread != null) {
            try {
                Thread.sleep(100L);
            }
            catch(InterruptedException ex) {
                return;
            }
            setpos();                              //设置位置
            repaint();                             //重画
        }
    }

    //设置位置函数
    public void setpos(){
        xPos = xPos + xStep;    yPos = yPos + yStep;

        if(xPos >= 500-textW){
            xPos = 500-textW;    xStep=-xStep;
        }

        if(xPos < 0){
            xPos = 0;    xStep=-xStep;
        }

        if(yPos > 50) yStep = -1;
        if(yPos < 20) yStep = 1;
    }

    //画屏函数
    public void paint(Graphics g) {
Graphics offG=offScreen.getGraphics();
        offG.drawImage(image, 0, 0, this);         //画背景图

        //画字符串
        offG.setColor(Color.red);
        offG.setFont(font);
        offG.drawString(inputText, xPos, yPos);
        g.drawImage(offScreen, 0, 0, null);
    }
```

```
    //更新屏幕方法
    public void update(Graphics g) {
        paint(g);
    }
}
```

程序运行结果如图 12-1 所示。

[编程说明]

本程序是单向浮动。如果要修改为来回浮动,只要对漂浮算法作如下的修改:

1) 当字符串的右边界到达或超过 Applet 的右边框时,即 xPos >= 500-textW 时,设置

```
xPos = 500-textW  且  xStep=-xStep
```

其作用是文字串反向移动。

2) 设置字符串右边界在 xPos = 500-textW 时,水平移动步长反向,即设置 xStep=-xStep。

3) 当字符串的右边界到达或超过 Applet 的左边框时,即 xPos <= 0 时,设置 xPos = 0,且 xStep = xStep。

4) 设置字符串右边界在 xPos=0,且水平移动步长反向,即 xStep=-xStep; 其余部分不变。

12.2 综合案例——图形动画

一般地,称在动画中需要画出图形或图像的一类动画为图形动画。本节将学习时钟线程,并在实例 12-4 的音乐日历时钟程序之中进行应用。

12.2.1 音乐日历时钟的完全实现

1. 时钟线程

现在要使用线程完成时钟的程序。

【例 12-3】 时钟线程。

```
//Clock.java,
import java.util.Calendar;
import java.awt.*;
import javax.swing.*;
/*
 *<HTML>
 *    <APPLET CODE=Clock.class WIDTH=100 HEIGHT=100>
 *    </APPLET>
 *</HTML>
 */
public class Clock extends JApplet implements Runnable {
    Thread timer = null;
    int lastxs=0, lastys=0, lastxm=0, lastym=0, lastxh=0, lastyh=0;
    //初始化小程序
```

```java
public void init() {
    resize(160,150);                        //设置时钟窗口的大小
}

// 画屏函数
public void paint(Graphics g) {
    int xh, yh,                             //时针坐标
        xm, ym,                             //分针坐标
        xs, ys,                             //秒针坐标
        s, m, h,                            //秒、分、时
        xc = 80, yc = 70;                   //表面中心坐标
    Calendar time=Calendar.getInstance();
    s = time.get(Calendar.SECOND);          //获取秒
    m = time.get(Calendar.MINUTE);          //获取分
    h = time.get(Calendar.HOUR);            //获取时

    //计算秒、分、时针位置
    xs = (int)(Math.cos(s * 3.14f/30 - 3.14f/2) * 45 + xc);
    ys = (int)(Math.sin(s * 3.14f/30 - 3.14f/2) * 45 + yc);
    xm = (int)(Math.cos(m * 3.14f/30 - 3.14f/2) * 40 + xc);
    ym = (int)(Math.sin(m * 3.14f/30 - 3.14f/2) * 40 + yc);
    xh = (int)(Math.cos((h*30 + m/2) * 3.14f/180 - 3.14f/2) * 30 + xc);
    yh = (int)(Math.sin((h*30 + m/2) * 3.14f/180 - 3.14f/2) * 30 + yc);

    //画表盘
    g.setFont(new Font("TimesRoman", Font.PLAIN, 14));
    g.setColor(Color.blue);
    g.drawOval(xc-50,yc-50,100,100);        //画表面圆周
    g.setColor(Color.darkGray);
    g.drawString("9",xc-45,yc+3);
    g.drawString("3",xc+40,yc+3);
    g.drawString("12",xc-5,yc-37);
    g.drawString("6",xc-3,yc+45);

    g.setColor(Color.darkGray);
    g.drawLine(xc, yc, xs, ys);             //画秒针
    g.setColor(Color.blue);
    g.drawLine(xc, yc-1, xm, ym);
    g.drawLine(xc-1, yc, xm, ym);
    g.drawLine(xc, yc-1, xh, yh);
    g.drawLine(xc-1, yc, xh, yh);

    //用背景色重画,擦除旧针
    g.setColor(getBackground());
    if (xs != lastxs || ys != lastys) {     //当新旧针位置不同
        g.drawLine(xc, yc, lastxs, lastys); //擦除旧秒针
```

```java
        }
        if (xm != lastxm || ym != lastym) {           //当新旧针位置不同
            g.drawLine(xc, yc-1, lastxm, lastym);     //擦除旧分针
            g.drawLine(xc-1, yc, lastxm, lastym);
        }
        if (xh != lastxh || yh != lastyh) {           //当新旧针位置不同
            g.drawLine(xc, yc-1, lastxh, lastyh);     //擦除旧时针
            g.drawLine(xc-1, yc, lastxh, lastyh);
        }
        lastxs=xs; lastys=ys;
        lastxm=xm; lastym=ym;
        lastxh=xh; lastyh=yh;
    }

    public void start() {
        if(timer == null) {
            timer = new Thread(this);
            timer.start();
        }
    }

    public void stop() {
        timer = null;
    }

    public void run() {
        while (timer != null) {
            try {Thread.sleep(100);}
            catch (InterruptedException e){}
            repaint();
        }
    }

    public void update(Graphics g) {
        paint(g);
    }
}
```

程序运行结果如图 12-2 所示。

[编程说明]

本例题中，为画出时钟表面使用了很多次作图函数，为减少闪烁在下面的实例中使用了双缓冲技术，参见第 11 章 11.2.2 节。

2．实例音乐日历时钟程序

将第 11 章的 MusicCalendar1-5 的 java 程序与上面的 Clock.java 结合，并统一写成 Applet，就完成了实例音乐日历时钟程序。

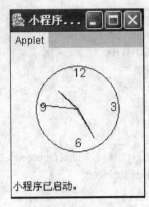

图 12-2 时钟

【例 12-4】 实例音乐日历时钟完整程序。

```java
//MusicCalencdar.java
import java.awt.*;
import java.awt.event.*;
import javax.swing.*;
import java.applet.*;
import java.util.Calendar;
/*
 *<HTML>
 * <APPLET CODE=MusicCalendar.class WIDTH=500 HEIGHT=380>
 * </APPLET>
 *</HTML>
 */
public class MusicCalendar extends JApplet implements Runnable,MouseListener{
    int imageNum = 0;
    Thread timer = null;
    Image image,image1,image2;
    boolean bMouseClicked = false;
    Calendar today=Calendar.getInstance();
    int lastxs=0, lastys=0, lastxm=0, lastym=0, lastxh=0, lastyh=0;

    String weekName[]={"星期天","星期一","星期二","星期三",
                       "星期四","星期五","星期六"};
    String monthName[]={"一月 January","二月 February",  "三月 March",
                        "四月 April",  "五月 May",       "六月 June",
                        "七月 July",   "八月 August",    "九月 September",
                        "十月 October","十一月 November","十二月 December"
                       };

    public void init() {
        setLayout(new BorderLayout());
        AudioPlayer audio=new AudioPlayer();
        image1=getImage(getCodeBase(),"pic1.jpg");
```

```
        image2=getImage(getCodeBase(),"pic2.jpg");
        image=image1;
        add(audio,BorderLayout.SOUTH);
        this.addMouseListener(this);
    }

    public void paint(Graphics g){
        int i,j;
        Image offImage=createImage(this.getWidth(),this.getHeight());
        Graphics offG=offImage.getGraphics();

        //画日历----------------------------
        //设置整页背景色为淡灰色
        offG.setColor(new Color(230,230,230));
        offG.fillRect(0, 0, 500, 350);

        //画日历的"星期"
        offG.setColor(new Color(100,230,195));
        offG.fillRect(15,90,340,230);
        offG.setFont(new Font("Helvetica",Font.BOLD,14));
        for (i=0;i<=6;i++) {
            offG.setColor(Color.white);
            offG.drawString(weekName[i],19+i*48,108);
        }

        //画"2008"
        offG.setColor(new Color(0,50,150));
        offG.setFont(new Font("Courier",Font.ITALIC,50));
        String yearString=""+today.get(Calendar.YEAR);
        offG.drawString(yearString,80,50);

        //画水平基线
        offG.setColor(Color.black);
        offG.drawLine(6,60,250,60);
        offG.setColor(new Color(100,200,100));
        offG.drawLine(5,65,495,65);
        offG.drawLine(5,66,495,66);

        //画"月"
        offG.setFont(new Font("Monospaced",Font.BOLD+Font.ITALIC,25));
        offG.setColor(Color.orange);
        offG.drawString(monthName[today.get(Calendar.MONTH)],280,57);

        //画"日"
        boolean raised=true;
        offG.setFont(new Font("Serif",Font.PLAIN,20));
```

```java
Calendar newDay=Calendar.getInstance();
newDay.set(Calendar.DATE,1);                            //日历翻到本月第1天
int grid=newDay.get(Calendar.DAY_OF_WEEK)-1;            //获取本月第1天是星期几
int maxday=newDay.getActualMaximum(Calendar.DAY_OF_MONTH);//取月最后一天
int k=1;
for (j=0;j<=5;j++) {
    for (i=0;i<=6;i++) {
        if(k==today.get(Calendar.DATE))
            offG.setColor(Color.lightGray);             //当天，用浅灰色
        else
            offG.setColor(new Color(180,255,220));      //日历每格日期的颜色
        offG.fill3DRect(17+i*48,114+j*34,48,34,raised); //画填充矩形
        if(i==0||i==6)
          offG.setColor(Color.red);                     //星期六、日用红色
        else
          offG.setColor(Color.black);                   //其他用黑色
        if(j==0&&i>=grid)                               //开头几格不打印
            offG.drawString(""+(k++),28+i*48,138+j*34);
        else if(j>0&&k<=maxday)                         //超过本月最大天数不打印
            offG.drawString(""+(k++),28+i*48,138+j*34);
    }
}//画日历结束--------------------------

//画风景图
offG.drawImage(image,367,218,120,100,this);


//画钟---------------------------------
int xh, yh,                                             //时针坐标
    xm, ym,                                             //分针坐标
    xs, ys,                                             //秒针坐标
    s, m, h,                                            //秒、分、时
    xc=425, yc=145;                                     //表面中心坐标

Calendar time=Calendar.getInstance();
s = time.get(Calendar.SECOND);                          //获取秒
m = time.get(Calendar.MINUTE);                          //获取分
h = time.get(Calendar.HOUR);                            //获取时

//计算秒、分、时针位置
xs = (int)(Math.cos(s * 3.14f/30 - 3.14f/2) * 45 + xc);
ys = (int)(Math.sin(s * 3.14f/30 - 3.14f/2) * 45 + yc);
xm = (int)(Math.cos(m * 3.14f/30 - 3.14f/2) * 40 + xc);
ym = (int)(Math.sin(m * 3.14f/30 - 3.14f/2) * 40 + yc);
xh = (int)(Math.cos((h*30 + m/2) * 3.14f/180 - 3.14f/2) * 30 + xc);
yh = (int)(Math.sin((h*30 + m/2) * 3.14f/180 - 3.14f/2) * 30 + yc);
```

```java
        //画钟面
        offG.setFont(new Font("TimesRoman", Font.PLAIN, 14));
        offG.setColor(Color.blue);
        offG.drawOval(xc-50,yc-50,100,100);                     //画钟面圆周
        offG.setColor(Color.darkGray);
        offG.drawString("9",xc-45,yc+3);
        offG.drawString("3",xc+40,yc+3);
        offG.drawString("12",xc-5,yc-37);
        offG.drawString("6",xc-3,yc+45);

        offG.setColor(Color.pink);
        offG.drawLine(xc, yc, xs, ys);                          //画秒针
        offG.setColor(Color.blue);
        offG.drawLine(xc, yc-1, xm, ym);                        //画分针
        offG.drawLine(xc-1, yc, xm, ym);
        offG.drawLine(xc, yc-1, xh, yh);                        //画时针
        offG.drawLine(xc-1, yc, xh, yh);

        //用背景色重画,擦除旧针
        offG.setColor(new Color(230,230,230));
        if (xs != lastxs || ys != lastys) {                     //当新旧针位置不同
            offG.drawLine(xc, yc, lastxs, lastys);              //擦除旧秒针
        }
        if (xm != lastxm || ym != lastym) {                     //当新旧针位置不同
            offG.drawLine(xc, yc-1, lastxm, lastym);            //擦除旧分针
            offG.drawLine(xc-1, yc, lastxm, lastym);
        }
        if (xh != lastxh || yh != lastyh) {                     //当新旧针位置不同
            offG.drawLine(xc, yc-1, lastxh, lastyh);            //擦除旧时针
            offG.drawLine(xc-1, yc, lastxh, lastyh);
        }
        lastxs=xs; lastys=ys;
        lastxm=xm; lastym=ym;
        lastxh=xh; lastyh=yh;
        //画钟结束--------------------------

        g.drawImage(offImage,0,0,this);                         //将 offImage 一次性画出
    }

    public void start() {
        if(timer == null) {
            timer = new Thread(this);
            timer.start();
        }
    }
```

```java
public void stop() {
    timer = null;
}

public void run() {
    while (timer != null) {
        try {
            Thread.sleep(200);
        }
        catch (InterruptedException e){}
        repaint();
    }
}

public void update(Graphics g){
    paint(g);
}

public void mouseClicked(MouseEvent e){
    int x = e.getX(), y = e.getY();
    bMouseClicked = true;
    if((e.getModifiers()== MouseEvent.BUTTON1_MASK)&&
            (x >= 360)&&(x <= 490)&&(y >= 210)&&(y <= 320)){
        imageNum ^= 1;
        image = (imageNum == 0 ? image1 : image2 );
        repaint();
    }
}

public void mouseEntered(MouseEvent evt)   {}
public void mouseExited( MouseEvent evt)   {}
public void mousePressed(MouseEvent evt)   {}
public void mouseReleased(MouseEvent evt) {}

class AudioPlayer extends Panel implements ActionListener{
    AudioClip au;
    JButton play,loop,stop;
    JLabel label;

    public AudioPlayer(){
        setLayout(new FlowLayout());
        setBackground(new Color (160,255,160));
        au=getAudioClip(getCodeBase(),"liangmusic.au");
        label=new JLabel("音乐日历时钟");
        play=new JButton ("播放");
        loop=new JButton ("循环");
```

```
        stop=new JButton ("停止");
        add(label);        add(play);        add(loop);        add(stop);
        play.addActionListener(this);
        loop.addActionListener(this);
        stop.addActionListener(this);
    }
    public void actionPerformed(ActionEvent e){
        if (e.getSource()==play)        au.play ();
        else if(e.getSource()==loop)    au.loop ();
        else if(e.getSource()==stop)    au.stop ();
    }
}
```

运行的结果如图 12-3 所示。单击"播放"或"循环"按钮可以播放音乐，单击图像区域可以切换图像。读者可以增加图像，实现在多幅图像之间的切换。

图 12-3　音乐日历时钟

12.2.2　多媒体动画 welcomeYou

现在学习设计实例 12-5 多媒体动画 welcomeYou。从简单到复杂，一步一步地完成这个动画。下面的程序 welcomeYou1.java 将制作能暂停、恢复运动的动画并有音乐伴奏。

【例 12-5】 多线程在多媒体动画中的应用一（无背景图像）。

```
    // welcomeYou1.java
```

```java
import java.awt.*;
import java.applet.*;
import java.awt.event.*;
/*
 *<HTML>
 *   <APPLET CODE=welcomeYou1.class WIDTH=430 HEIGHT=300>
 *   </APPLET>
 *</HTML>
 */
public class welcomeYou1 extends Applet implements ActionListener, Runnable {
    Image images[] = new Image[10];
    Image nowImage;
    Thread   thread;
    AudioClip sound;
    Button suspendButton, resumeButton;
    boolean animateFlag = true;
    boolean goFlag = true;
    String text;
    int index = 0;

    public void init() {
        for(int i = 0; i<10; i++){
            images[i] = getImage(getCodeBase(), "duke/T" + i + ".gif");
        }
        setLayout(null);
        suspendButton = new Button("Suspend");
        add(suspendButton);
        suspendButton.setBounds(120, 230, 60, 30);
        suspendButton.addActionListener(this);

        resumeButton = new Button("Resume");
        add(resumeButton);
        resumeButton.setBounds(210, 230, 60, 30);
        resumeButton.addActionListener(this);
    }

    public synchronized void actionPerformed(ActionEvent e) {
        if(e.getSource()== suspendButton) {
            goFlag = false;
        }
        if(e.getSource()== resumeButton) {
            goFlag = true;
            notify();
        }
    }
```

```java
        public void start() {
            thread = new Thread(this);
            thread.start();
        }

        public void stop(){
            animateFlag = false;
        }

        public void run() {
            sound=getAudioClip(getCodeBase(), "spacemusic.au");
            sound.loop();
            while(animateFlag) {
                nowImage = images[index++];
                if(index > 9) index = 0;
                repaint();
                try {
                    thread.sleep(200);
                    synchronized(this){ while(!goFlag)    wait(); }
                }
                catch(InterruptedException e) {}
            }
        }

        public void paint(Graphics g) {
            String fontname = "Roman";
            int type = Font.BOLD;
            int size = 36;
            Font font = new Font(fontname, type, size);
            g.setFont(font);
            if(nowImage != null){
                g.drawImage(nowImage, 170, 80, this);
            }
            g.drawString("Welcome to You!", 50, 40);
        }
    }
```

运行程序 welcomeYou.java 产生如图 12-4 所示的动画，并有伴有音乐。

现在要在这幅动画中加入背景图像。前景图像能与背景图像合成的条件是前景图像的背景是透明的。否则达不到动画的效果，参见图 12-5。这 10 幅 T0-T9 的 gif 图像满足这个条件。如果你的前景图像的背景是不透明的，那就要作改变背景透明度的处理。一些图像处理软件，比如，Photoshop 都能处理透明度，比较简单的方法是利用 Windows2000/XP 中"附件"→"画图"软件。

【例 12-6】 多线程在多媒体动画中的应用二（加入背景图像）。

由于程序 welcomeYou2.java 的大部分代码与 welcomeYou1.java 相同，下面仅提供与程序 welcomeYou2.java 不同的部分，请读者作为练习自己完成整个程序。

图 12-4　图形动画

图 12-5　前景图像的背景不透明的效果

1）在声明中增加

　　Image backImage;

2）在 init()方法中，在

```
for(int i = 0; i<10; i++){
    images[i] = getImage(getCodeBase(), "duke/T" + i + ".gif");
}
```

之后，加入如入语句

　　backImage = getImage(getCodeBase(), "duke/PIC5.jpg");

3）在paint()方法中，加入语句

```
g.drawImage(backImage, 0, 0, this);
```

放在程序块

```
if(nowImage != null){
   g.drawImage(nowImage, 170, 80, this);
}
```

之前，其作用是覆盖前景图像。

运行程序结果如图12-6所示。Java图标Duke"站在"山上，具有背景以后整个动画似乎生动一些。

图12-6　具有背景的动画

下面的程序对Duke的运动作一点改进，使它能沿一条曲线"走动"。另一方面，由于在屏幕上多次作图，所以程序在运行时有严重的闪烁，所以下面的程序加入了双缓冲代码，改善动画的质量。

【例12-7】 多线程在多媒体动画中的应用三。前景图像从左上角延一条曲线$y=8.944*sqrt(x)$从小到大"走"到中央，并应用双缓冲技术减少闪烁。

```
//welcomeYou.java
import java.awt.*;
import java.applet.*;
import javax.swing.*;
import java.awt.event.*;
/*
 *<HTML>
 *   <APPLET CODE=welcomeYou.class WIDTH=430 HEIGHT=250>
 *   </APPLET>
 *</HTML>
```

```java
**/
public class welcomeYou extends Applet implements ActionListener, Runnable {
    Image images[] = new Image[10];
    Image nowImage,backImage;
    Thread thread;
    AudioClip sound;
    JButton suspendButton, resumeButton;
    boolean animateFlag = true;
    boolean goFlag = true;
    String text;
    int index = 0;

    public void init() {
        for(int i = 0; i<10; i++)
            images[i] = getImage(getCodeBase(), "duke/T" + i + ".gif");
        backImage = getImage(getCodeBase(), "duke/PIC5.jpg");
        width =images[0].getWidth(this);      //获取图像宽度
        height=images[0].getHeight(this);     //获取图像高度
        setLayout(null);
        suspendButton = new JButton("Suspend");

        suspendButton.setBounds(140, 220, 60, 30);
        suspendButton.addActionListener(this);
        add(suspendButton);
        resumeButton = new JButton("Resume");
        add(resumeButton);
        resumeButton.setBounds(220, 220, 60, 30);
        resumeButton.addActionListener(this);
    }

    public synchronized void actionPerformed(ActionEvent e) {
        if(e.getSource()== suspendButton) {
            goFlag = false;
        }
        if(e.getSource()== resumeButton) {
            goFlag = true;
            notify();
        }
    }

    public void start() {
        thread = new Thread(this);
        thread.start();
    }

    public void stop(){
```

```java
      animateFlag = false;
   }

   public void run() {
      sound=getAudioClip(getCodeBase(), "spacemusic.au");
      sound.loop();
      while(animateFlag) {
         nowImage = images[index++];
         if(index > 9) index = 0;
         repaint();
         try {
            thread.sleep(200);
            synchronized(this){ while(!goFlag)    wait(); }
         }
         catch(InterruptedException e) {}
      }
   }
   int width,height;
   double x=0,y=0;
   int k=1;

   //屏幕外作图函数,加入双缓冲，减少闪烁
   private Image draw(){
      Image offImage = createImage(this.getWidth(),this.getHeight());
      Graphics offG=offImage.getGraphics();
      String fontname = "Roman";
      int type = Font.BOLD;
      int size = 36;
      Font font = new Font(fontname, type, size);
      offG.setFont(font);
      offG.setColor(Color.red);
      offG.drawImage(backImage, 0, 0, this);
      if(nowImage != null){
         int w=(int)k*55/100;
         int h=(int)k*68/100;
         if(w>=55) w=55;
         if(h>=68) h=68;
         offG.drawImage(nowImage, (int)x, (int)y, w, h, this);//180, 120
      }
      offG.drawString("Welcome to You!", 50, 40);
      x+=2;
      y=(int)(8.944*Math.sqrt(x));k++;
      if(x>=180) x=180;
```

```
        return offImage;
    }

    public void paint(Graphics g) {
        g.drawImage(draw(),0,0,this);          //将 offImage 一次性画出
    }

    public void update(Graphics g){
        paint(g);
    }
}
```

运行结果如图 12-7 所示，这个 Duke 从屏幕左上角沿曲线"走"下来。

图 12-7 从空中沿曲线"走"下的 Duke

下面介绍这条曲线的设计算法。图像左上角坐标为(0,0)，Duke 最终位置坐标为 (180,120)，如图 12-8 所示。

本程序设计的曲线是

$$y = a * \sqrt{x}$$

由于点（0,0）(180,120)都在这条曲线上，所以可以算得系数

$$a = 120/\sqrt{180} \approx 8.944$$

另一方面，Duke 原图尺寸为 55X68（像素），在图像放大时要按此比例进行。为此设计图像的宽度 w 和高度 h 按比例

```
        w=(int)k*55/100;   h=(int)k*68/100;
```

随着 k 的增大而增大，当宽高达到设计要求时不再增大：

```
        if(w>=55) w=55;
```

如果要更为逼真地作出动画效果，可对云层的透明度进行处理。

图 12-8　Duke 路线设计示意图

12.3　习题

1. 填空题

实现多线程小动画程序 animation.java。练习使用函数 drawImage()，getCodeBase()，getImage()和多线程技术。你能否对这个动画作些改进。比如，将 JAVA 中的字母以曲线形式出现，字母的颜色发生变化等。

```
//animation.java
import java.awt.*;
import java.applet.Applet;
public class animation extends Applet_____(1)_____{         //线程接口
  Image hImages[];
  int hFrame=0;
  Thread hThread;
  public void init(){
    hImages=new Image[6];                                      //在当前目录下准备 6 幅图像
    for(int i=1;i<=6; i++ ){
      hImages[i-1]=_____(2)_____ ;                           //获取图像
    }
  }
  public void start(){
    if(hThread==null){
      hThread=new Thread(this);                                //创建线程
    }
    hThread.start();                                           //启动线程
  }
  public void run(){                                           //线程 run 方法
    while(true) {
      repaint();
```

```
            try{
                  ____(3)____ ;              //线程睡眠时间500ms
            }
            catch(InterruptedException e){ }
            if(hFrame==5) hFrame=0;
            else          hFrame++;
        }
    }
    public void paint(Graphics g){ update(g); }
    public void update(Graphics g){
          ____(4)____ ;                    //画图
    }
    public void stop(){ hThread= null; }
}
//animation.html
<HTML>
   <HEAD><TITLE> 实践动画程序 </TITLE></HEAD>
   <BODY>
     <applet codebase="." code=____(5)____  width=50 height=80>
     </applet>
   </BODY>
</HTML>
```

2．编程题

2.1 根据例 12-6 中的说明，完成程序，实现加入背景图像的动画程序 welcomeYou2.java。

2.2 试在例 12-3 时钟线程中使用双缓冲技术。

第 13 章 注册软件与学生信息系统

本章的目的是完成学生信息管理系统 StudentInform 的全部功能。为了完成与数据库相连，我们首先学习关于数据库的基本知识和关于数据库的一些基本操作方法，比如，建立和删除数据表，添加、删除、修改和查询数据库。

13.1 综合案例——注册软件的实现

本节要将实例 13-1 注册软件 LoginDemo 与 Access 数据库相连，最后完成实例的编程。程序编写将通过继承 LoginDemo，从而达到代码重用的目的。为简单起见，对存储界面中信息的数据库 LoginDB 只设计了一个数据表 inform，存储姓名、性别、生日和爱好，没有设计用于存储账号和密码的数据表。

13.1.1 界面实现

在第 5 章例 5-6、例 5-10 和例 5-11 中，部分实现了 LoginDemo 的界面，在这几个程序中仅使用默认的流式布局管理器而没有使用面板，某些控件之间的对齐使用了空标签调整彼此间隔。解决控件布局问题的根本办法是使用布局管理器，其中还需要使用面板。下面，分两步实现注册软件 LoginDemo 界面，目的是使程序短一些，便于解释而已。

【例 13-1】 注册软件 LoginDemo 界面实现一。

```
//LoginDemo1.java
import java.awt.*;
import javax.swing.*;

public class LoginDemo1 extends JFrame{
    Label lYourInform,lLogin,lKey;              //定义标签您的信息、账号、密码
    TextField textLogin,textKey;                //定义文本框账号、密码

    Checkbox box1,box2;                         //定义要加入单选按钮的复选框
    CheckboxGroup boxgroup;                     //定义单选按钮

    Label lName,lSex,lHobby;                    //定义标签姓名、性别、爱好
    TextField textName;                         //定义文本框姓名

    Label lBirthday;                            //定义标签生日
    Choice ychoice,mchoice,dchoice;             //定义标签年、月、日
```

```java
    String Sex="", Year="",    Month="",   Day="";
    String strKey;

    Panel centerPanel;                    //中心面板                              //(13.1.1)

//构造方法
public LoginDemo1(){
    super("用户个人信息");

    lYourInform=new Label("请输入您的个人信息、账号和密码、单击确定");
    add(lYourInform,BorderLayout.NORTH);                                  //(13.1.2)

    //中心面板 centerPanel 开始---------------------------
    centerPanel=new Panel();

    //panel1-------------------
    Panel panel1=new Panel();
    lLogin=new Label("账号:");       lKey=new Label("密码: ");
    textLogin=new TextField("",6);    textKey=new TextField("",6);
    textKey.setEchoChar('*');
    panel1.add(lLogin);  panel1.add(textLogin);
    panel1.add(lKey);    panel1.add(textKey);
    centerPanel.add(panel1);

    //panel2-------------------
    Panel panel2=new Panel();
    lName=new Label("姓名:");       lSex=new Label("性别:");
    textName=new TextField("",6);    boxgroup=new CheckboxGroup();
    box1=new Checkbox("男",true,boxgroup);
    box2=new Checkbox("女",false,boxgroup);
    panel2.add(lName);   panel2.add(textName);   panel2.add(lSex);
    panel2.add(box1);    panel2.add(box2);
    centerPanel.add(panel2);

    //panel3-------------------
    Panel panel3=new Panel();
    lBirthday=new Label("生日:");
    ychoice=new Choice();   ychoice.add("1990 年"); ychoice.add("1989 年");
    mchoice=new Choice();   mchoice.add("11 月");   mchoice.add("12 月");
    dchoice=new Choice();   dchoice.add("11 日");   dchoice.add("12 日");

    panel3.add(lBirthday);   panel3.add(ychoice);   panel3.add(mchoice);
    panel3.add(dchoice);     centerPanel.add(panel3);

    add(centerPanel);        //add(centerPanel,BorderLayout.CENTER);      //(13.1.3)
```

```
            setSize(250,320);          setVisible(true);
        }
        public static void main(String args[]){
            new LoginDemo1();    //实例化对象
        }
    }
```

运行程序结果如图 13-1 所示。

[编程说明]

（1）框架 JFrame 的默认布局管理器

因为框架 JFrame 的默认布局管理器是边界布局管理器，所以程序中不需要再设置布局管理器。语句（15.1.2）将标签 lYourInform 放入边界布局的北面。注意，Java 的参数必须全部用大写英文字母，比如，本例的北面用 BorderLayout.NORTH。

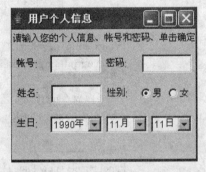

图 13-1 LoginDemo 界面一

（2）框架 JFrame 的默认放置区域

因为边界布局的 5 个区域，即东面、南面、西面、北面和中心区域，每个区域只能放置一个控件。若放置多于 1 个控件时，在该区域中出现的是最后一个控件。本例中，需要在中心区域放置多个控件，所以，设计一块面板 centerPanel。在面板中，放置多个控件。而将这块面板作为一个控件放入中心区域。注意语句（13.1.3）和其中的注释。将面板 centerPanel 放入边界布局的中心区域，一般地要用语句

```
        add(centerPanel, BorderLayout.CENTER);                                  （13.1.4）
```

因为 JFrame 的默认放置区域是中心区域，所以，在 JFrame 中，语句（13.1.3）等价于语句（13.1.4）。读者可自行实验证实。

（3）面板 Panel 的默认布局管理器

面板 Panel 的默认布局管理器是流式布局管理器。在中心面板 centerPanel 中将放置 4 块面板。为简单起见，没有为中心面板设计布局，即对这 4 块面板采用默认的流式布局。

【例 13-2】 注册软件 LoginDemo 界面实现二，加入 panel4。

```
        //LoginDemo2.java
        import java.awt.*;
        import javax.swing.*;

        public class LoginDemo2 extends LoginDemo1{
            Checkbox check1,check2,check3,check4,//定义复选框
                     check5,check6,check7,check8;

            TextArea areaInform;
            Button bEnter,bCancel;

            String Film="",Reading="",Network="",Program="",
```

```java
                    Art ="",Tourism="",Game     ="",Others ="";

//构造方法
public LoginDemo2(){
   //panel4------------------
   Panel panel4=new Panel();
   panel4.setLayout(new GridLayout(2,5));                        //(13.1.5)
   lHobby=new Label("爱好:");
   check1=new Checkbox(" 电影",false);
   check2=new Checkbox(" 阅读",false);
   check3=new Checkbox(" 网络",false);
   check4=new Checkbox(" 编程",false);
   check5=new Checkbox(" 艺术",false);
   check6=new Checkbox(" 旅游",false);
   check7=new Checkbox(" 游戏",false);
   check8=new Checkbox(" 其他",false);

   panel4.add(lHobby);                                           //(13.1.6)
   panel4.add(check1); panel4.add(check2);
   panel4.add(check3); panel4.add(check4);
   panel4.add(new Label());              //加入空标签
   panel4.add(check5); panel4.add(check6);
   panel4.add(check7); panel4.add(check8);
   super.centerPanel.add(panel4);                                //(13.1.7)

   //文本域 areaInform
   areaInform=new TextArea("",3,30);
   super.centerPanel.add(areaInform);

   add(super.centerPanel);                                       //(13.1.8)
   //中心面板 centerPanel 结束==============================

   //按钮面板 bPanel 开始==============================
   Panel bPanel=new Panel();
   bEnter=new Button("确定");

   bCancel=new Button("退出");


   bPanel.add(bEnter); bPanel.add(bCancel);
   add(bPanel,BorderLayout.SOUTH);
   //按钮面板 bPanel 结束---------------------------


   setVisible(true);
}

public static void main(String args[]){
```

```
            new LoginDemo2();        //实例化对象
        }
    }
```

运行程序结果如图 13-2 所示。

[编程说明]

（1）面板布局

语句（13.1.5）对面板 panel4 设置网格布局管理器。这里，强调对什么对象设置布局管理器，本例是对面板 panel4，所以应有 "panel4."。若没有 "panel4."，语句

```
    setLayout(new GridLayout(2,5));
```

就是

```
    this.setLayout(new GridLayout(2,5));
```

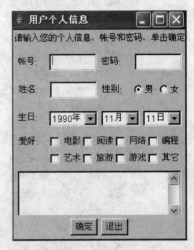

图 13-2　LoginDemo 界面二

其意义是为当前对象，即为框架 JFrame 设置网格布局管理器。Java 的初学者常常在此发生错误。类似的错误还有使用方法 add()。语句（13.1.6）意义是将标签 lHobby 放入面板 panel4，若没有 "panel4."，语句

```
    add(lHobby);
```

就是

```
    this.add(lHobby);
```

其结果将标签 lHobby 放入当前对象框架 JFrame 中。

（2）关键词 super

语句（13.1.7）出现了关键词 super。我们知道 Java 用关键词 this 代表"当前对象"或"本对象"，在实例中，这个 this 代表对象 LoginDemo2。Java 用关键词 super 代表当前对象的直接父类。因为当前对象 LoginDemo2 继承了 LoginDemo1，所以，super 代表了对象 LoginDemo1。注意，中心面板 centerPanel 是在 LoginDemo1 中定义和实例化的。所以，本程序需要将 panel4 放入到 LoginDemo1 的中心面板 centerPanel 中，当然要指出的是旧这块面板是其直接父类的面板，即

```
    super.centerPanel                                    （13.1.9）
```

再用方法 add()，其关系就清楚了。

具有 super 的类似语句有（13.1.8）。因为将直接父类的中心面板 centerPanel 放入当前对象中，所以，在方法 add()前就省略了关键词 this。

（3）关于变量的作用域

与（2）有关的是变量 centerPanel 的作用域问题。注意，在例 13-1 程序 LoginDemo1 中，centerPanel 是全局变量，参见语句（13.1.1）。设置为全局变量是与表示为（13.1.9）这个形式配合的。如果程序 LoginDemo1.java 在其构造方法中定义变量 centerPanel，即它不是

全局变量，则表示式（13.1.9）将找不到对象 centerPanel。这就是变量的作用域问题，读者不妨试试。

13.1.2 加入监视器

单击图 13-2 界面中的选择框和按钮没有作用，这是因为还没有安装行动监视器和项目监视器。下面的例 13-3 将完成安装监视器。

【例 13-3】 加入行动监视器和项目监视器。

```java
//LoginDemo3.java
import java.awt.event.*;

public class LoginDemo3 extends LoginDemo2 implements ActionListener,ItemListener{
    //构造方法
    public LoginDemo3(){
        ychoice.addItemListener(this);        //对 ychoice 安装监视器
        mchoice.addItemListener(this);        dchoice.addItemListener(this);

        check1.addItemListener(this);         check2.addItemListener(this);
        check3.addItemListener(this);         check4.addItemListener(this);
        check5.addItemListener(this);         check6.addItemListener(this);
        check7.addItemListener(this);         check8.addItemListener(this);

        bEnter.addActionListener(this);       //对 bEnter 安装监视器
        bCancel.addActionListener(this);      //对 bCancel 安装监视器
    }
    //行动监视器执行方法
    public void actionPerformed(ActionEvent ae){
        areaInform.setText("");
        if(ae.getSource()==bEnter){
            areaInform.append("姓名："+textName.getText()+"\n");
            areaInform.append("性别："+Sex+"\n");
            areaInform.append("生日："+Year+Month+Day+"\n");
            areaInform.append("爱好："+Film+Reading+Network+Program
                                +Art+Tourism+Game+Others);
        }
        else{
            System.exit(0);
        }
    }
    //项目监视器执行方法
    public void itemStateChanged(ItemEvent ie){
        if(ie.getItemSelectable()==ychoice){
            Year=ychoice.getSelectedItem();
        }
        if(ie.getItemSelectable()==mchoice){
```

```
                Month=mchoice.getSelectedItem();
            }
            if(ie.getItemSelectable()==dchoice){
                Day=dchoice.getSelectedItem();
            }

            if(box1.getState())        Sex=box1.getLabel();
            if(box2.getState())        Sex=box2.getLabel();

            if(check1.getState()) Film =check1.getLabel();              //(13.1.10)
            else                  Film ="";
            if(check2.getState()) Reading=check2.getLabel();
            else                  Reading="";
            if(check3.getState()) Network=check3.getLabel();
            else                  Network="";
            if(check4.getState()) Program=check4.getLabel();
            else                  Program="";
            if(check5.getState()) Art ="艺术 ";                          //(13.1.11)
            else                  Art ="";
            if(check6.getState()) Tourism="旅游 ";
            else                  Tourism="";
            if(check7.getState()) Game ="游戏 ";
            else                  Game ="";
            if(check8.getState()) Others ="其他 ";
            else                  Others ="";
        }
        public static void main(String args[]){
            new LoginDemo3();          //实例化对象
        }
    }
```

运行程序结果如图 13-3 所示。

[编程说明]

（1）监视器及其执行方法

因为按钮需要行动监视器，选择框、复选框和单选按钮需要项目监视器，所以，必须安装这两种监视器。这两种监视器各有自己的执行方法，参见第 5 章表 5-18。

（2）方法 getLabel()的使用

注意语句（13.1.10）和（13.1.11），它们的作用是相同的。可在语句（13.1.11）中参照（13.1.10）使用方法 getLabel()，其结果相同。这样编程的目的是提供两种方法完成相同的功能。

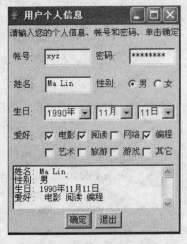

图 13-3　LoginDemo 界面三

13.1.3　完成实例 LoginDemo

【例 13-4】　连接数据库 Access，完成实例 LoginDemo。

```java
//LoginDemo.java
import java.awt.*;
import java.awt.event.*;
import java.sql.*;

public class LoginDemo extends LoginDemo3 implements ActionListener{
    boolean logFlag=false;                              //注册标志
    boolean flag   =true;

    //构造方法
    public LoginDemo() {
        setTitle("注册软件 作者 孙燮华");                //设置窗口标题
        //连接数据库
        try{
            Class.forName("sun.jdbc.odbc.JdbcOdbcDriver");
        }
        catch(java.lang.ClassNotFoundException e){
            System.out.println("ForName:"+e.getMessage());
        }
    }

    public void actionPerformed(ActionEvent e){
        //添加信息
        if(e.getSource()==bEnter){
            if(flag==true){
                flag=false;
                areaInform.append("请再输入一次密码，然后单击确定");
                strKey=textKey.getText();
                textKey.setText("");
            }
            else{
                if(textKey.getText().equals(strKey)){
                    lYourInform.setText("注册成功!");
                    logFlag=true;
                }
                else{
                    lYourInform.setText("请再输入一次密码，然后单击确定");
                }
                if(logFlag){
                    String name=textName.getText();
                    try{
                        Connection con=DriverManager.getConnection("jdbc:odbc:LoginDB");
                        Statement    sm=con.createStatement();
```

```
                String ss="insert into inform(姓名,性别,生日,爱好) values("
                    +"'"+name+"','"+Sex+"','"+Year+Month+Day+"',"
                    +"'"+Film+Reading+Network+Program+Art
                    +Tourism+Game+Others+"')";                          //(13.1.12)
                sm.executeUpdate(ss);
                sm.close();
                con.close();
            }
            catch(SQLException e1){
                System.out.println("SQLException:"+e1.getMessage());
            }
            areaInform.setText("");
            areaInform.append("存入数据库成功！");
          }
        }
      }
      else{
          System.exit(0);
      }
    }

    //主方法
    public static void main(String[] args) {
        new LoginDemo();
    }
}
```

运行程序结果如图 13-4 所示。

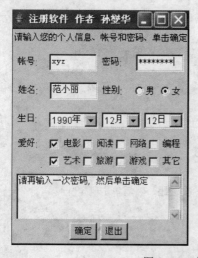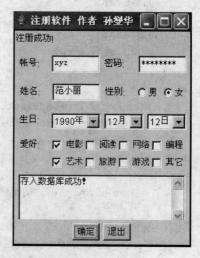

图 13-4 实例 LoginDemo

单击"确定"按钮后，按照提示还需要第 2 次输入同样的密码，再次单击"确定"按钮后，界面如图 13-4 的右图。在右图的文本域中显示了信息“存入数据库成功!”。

打开数据库 LoginDB 的表 inform，如图 13-5 所示。为简单起见，表中的 ID 号是数据库自动生成的。

inform : 表

	ID	姓名	性别	生日	爱好
▶	8	张大林	男	1989年12月12日	电影艺术
	9	孙明明	男	1990年12月12日	电影 阅读
	10	范小丽	女	1990年12月12日	电影艺术
*	(自动编号)				

图 13-5　数据表 inform

[编程说明]

（1）连接数据库 Access

连接数据库 Access 的方法参见第 10 章。

（2）字符串的连接

注意语句（13.1.12）中字符串的连接方法。在下面一小节将专门介绍字符串的连接方法。

13.2　综合案例——学生信息系统的实现

本实例与数据库相连使用的是一般的方法，并无特别之处，所以这里不再重复。下面介绍实例 13-2 的一些按钮功能的算法设计与实现。

13.2.1　添加功能的实现

首先介绍“添加”按钮中的算法和实现算法中遇到的一些问题及其解决办法。

1．按钮“添加”中的算法

1）获取各文本框中的字符串 str0, str1, str2, str3。

2）检查学号是否为空。方法很简单，只要将表示学号的串 str_0 与空字符串 emptyS 用方法比较

```
emptyS.equals(str_0)
```

即可，若返回 true，即这两字符串相等，否则，为不相等。注意比较两字符串是否相等，在 Java 中对字符串不能使用“emptyS==str_0”来判定它们是否相等，虽然这种方法在其他语言中是可行的。

3）检查姓名是否为空。方法与（2）相同。

4）如果学号非空，姓名非空，则连接数据表 StudentDB。

5）查询学号为 str_0 的所有字段值。

6）检查输入的学号是否重复。若重复，输出警告信息，否则，进入下一步。

7）添加新信息。

8）关闭数据库。

2．在添加新的学号时下面的问题需要解决

（1）检查学号重复错误

检查学号是否重复的程序段需要修改。前面的程序是对 JTable 的 id 进行查找和比较，现在修改为使用如下语句

```
rs=sm.executeQuery("select * from student where id = '"+str_0+"'");                //(13.1)
```

对数据表字段 id 值进行查询。若 rs.next()为 true 表明"学号重复"，否则无重复，即可进行添加。

（2）SQL 语句中字符串变量的表示

在 SQL 语句中的字符串，要用一对单引号(' ')加以界定。上面的 executeQuery(String str)和 executeUpdate(String str)等方法对由 SQL 语句组成的字符串 str 执行相应的命令。然而，在编程时常常遇到字符串 str 中还有代表字符串的变量，如语句（13.1）中的字符串变量 str_0。下面介绍在 SQL 语句中，如何编写具有字符串变量的字符串的方法。

字符串的相加，特别是如何表示具有字符串变量与数值变量混合的串是较为困难的，需要特别注意。对于一个字符串变量，比如，str_0，需要用前后两个加号夹起来：

```
.  +str_0+
```

再将其放入双引号中：

```
"+str_0+"
```

表示它是一个字符串。因为在 SQL 语句中，字符串要放在一对单引号之中，所以对上面的串还要加一对单引号如下：

```
'"+str_0+"'
```

在语句（13.1）中，id = '"+str_0+"' 就是这样使用的。在某些情况下，还要与其他字符串相加组成新串，比如与串"insert into test values ("相加，所以，对上面放在一对单引号中的串还要再放在双引号之中。新合成的串如下：

```
"insert into test values (" + "'"+str_0+"'"
```

上面两个字符串相加的结果等于下面的字符串

```
"insert into test values ( '"+str_0+"' "
```

读者不妨在程序中进行验证。

在程序 LoginDemo.java 中，还有几个字符串变量相加的更为复杂的情形，可供参考。

13.2.2 删除功能的实现

1．"删除"按钮中的算法

1）获取学号文本框中的串 str_1。

2）连接数据表 StudentDB。

3）查询学号为 str_1 的所有字段值。

4）删除学号为 str_1 的所有字段值。
5）关闭数据库。

从上面的算法可以看出，删除按钮中的算法写得比较简单，没有检查字符串 str_1 是否为空。一般地，删除信息比较慎重，需要提示是否要删除，确认后方可删除。为了简单起见，本程序没有将这部分代码写入。这些工作留给读者作为练习。

2. 警告信息的实现

删除是否成功，添加是否成功都需要输出信息。输出成功的 goodnews()方法和输出警告信息的 badnews()方法如下：

```
//输出成功信息
private void goodnews(String s1,String s2){
    jTextPane.setForeground(Color.blue);               //设置前景（字体）颜色
    jTextPane.setText(s1+s2+"成功!");                   //输出信息
    jTextPane.setEditable(true);                       //为加图标，设置为可编辑
    jTextPane.insertIcon(new ImageIcon("good.gif"));   //加入图标
    jTextPane.setEditable(false);                      //设置为不可编辑
}
//输出警告信息
private void badnews(String s){
    jTextPane.setForeground(Color.red);                //设置前景（字体）颜色
    jTextPane.setText(s);                              //输出红色警告信息
    jTextPane.setEditable(true);                       //为加图标，设置为可编辑
    jTextPane.insertIcon(new ImageIcon("bad.gif"));    //加入图标 bad
    jTextPane.insertIcon(new ImageIcon("bad.gif"));    //加入图标 bad
    jTextPane.insertIcon(new ImageIcon("bad.gif"));    //加入图标 bad
    jTextPane.setEditable(false);                      //设置为不可编辑
}
```

在这些方法中使用了图标，使信息更为生动。

13.2.3 修改功能的实现

按钮"修改"中的算法，与"添加"按钮中的算法类似。算法步骤如下：
1）获取各文本框中的字符串 str0,str1,str2,str3。
2）检查学号是否存在。若不存在输出警告信息，若存在进入下一步。
3）检查字符串 str1,str2,str3 是否为空，若某个串非空，用现在的串修改原来相应的串。
4）输出"成功"信息，关闭数据库。

至于"查询"功能和"显示"功能比较简单，这里不再介绍了。

13.2.4 实现学生信息系统

下面是实现实例 13-2 全部功能的代码。重要的部分作了详细的注释。

【例 13-5】 实现实例 13-2 学生信息系统，信息存储在 Access 数据库中。

```java
//StudentInform.java
import java.awt.*;
import java.awt.event.*;
import javax.swing.*;
import javax.swing.table.*;
import java.sql.*;

public class StudentInform extends JFrame implements ActionListener{
    boolean showFlag =false,                          //弹出窗口显示标志
            aboutFlag=false;                          //弹出窗口"帮助/关于"标志

    private int rows =0, cols= 4;                     //表 JTable 的行、列
    private Object[] rowData;

    private DefaultTableModel model = new DefaultTableModel();
    private JTable table = new JTable(model);

    demoFrame    demoWin;                             //声明"显示"弹出窗口
    aboutFrame aboutWin;                              //声明"关于"弹出窗口

    JMenuBar jMenuBar1 = new JMenuBar();              //定义并实例化菜单条
    JMenu jMenu_file    = new JMenu("文件");          //定义并实例化菜单 file
    JMenu jMenu_help    = new JMenu("帮助");          //定义并实例化菜单 help
    JMenuItem jMenu_help_about = new JMenuItem("关于");   //定义并实例化菜单项 about
    JMenuItem jMenu_file_open  = new JMenuItem("打开");   //定义并实例化菜单项 open
    JMenuItem jMenu_file_exit  = new JMenuItem("退出");   //定义并实例化菜单项 exit

    JTextPane jTextPane = new JTextPane();            //定义并实例化文本窗格

    JLabel jLabelInNum   = new JLabel("输入学号");
    JLabel jLabelName    = new JLabel("姓名");
    JLabel jLabelSchool  = new JLabel("学院");
    JLabel jLabelClass   = new JLabel("班级");
    JLabel jLabelNum     = new JLabel("学号");

    JButton jButtonQuery  = new JButton("查询");
    JButton jButtonDel    = new JButton("删除");
    JButton jButtonAdd    = new JButton("添加");
    JButton jButtonRevise = new JButton("修改");
    JButton jButtonUndo   = new JButton("取消");
    JButton jButtonShow   = new JButton("显示");

    JTextField jTextFieldInNum  = new JTextField("");
    JTextField jTextFieldName   = new JTextField("");
    JTextField jTextFieldSchool = new JTextField("");
    JTextField jTextFieldClass  = new JTextField("");
    JTextField jTextFieldNum    = new JTextField("");
```

```java
//构造方法
public StudentInform() {
    jbInit();
    //关闭窗口
    addWindowListener( new WindowAdapter(){
        public void windowClosing(WindowEvent e){
            System.exit(0);
        }
    });
    setSize(400,360);                                       //设置窗口大小
    setVisible(true);                                       //设置窗口可见

    //连接数据库
    try{
        Class.forName("sun.jdbc.odbc.JdbcOdbcDriver");
    }
    catch(java.lang.ClassNotFoundException e){
        System.out.println("ForName:"+e.getMessage());
    }
}

//初始化方法
private void jbInit(){
    Container contentPane = getContentPane();               //定义容器类对象
    contentPane.setLayout(null);                            //不设置布局
    setTitle("学生信息管理系统");                              //设置窗口标题


    jMenuBar1.add(jMenu_file);                              //将菜单 file 加入菜单条
    jMenu_file.add(jMenu_file_open);                        //将菜单项 open 加入菜单 file
    jMenu_file.addSeparator();                              //加入分隔线
    jMenu_file.add(jMenu_file_exit);                        //将菜单项 exit 加入菜单 file
    jMenuBar1.add(jMenu_help);                              //将菜单 help 加入菜单条
    jMenu_help.add(jMenu_help_about);                       //将菜单项 about 加入菜单 help
    setJMenuBar(jMenuBar1);                                 //设置菜单条

    //设置各控件
    jLabelInNum.setFont(new Font("Monospaced",1,15));
    jLabelInNum.setHorizontalAlignment(SwingConstants.RIGHT);
    jLabelInNum.setBounds(10,90,80,38);
    jLabelName.setFont(new Font("Dialog",0,15));
    jLabelName.setHorizontalAlignment(SwingConstants.RIGHT);
    jLabelName.setBounds(30,141,56,25);
    jLabelSchool.setFont(new Font("Dialog",0,15));
    jLabelSchool.setHorizontalAlignment(SwingConstants.RIGHT);
```

```java
jLabelSchool.setBounds(30,179,56,25);
jLabelClass.setFont(new Font("Dialog",0,15));
jLabelClass.setHorizontalAlignment(SwingConstants.RIGHT);
jLabelClass.setBounds(30,218,56,25);
jLabelNum.setFont(new Font("Dialog",0,15));
jLabelNum.setHorizontalAlignment(SwingConstants.RIGHT);
jLabelNum.setBounds(30,257,56,25);

jTextFieldInNum.setBounds(100,95,120,28);
jTextFieldName.setBounds(100,140,120,28);
jTextFieldSchool.setBounds(100,178,120,28);
jTextFieldClass.setBounds(100,216,120,28);
jTextFieldNum.setBounds(100,254,120,28);

jButtonQuery.setBounds(230,95,68,28);
jButtonQuery.setFont(new Font("Monospaced",1,15));
jButtonDel.setBounds(300,95,68,28);
jButtonDel.setFont(new Font("Monospaced",1,15));
jButtonAdd.setBounds(260,141,73,28);
jButtonAdd.setFont(new Font("Dialog",0,15));
jButtonAdd.setVerifyInputWhenFocusTarget(true);
jButtonRevise.setBounds(260,179,73,28);
jButtonRevise.setFont(new Font("Dialog",0,15));
jButtonUndo.setBounds(260,216,73,28);
jButtonUndo.setFont(new Font("Dialog",0,15));
jButtonShow.setBounds(260,253,73,28);
jButtonShow.setFont(new Font("Dialog",0,15));

jMenu_file_exit.addActionListener(this);
jMenu_help_about.addActionListener(this);

//为按钮设置监视器
jButtonQuery.addActionListener(this);
jButtonDel.addActionListener(this);
jButtonAdd.addActionListener(this);
jButtonRevise.addActionListener(this);
jButtonUndo.addActionListener(this);
jButtonShow.addActionListener(this);

//设置文本窗格
jTextPane.setBackground(SystemColor.control);
jTextPane.setFont(new Font("Dialog",0,14));
jTextPane.setBorder(BorderFactory.createLoweredBevelBorder());
jTextPane.setEditable(false);
jTextPane.setText("");
jTextPane.setForeground(Color.red);
```

```java
        jTextPane.setBounds(20,10,350,60);

        //添加分隔线控件
        JSeparator separator=new JSeparator(JSeparator.HORIZONTAL);
        separator.setBounds(25,130,340,11);
        contentPane.add(separator);

        //将各控件加入
        contentPane.add(jTextPane);
        contentPane.add(jLabelInNum);
        contentPane.add(jLabelName);
        contentPane.add(jLabelSchool);
        contentPane.add(jLabelClass);
        contentPane.add(jLabelNum);

        contentPane.add(jButtonQuery);
        contentPane.add(jButtonDel);
        contentPane.add(jButtonAdd);
        contentPane.add(jButtonRevise);
        contentPane.add(jButtonUndo);
        contentPane.add(jButtonShow);

        contentPane.add(jTextFieldInNum);
        contentPane.add(jTextFieldName);
        contentPane.add(jTextFieldSchool);
        contentPane.add(jTextFieldClass);
        contentPane.add(jTextFieldNum);

        demoWin=new demoFrame("学生信息表");
        demoWin.setSize(300,200);

        aboutWin=new aboutFrame("关于");
        aboutWin.setSize(200,100);
    }

    //输出警告信息
    private void badnews(String s){
        jTextPane.setForeground(Color.red);                  //设置前景（字体）颜色
        jTextPane.setText(s);                                //输出红色警告信息
        jTextPane.setEditable(true);                         //为加图标，设置为可编辑
        jTextPane.insertIcon(new ImageIcon("bad.gif"));      //加入图标 bad
        jTextPane.insertIcon(new ImageIcon("bad.gif"));      //加入图标 bad
        jTextPane.insertIcon(new ImageIcon("bad.gif"));      //加入图标 bad
        jTextPane.setEditable(false);                        //设置为不可编辑
    }
```

```java
//输出成功信息
private void goodnews(String s1,String s2){
    jTextPane.setForeground(Color.blue);              //设置前景（字体）颜色
    jTextPane.setText(s1+s2+"成功!");                 //输出信息
    jTextPane.setEditable(true);                      //为加图标，设置为可编辑
    jTextPane.insertIcon(new ImageIcon("good.gif"));  //加入图标
    jTextPane.setEditable(false);                     //设置为不可编辑
}

public void actionPerformed(ActionEvent e){
    //菜单项"退出"
    if(e.getSource()==jMenu_file_exit){
        System.exit(0);
    }

    //菜单项"关于"
    if(e.getSource()==jMenu_help_about){
        aboutFlag=!aboutFlag;
        if(aboutFlag){
            aboutWin.setVisible(true);
        }
        else{
            aboutWin.setVisible(false);
        }
    }

    /////////////////////////////////////查询/////////////////////////////////
    if(e.getSource()==jButtonQuery){
        String str1=jTextFieldInNum.getText();        //获取输入学号 str1

        try{
            Connection con=DriverManager.getConnection("jdbc:odbc:StudentDB");
            Statement   sm=con.createStatement();
            ResultSet   rs=sm.executeQuery("select * from student where id='"+str1+"'");

            if(rs.next()){
                jTextFieldNum.setText(rs.getString("id"));
                jTextFieldName.setText(rs.getString("name"));
                jTextFieldSchool.setText(rs.getString("college"));
                jTextFieldClass.setText(rs.getString("class"));
                goodnews("查询学号 ",str1);           //输出查询成功信息
            }
            else{
                badnews("查询的学号不存在");           //输出警告信息
            }
```

```
        catch(SQLException e1){
            System.out.println("SQLException:"+e1.getMessage());
         }
      }

      ///////////////////////////////////删除///////////////////////////////
      if(e.getSource()==jButtonDel){
         String str1=jTextFieldInNum.getText();

try{
         Connection con=DriverManager.getConnection("jdbc:odbc:StudentDB");
         Statement    sm=con.createStatement();
         ResultSet    rs=sm.executeQuery("select * from student where id='"+str1+"'");

         if(rs.next()){
            String ss="delete from student where id='"+str1+"'";
            sm.executeUpdate(ss);                       //执行删除
            goodnews("删除学号  ",str1);                //输出删除成功信息
         }
         else{
            badnews("删除的学号不存在");                //输出警告信息
         }
         sm.close();                                    //关闭
         con.close();                                   //关闭
       }
       catch(SQLException e2){
          System.out.println("SQLException:"+e2.getMessage());
       }
     }

      ///////////////////////////////////添加///////////////////////////////
      if(e.getSource()==jButtonAdd){
         String emptyS="";
         String str_0,str_1,str_2,str_3;
         str_0=jTextFieldNum.getText();
         str_1=jTextFieldName.getText();
         str_2=jTextFieldSchool.getText();
         str_3=jTextFieldClass.getText();

         //检查学号是否为空
         if(emptyS.equals(str_0)){                      //若学号空
            badnews("学号不能为空");                    //输出警告信息
         }
         //检查姓名是否为空
         else if(emptyS.equals(str_1)){                 //若姓名空
            badnews("姓名不能为空");                    //输出警告信息
```

```java
        }
        else{
          try{
            Connection con=DriverManager.getConnection("jdbc:odbc:StudentDB");
            Statement   sm=con.createStatement();
            ResultSet   rs=sm.executeQuery("select * from student where id='"+str_0+"'");

            if(rs.next()){
              badnews("学号重复错误");                    //输出警告信息
            }
            else{
              String ss="insert into student values('"+str_0+
                                  "','"+str_1+"','"+str_2+"','"+str_3+"')";
              sm.executeUpdate(ss);                    //执行添加
              goodnews("添加学号 ",str_0);              //输出"添加成功"信息
              sm.close();                              //关闭
              con.close();                             //关闭
            }
          }
          catch(SQLException e3){
            System.out.println("SQLException:"+e3.getMessage());
          }
        }
      }

//////////////////////////////**修改**//////////////////////////////////
    if(e.getSource()==jButtonRevise){
      String emptyS="";
      String str_0,str_1,str_2,str_3;
      str_0=jTextFieldNum.getText();
      str_1=jTextFieldName.getText();
      str_2=jTextFieldSchool.getText();
      str_3=jTextFieldClass.getText();

      try{
        Connection con=DriverManager.getConnection("jdbc:odbc:StudentDB");
        Statement   sm=con.createStatement();
        ResultSet   rs=sm.executeQuery("select * from student where id='"+str_0+"'");

        if(rs.next()){
          if(!emptyS.equals(str_1)){                    //若 str_1 不是空串
            String ss1="UPDATE student set name='"+str_1+"' where id='"+str_0+"'";
            sm.executeUpdate(ss1);
          }
          if(!emptyS.equals(str_2)){                    //若 str_2 不是空串
            String ss2="UPDATE student set college='"+str_2+"' where id='"+str_0+"'";
```

```
            sm.executeUpdate(ss2);
          }
          if(!emptyS.equals(str_3)){                    //若 str_3 不是空串
            String ss3="UPDATE student set class='"+str_3+"' where id='"+str_0+"'";
            sm.executeUpdate(ss3);
          }
          goodnews("修改学号",str_0);                    //输出"成功"信息
        }
        else{
          badnews("修改的学号不存在");                   //输出警告信息
        }
      }
      catch(SQLException e4){
        System.out.println("SQLException:"+e4.getMessage());
      }
    }

///////////////////////////////取消/////////////////////////////////
    if(e.getSource()==jButtonUndo){
      jTextPane.setText("");
      jTextFieldInNum.setText("");
      jTextFieldName.setText("");
      jTextFieldSchool.setText("");
      jTextFieldClass.setText("");
      jTextFieldNum.setText("");
    }

///////////////////////////////显示/////////////////////////////////

    if(e.getSource()==jButtonShow){
      jTextPane.setText("");
      showFlag=!showFlag;
      if(showFlag){
        int num=0;                                    //JTable 表的行序号
        try{
          Connection con=DriverManager.getConnection("jdbc:odbc:StudentDB");
          Statement sm=con.createStatement();

          //查询数据库并把数据表的内容输出到表 JTable 上
          ResultSet rs=sm.executeQuery("select * from student");
          while(rs.next()){
            rowData = new Object[cols];
            rowData[0]=rs.getString("id");
            rowData[1]=rs.getString("name");
            rowData[2]=rs.getString("college");
            rowData[3]=rs.getString("class");
```

```
            model.insertRow(num,rowData);
            num++;
          }
          sm.close();
          con.close();
        }
        catch(SQLException e5){
          System.out.println("SQLException:"+e5.getMessage());
        }
        demoWin.setVisible(true);
      }
      else{
        for(int k=model.getRowCount()-1;k>=0;k--){
          model.removeRow(k);
        }
        demoWin.setVisible(false);
      }
    }
  }
}

//主方法
public static void main(String[] args) {
  new StudentInform();
}

//"显示"弹出窗口
class demoFrame extends Frame{
  demoFrame(String title){
    super(title);
    
    model.addColumn("学号");model.addColumn("姓名");
    model.addColumn("学院");model.addColumn("班级");
    JScrollPane jp=new JScrollPane(table);
    add(jp);
  }
}

//"关于"弹出窗口
class aboutFrame extends Frame{
  aboutFrame(String title){
    super("关于");
    add(new JTextArea("学生信息管理系统  作者 孙燮华\n
                     2007 年 10 月\n 版权所有，不得抄袭！"));
    //关闭窗口
    addWindowListener( new WindowAdapter(){
      public void windowClosing(WindowEvent e){
```

```
                    dispose();
                    aboutFlag=false;
                }
            });
        }
    }
}
```

运行结果如图 13-6 所示。

图 13-6 学生管理信息系统

13.3 习题

1．填空题

1.1 以下程序实现了如图 13-7 所示用户菜单界面，试填空。

```
//Reader.java
import javax.swing.*;
import java.awt.*;
import javax.swing.event.*;
import java.awt.event.*;

public class Reader extends JFrame implements ActionListener {
    private JMenuBar JMB;
    private JMenu M1;
    public JMenuItem menuItem1;

    public Reader(){
        setTitle("用户");
        setDefaultCloseOperation(JFrame.EXIT_ON_CLOSE);
        Container content=getContentPane();
        content.setLayout(new BorderLayout());
```

```
            JMB=new JMenuBar();
            M1=_____(1)_____;//实例化菜单"图书查询" (1)new JMenu("图书查询")
            menuItem1=new JMenuItem("查询");
                _____(2)_____; //对 menuItem1 加入监视器(2)menuItem1.addActionListener(this)
            M1.add(menuItem1);
                _____(3)_____;    //将菜单加入菜单条    (3)JMB.add(M1)

                _____(4)_____;    //设置菜单条 (4)setJMenuBar(JMB)
            JToolBar JTB=new JToolBar();
            setSize(300,200);
            content.add(JTB,BorderLayout.NORTH);
            setVisible(true);
        }

        public void actionPerformed(ActionEvent e){
            new BookInfo();
        }
        public static void main(String[]args){
            new Reader();
        }
    }
```

1.2 以下程序实现了如图 13-8 所示的图书查询界面，未加入行动监视器。试填空。

```
//BookInfo.java
import javax.swing.*;
import javax.swing.table.*;
import java.awt.*;

public class BookInfo extends JFrame {
```

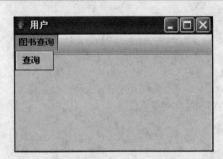

图 13-7 用户菜单界面   图 13-8 图书查询

```
        private JTable table;
        private String[] columnNames={"作者","书名"};
        private Object[][] rowData=new Object[20][2];
        private JButton jb;
        private JRadioButton rb1,rb2;
        private JTextField jtext;
```

```java
    public BookInfo(){
        setTitle("图书查询");
        Container content=getContentPane();
        JPanel panel=new JPanel();        //实例化面板 panel
             (1)         ;                //对 panel 设置网格布局，1行4列
                                          //(1)panel.setLayout(new GridLayout(1,4))
        rb1=new JRadioButton("作者");
        rb1.    (2)     ;                 //默认选中(2)setSelected(true)
        panel.add(rb1);

        rb2=new JRadioButton("书名");
        panel.add(rb2);

        jtext=new JTextField("",20);
        panel.add(jtext);
        jb=new JButton("查询");
             (3)         ;                //将按钮 jb 加入面板 panel， (3)panel.add(jb)

             (4)         ;                //将 panel 加入容器 content 的北面
                                          // (4)content.add(panel,BorderLayout.NORTH)
        table=new JTable(rowData, columnNames);
        JScrollPane scrollPane=new JScrollPane(table);
        content.add(scrollPane,BorderLayout.CENTER);
        setSize(300,200);
        setVisible(true);
    }

    public static void main(String[]args){
        new BookInfo();
    }
}
```

2．编程题

2.1 试编程为 Access 数据库 LoginDB 创建具有字段 id、姓名、性别、生日和爱好的数据表 inform，所有字段的数据类型都是 char(50)。这个数据库 LoginDB 及其数据表 inform 可应用于例 13-6 程序 LoginDemo.java。

2.2 试编程为 Access 数据库 LoginDB 创建具有字段 usename 和 key 的数据表 login，所有字段的数据类型都是 char(20)。编写相应的代码，使这个数据库 LoginDB 及其数据表 login 可应用于例 13-6 程序 LoginDemo.java 的注册。

第14章 网络编程

Java 是网络语言，其平台无关性保证了 Java 语言能在网络中的不同平台上运行。同时，Java 还提供了获取网络各种资源和数据、与服务器建立各种传输通信以及将数据传输到网络各处的功能。

Java 语言网络编程的主要目的是帮助网络使用者与远程服务器进行交互式对话。目前这种对话主要通过 Applet 小程序对服务器上的文件进行访问，或与服务器交换信息来实现的。

在本章中将学习 Java 语言的网络通信功能、URL、URLConnection、Socket 和 ServerSocket 类的功能等网络基础知识，最后实现一个简易的聊天室程序。

14.1 URL 类和 URLConnection 类

在 Java 中提供 URL 类和 URLConnection 类来支持 URL 编程。这两个类都提供以字节流的方式读取资源信息的方法，但使用 URLConnection 类可以获取比 URL 类更多的信息。

14.1.1 URL 类的功能及应用

URL（Uniform Resource Locator，统一资源定位器）用来表示 Internet 中某个资源的地址。URL 包含两部分内容：协议名和资源名，之间用冒号隔开。URL 的基本格式为：

> Protocol:ResourceName

也可更具体地表示为：

> Protocol://hostname:port/filename/reference

其中
- Protocol 表示连接网络并获取资源所用的传输协议，最常用的有 HTTP 和 FTP 等。
- hostname 表示文件所在的主机名。
- port 表示主机上用于连接该 URL 的端口号。
- filename 表示文件的全路径文件名。
- reference 表示引用，它是文件资源的一个标记，可以用超链接的方式在 HTML 文件中指定某一个特定的部分。其中前两个部分 hostname 和 port 是必不可少的，后两部分 filename 和 reference 是可选项。如下面的 URL：

http://www.sina.corn.cn:80/default.html

在 Java 中提供 java.net.URL 类来支持 URL 编程。

URL 的构造方法有很多种，不同的构造方法通过不同的参数形式向 URL 对象提供组成 URL 的各部分信息，通过这些方法来创建一个 URL 实例。常有的构造方法的形式为：

new URL(String url)

通过一个完整的 URL 地址的字符串来初始化一个 URL 对象，例如：

URL url = new URL("http://www.sina.com.cn");

在创建 URL 对象时，如果所构造的 URL 对应的资源不存在或协议名出错，构造方法将抛出一个 MalformedURLException 信息。因此在创建 URL 对象时，都必须采用 try-catch 结构或 throws 语句。例如：

```
try{
    URL url=new URL(…);
}
catch(MalformedURLException e) {…; }
```

URL 类提供了一些对 URL 对象进行操作的方法，常用的方法见表 14-1。

表 14-1　URL 类的常用方法

方　　法	说　　明
getFile()	获取 URL 对象的文件名
getHost()	获取 URL 对象的主机名
getPort()	获取 URL 对象的端口名
getRef()	获取 URL 对象的相对位置
getProtocol()	获取 URL 对象的协议名
openConnection()	创建一个 URLConnection 对象
openStream()	为 URL 对象打开一个输入流
toString()	将 URL 对象转换为字符串

URL 类用于访问由相应 URL 确定的 WWW 资源，如文本文件或图片资源等。例 14-1 说明通过 URL 对象获取网上资源的方法。

【例 14-1】　通过 URL 对象获取网页信息。

```
//GetURLInfo1.java
import java.io.*;
import java.net.*;
import java.awt.*;
import javax.swing.*;

public class GetURLInfo1 extends JFrame{
    URL url;
```

```java
        JTextPane jpane;

    public GetURLInfo1 (){
        Container container = getContentPane();
        jpane = new JTextPane();
        container.add(jpane,BorderLayout.CENTER);
        try{
            url = new URL("http://www.google.com/");
            jpane.setPage(url);
            System.out.println("File = " + url.getFile());
            System.out.println("Host = " + url.getHost());
            System.out.println("Port = " + url.getPort());
            System.out.println("Ref = "   + url.getRef());
            System.out.println("Protocol = " + url.getProtocol());
            System.out.println("url to String = " + url.toString());
        }catch(IOException e){}
        setSize(800,500);
        setVisible(true);
    }

    public static void main(String[] args){
        new GetURLInfo1 ();
    }
}
```

运行结果如图 14-1 所示。

　　　　　　a)　　　　　　　　　　　　　b)

图 14-1　获取 URL 信息

a) 网页　b) URL 信息

[编程说明]

　　本程序使用一个 JTextPane 控件的 setPage(url)方法显示网页信息。显然，setPage()方法不能完全解释 URL 地址中的全部代码，这是控件 JTextPane 的功能设计与当前网页设计技术的差距造成的。但本程序的目的是实现 URL 类的一些方法，上面的结果达到预期的目的。

【例 14-2】 通过 URL 对象获取网络文本信息和方法 openStream()的应用。

```java
//GetURLInfo2.java
import java.io.*;
import java.net.*;
import java.awt.*;
import javax.swing.*;

public class GetURLInfo2 extends JFrame{
    URL url;
    JTextArea jArea;

    public GetURLInfo2(){
        int c;
        String str = "";

        Container container = getContentPane();
        jArea = new JTextArea();
        container.add(jArea,BorderLayout.CENTER);
        try{
            url = new URL("http://www.google.com/");
            InputStream is = url.openStream();
            //URLConnection uc = url.openConnection();  供试验用 URLConnection
            //InputStream is    = uc.getInputStream();

            BufferedInputStream bis = new BufferedInputStream(is);
            InputStreamReader r     = new InputStreamReader(bis);

            while((c=r.read())!=-1){
                str +=(char)c;
            }
            jArea.setText(str);
            bis.close();
        }catch(IOException e){}
        setSize(800,500);
        setVisible(true);
    }
    //主方法
    public static void main(String[] args){
        new GetURLInfo2();
    }
}
```

本程序的功能是通过 URL 对象获取网页中的文本信息。运行结果如图 14-2 所示。

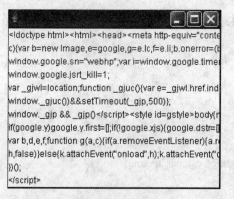

图 14-2　网页的文本信息

14.1.2　URLConnection 类的功能及应用

URLConnection 类与 URL 类相似，都提供以字节流的方式读取资源信息的方法。不同之处是 URLConnection 类既可以获取从服务器发来的数据，也可以向服务器发送数据，而且可以提供比 URL 类更多的信息。它除了可以获取资源数据外，还可以获取资源长度、资源发送时间、资源更新时间及资源编码等。

通常，可以使用 URL 类的 openConnection()方法来创建一个 URLConnection 对象，然后，用 getInputStream()方法创建一个输入流对象。如将例 14-2 程序中的代码

```
InputStream is = url.openStream();
```

修改为

```
URLConnection uc = url.openConnection();
InputStream is = uc.getInputStream();
```

程序运行后执行的结果完全相同。

URLConnection 类中的常用方法见表 14-2。

表 14-2　URConnection 类的常用方法

方　法	说　明
getContentType()	获取并返回 URL 资源的内容类型
getContentEncoding()	获取并返回 URL 资源的内容编码字符串 String
getInputStream()	获取并返回从对象中读取的输入流 InputStream
getOutputStream()	获取并返回向对象写入的输出流 OutputStream
getDate()	获取并返回资源的 Long 型发送时间
getContentLength()	获取并返回资源的 int 型长度

14.2　综合案例——Socket 网络通信

Socket 是一种重要的网络通信机制。本节将介绍 Socket 的基本概念与 Socket 通信的实

现及相关的程序实例。

14.2.1 Socket 基本概念

当网络上运行的两个程序进行双向通信时，这两个程序之间会建立一个连接通道，这个通道的两个端点被称为 Socket。在这种机制下，当需要建立网络连接时，在某一端主机上运行的程序向另一端发送一个连接请求，而在另一端主机上运行的程序等待连接请求的到达。当一端发送的连接请求被另一端接受时，双方间就建立了连接通道，两台主机就可以进行双向的信息传送。

因此，Socket 可以看做是网络上运行的两个程序间双向通信的一端，Socket 也可被看做为一种通信软件。通信的双方各建立一个 Socket，既可以发送信息也可以接收信息。

在上述过程中，等待连接请求的到达的一方称为 Server（服务器），而发出连接请求的一方称为 Client（客户机）。使用 Socket 进行 Client/Server 网络通信的过程如下：

1）Server 端监听某个端口，并等待来自外界的连接请求。

2）当 Client 端向 Server 端发出连接请求时，Server 端会响应请求，并向 Client 端发回接受信息。

3）Client 端收到确认信息后，与 Server 的连接就建立起来了。

在建立连接的过程中，客户端在一个新的端口上建立 Socket，服务器端也得到了一个新的端口并建立了一个 Socket。这样双方就可以通过这两个 Socket，使用 send、write 等方法与对方进行通信。

14.2.2 Socket 类与 ServerSocket 类

Socket 类与 ServerSocket 类是 Java 语言提供的实现 Socket 通信功能的两个类，都被定义在 java.net 包中。Socket 类的功能是进行两端的通信，可以由 Socket 对象创建输入输出流对象进行读写（即接收与发送）操作。而 ServerSocket 类则用于监听客户端的连接请求，建立连接并创建服务器端的 Socket 类。ServerSocket 类与 Socket 类分别用于服务器端和客户端的 Socket 通信，服务器端和客户端的区别是，服务器端等待接收连接请求而客户端申请连接。

Socket 类的构造方法见表 14-3。

表 14-3 Socket 类构造方法

构 造 方 法	说　　明
Socket(InetAddress add,int prt)	以主机地址 add 和主机端口号 prt 创建 Socket
Socket(InetAddress add, int prt, InetAddress ladd, int lprt)	以主机地址 add、主机端口号 prt、本地机地址 ladd 和本地端口号 lprt 创建 Socket
Socket(String host，int prt)	以主机名称 host 和主机端口号 prt 创建 Socket
Socket(String host, int prt, InetAddress ladd, int lprt)	以主机名称 host、主机端口号 prt、本地机地址 ladd 和本地端口号 lprt 创建 Socket

Socket 类的常用方法见表 14-4。

表 14-4 Socket 类常用方法

方 法	说 明
close()	关闭 Socket 对象
getInetAddress()	获取并返回 Socket 对象的连接地址 InetAddress
getLocalAddress()	获取并返回 Socket 对象的本地地址 InetAddress
getLocalPort()	获取并返回 Socket 对象的本地端口 13 号
getPort()	获取并返回 Socket 对象的连接端口号
getInputStream()	获取并返回 Socket 对象的输入流 InputStream
getOutputStream()	获取并返回 Socket 对象的输出流 OutputStream
shutdownInput()	终止 Socket 对象的输入流
shutdownOutput()	终止 Socket 对象的输出流

ServerSocket 类的构造方法见表 14-5。

表 14-5 ServerSocket 类构造方法

构 造 方 法	说 明
ServerSocket(int prt)	prt 为进行通信所用的端口 13 号
ServerSocket(int prt, int blog)	blog 表示服务器端支持的最大连接数
ServerSocket(int prt, int blog, InetAddress bindAdd)	以服务器端口号 prt、最大连接数 blog 和服务器所绑定的地址 bindAdd 创建 ServerSocket 对象

ServerSocket 类的常用方法见表 14-6。

表 14-6 ServerSocket 类常用方法

方 法	说 明
accept()	返回一个 Sockct 对象，与客户端进行信息通信
close()	关闭 ServerSocket 对象
getInetAddress()	获取并返回 ServerSocket 对象的网络地址 InetAddress
getLocalPort()	获取并返回 ServerSocket 对象的本地端口 13 号

使用 ServerSocket 类与 Socket 类进行 Socket 通信的基本过程如下：

在服务器端：

1）创建一个 ServerSocket 对象。

2）通过执行该对象的 accept()方法，创建 Socket 类对象等待客户机的连接请求或响应连接请求建立连接。

3）创建 Socket 的输入流对象接收对方的信息。

4）创建 Socket 的输出流对象向对方发送信息。

5）关闭 Socket 对象。

ServerSocket 对象的 accept()方法是一种阻塞性方法。所谓阻塞性方法就是指该方法被调用后，将等待客户端的请求，直到有一个客户端请求连接到相同的端口时该方法才创建并返回一个相应的 Socket 对象。

为了时刻监听是否有对方发来的信息，要创建并运行一个接收线程，在该线程中使用输入流对象读取来自客户端的信息并显示在本端，当接收的信息为结束标记时关闭 Socket 对象。而发送则可在程序中完成，发送过程使用输出流对象向客户端发送指定的信息。

在客户端：
1）创建一个 Socket 类对象向服务器端发出连接请求。
2）创建 Socket 的输入流对象接收对方的信息。
3）创建 Socket 的输出流对象向对方发送信息。
4）关闭 Socket 对象。

下面将介绍客户机与服务器之间的通信。实现服务器与客户机之间的连接，从而就需要两者之间连接的"协议"。

14.2.3 客户机端程序

Socket 是所有网络协议的基础，也是第 10 章 JDBC 的基础。Socket 类用于客户端，在客户端通过构造一个 Socket 类建立与服务器的连接。当一个 Socket 连接建立后，用户就可以从该 Socket 对象中获取输入流和输出流。

在下面的程序 Client.java 中，用

```
try{
    Socket client = new Socket("127.0.0.1",4000);
    area.append("已连接到服务器："+
                    client.getInetAddress().getHostName()+"\n\n");
    in  = client.getInputStream();
    out = client.getOutputStream();
}
catch(IOException io){}
```

建立了 Socket 类对象 client，并建立了与服务器之间的通信"线路"。client 使用 getInputStream()方法获得一个输入流 in，用语句

```
byte[] buf = new byte[256];
in.read(buf);
```

可以从这个输入流 in 中读取服务器输入到这个"线路"中的信息。client 还使用 getOutputStream()方法获得一个输出流 out，可以用这个输出流 out 中将信息输出一到这个"线路"中。下面的例题 14-3 实现了客户机端的程序。

【例 14-3】 客户机端的程序。

```
//Client.java
import java.io.*;
import java.net.*;
import java.awt.*;
import java.awt.event.*;

public class Client extends Frame implements ActionListener{
```

```java
    TextField text;
    TextArea   area;
    InputStream in;
    OutputStream out;

    public Client(){
        super("客户机 1");
        Panel panel = new Panel();
        panel.add(new Label("交谈"));
        text = new TextField("",20);
        area = new TextArea("");
        panel.add(text);
        text.addActionListener(this);
        add("North", panel);
        add("Center", area);
        setSize(250, 200);
        setVisible(true);
        try{
            Socket client = new Socket("127.0.0.1", 4000);
            area.append("已连接到服务器: "+client.getInetAddress().getHostName()+"\n\n");
            in  = client.getInputStream();
            out = client.getOutputStream();
        }
        catch(IOException io){}
        while(true){
            try{
                byte[] buf = new byte[256];
                in.read(buf);
                area.append("服务器说: "+str = new String(buf));
                area.append("\n");
            }
            catch(IOException e){}
        }
    }
//行动监视器执行方法
    public void actionPerformed(ActionEvent e){
        try{
            String str = text.getText();
            out.write(str.getBytes());
            area.append("我说: "+str);
            area.append("\n");
        }
        catch(IOException ioe){}
    }
//主方法
```

```
    public static void main(String[] args){
        new Client();
    }
}
```

这个程序编译后，需要与 14.2.4 节的服务器程序配合才能运行。程序实现界面如图 14-3a 所示。

14.2.4 服务器端程序

ServerSocket 类用于服务器端，负责侦听和响应客户端的连接请求，并接收客户端发送的数据。ServerSocket 类的主要任务是在服务器端等候其他机器与它连接，一旦客户端申请建立一个 Socket 连接，ServerSocket 类通过 accept()方法返回一个对应的服务器端 Socket 对象，以便进行直接通信。当两台计算机连接成功后，服务器端与客户端就得到一个真正的"Socket-Socket"连接。此时，就可利用 Socket 类的 getInputStream()和 getOutputStream()方法获取相应端的数据流。建立 ServerSocket 对象有以下几种方法：

```
ServerSocket(int port)
ServerSocket(int port, int backlog)
ServerSocket(int port, int backlog,InetAddress bindAddr)
```

其中 backlog 为最大连接数，bindAddr 为服务器所绑定的地址，port 为服务器侦听的端口号。

在下面的例 14-4 程序 server.java 中，用上面的第 1 个构造方法建立接收客户机的 ServerSocket 对象：

```
try{
    ServerSocket server = new ServerSocket(4000);
}
catch(IOException io){}
```

在 ServerSocket 对象 server 建立后，就可用 accept()接收客户的 Socket 连接呼叫：

```
Socket client = server.accept();
```

在连接建立后，服务器端 Socket 对象调用 getInetAddress()方法可以获取一个 InetAddress 对象，该对象含有客户机的 IP 地址和域名：

```
area.append("已连接客户机："+client.getInetAddress().getLocalHost()+"\n\n");
```

例 14-4 是服务器端程序，与例 14-1 的客户机端程序构成一个 Client/Server(C/S)结构。

【例 14-4】 服务器端程序。

```
//Server.java
import java.io.*;
import java.net.*;
import java.awt.*;
import java.awt.event.*;
```

```java
public class Server extends Frame implements ActionListener{
    TextField    text;
    TextArea     area;
    InputStream  in;
    OutputStream out;
    //构造方法
    public Server(){
        super("服务器");
        setSize(250, 200);
        text = new TextField("", 20);
        area = new TextArea("");
        Panel panel = new Panel();
        panel.add(new Label("交谈"));
        panel.add(text);
        text.addActionListener(this);
        add("North", panel);
        add("Center", area);
        setVisible(true);
        try{
            ServerSocket server = new ServerSocket(4000);
            Socket client = server.accept();
            area.append("已连接客户机："+
                        client.getInetAddress().getLocalHost()+"\n\n");
            in  = client.getInputStream();
            out = client.getOutputStream();
        }
        catch(IOException io){}

        while(true){
            try{
                byte[] buf = new byte[256];
                in.read(buf);
                area.append("客户机说： "+new String(buf));
                area.append("\n");
            }
            catch(IOException e){}
        }
    }
    //行动监视器执行方法
    public void actionPerformed(ActionEvent e){
        try{
            String str = text.getText();
            out.write(str.getBytes());
            area.append("我说： "+str);
            area.append("\n");
        }
```

```
        catch(IOException ioe){}
    }
    //主方法
    public static void main(String[] args){
        new Server();
    }
}
```

先运行服务器程序后再运行客户端程序，结果如图 14-3 所示。我们可以在客户端和服务器端的界面的文本框"交谈"中输入字符串，使用回车键〈Enter〉将信息输出到对方，进行交谈。

a)   b)

图 14-3 服务器程序和客户机端程序运行结果

a) 客户机端界面 b) 服务器端界面

14.3 综合案例——简易聊天室

上节的程序实现了客户机端与服务器端的通信，但不能实现客户机与客户机之间的通信，更不能完成多个客户机之间的通信。本节要完成简易聊天室程序。它由服务器程序和客户机程序组成，实现多个客户机之间的通信。

14.3.1 简易聊天室服务器端程序

【例 14-5】 简易聊天室服务器端程序。

```
//ChatServer.java
import    java.net.*;
import    java.io.*;

//聊天室服务器端主类
public class ChatServer implements Runnable{
    public static final int PORT = 1234;
    protected ServerSocket    listen;                    //定义服务器端套接字 listen
    Thread connect;                                     //定义服务器端线程
    clientThread cThread[] = new clientThread[5];
```

```java
    int num = 0;                                    //启动的线程 cthread 的计数
//构造方法
public ChatServer(){                                //服务器构造方法
   try {
      listen = new ServerSocket(PORT);
   }                                                //使用本地 IP 地址创建一个服务器
   catch(UnknownHostException e) {}
   catch(IOException e2){}
   connect = new Thread(this);
   connect.start();                                 //服务器端线程启动
}

public void run(){
   try{
      while(true){                                  //始终监听来自网络端口的信息
         Socket client = listen.accept();
         cThread[num]  = new clientThread(this, client);//每人启动一个线程
         cThread[num].start();                      //客户端线程启动
         num++;
      }
   }
   catch(IOException   e){}
}

//向聊天室所有人员发送信息
public void broadcast(String msg){
   for(int i=0; i<num; i++){
      try{
         cThread[i].out.writeUTF(msg);
      }
      catch(IOException e){}
   }
}
//主方法
public static void main(String args[]){
   new ChatServer();                                //启动服务器
   System.out.println("Chat Server is starting!......");
}
}

//客户端线程类
class clientThread extends Thread{
   protected Socket client;
   protected DataOutputStream out;                  //定义网络数据输出流
   protected DataInputStream   in;                  //定义网络数据输入流
   protected chatServer server;
```

```java
    public clientThread(chatServer server,Socket client){
        this.server = server;
        this.client = client;
        try{
            in  = new DataInputStream(client.getInputStream());
            out = new DataOutputStream(client.getOutputStream());
        }
        catch(IOException  e){}
    }
    public void run(){
        try{                                        //客户端线程始终在监听的操作方法
            while(true){
                server.broadcast(in.readUTF());
            }
        }
        catch(IOException e){}
    }
}
```

程序运行结果如图 14-4 所示。

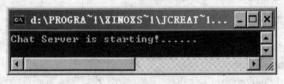

图 14-4 服务器启动

14.3.2 简易聊天室客户机端程序

下面是简易聊天室的客户机端程序和 HTML 文件。

【例 14-6】 简易聊天室客户机端程序。

```java
//ChatClient.java
import java.net.*;
import java.io.*;
import java.awt.*;
import javax.swing.*;
import java.awt.event.*;
import java.applet.*;

//聊天室界面南部面板 Spanel 类
class Spanel extends Panel{
    TextField   msg_txt;                    //msg_txt 为聊天文本框输入区
    JButton     button;
    Spanel(){
        setLayout(new   FlowLayout());
```

```java
        msg_txt=new TextField(20);
        button =new JButton("送出");
        add(new JLabel("您说的话:"));
        add(msg_txt);
        add(button);
    }
}

//聊天室主类 ChatClient 类
public class ChatClient extends Applet implements Runnable,ActionListener{
    public static final int PORT = 1234;           //PORT 为网络套接字端口号
    DataInputStream   in;                          //定义读取服务器信息流 in
    DataOutputStream out;                          //定义写入服务器信息流 out
    String    name;                                //name 为聊天人的名字
    Socket    socket;
    Thread    thread;
    TextArea chat_txt;
    Spanel    sp;

    //Applet 启动初始化画出聊天室界面,建立与服务器连接
    public void init(){
        setBackground(new Color(230,230,200));
        setLayout(new BorderLayout());

        name = getParameter("Chatname");           //从 HTML 文件中获取聊天者姓名
        chat_txt = new TextArea(10,45);
        chat_txt.setEditable(false);               //设置文本域不可编辑
        sp = new Spanel();
        add("Center",chat_txt);   add("South",sp);
        sp.button.addActionListener(this);
        chat_txt.setBackground(new Color(200,185,220));
    }

    //Applet 小程序启动
    public void start() {                          //与服务器建立连接。
        try { //默认本地机运行聊服务器端程序,与本机 IP 建立连接
            socket = new Socket(this.getCodeBase().getHost(),PORT);
            in  = new DataInputStream(socket.getInputStream());
            out = new DataOutputStream(socket.getOutputStream());
        }
        catch(IOException e){ }
        chat_txt.append("☆☆☆"+"    "+name +",欢迎来到聊天室    "+"☆☆☆\n");
        if(thread == null){
            thread = new Thread(this);
            thread.start();
        }
    }
```

```
//定义线程运行操作的方法，与服务器通信
public void run() {
  try {
    while(true){
      chat_txt.append(in.readUTF()+'\n');
    }
  }
  catch(IOException e){ }
}

//定义聊天室按钮单击事件的处理方法
public void actionPerformed(ActionEvent e){
  if((name != null)) {
    try {
      out.writeUTF(name+"说→"+":"+sp.msg_txt.getText());
      sp.msg_txt.setText(null);      //发送完毕信息清空写信息文本框
    }
    catch(IOException e1){}
  }
}
```

简易聊天室客户端 Applet 的 HTML 文件如下。此处有两个聊天者一个名为 aMan，另一个名为 aLady，所以有两个 HTML 文件。若要有更多的聊天者，请自行增加 HTML 文件。

```
<!-Applet1->
<applet   code   = "ChatClient.class"    width = 350 height = 200>
   <param name = "Chatname" value="aMan">
</applet>

<!-Applet2->
<applet code = "ChatClient.class"     width = 350 height = 200>
   <param name = "Chatname" value = "aLady">
</applet>
```

程序运行结果如图 14-5 所示。

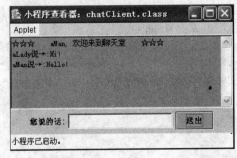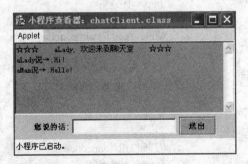

图 14-5 简易聊天室

当服务器启动后，启动两个 IE 浏览器分别打开上述两个 HTML 文件，可以在 IE 中进

行聊天，结果如图 14-5 所示类似。

14.4 习题

1. 填空题

参见表 14-2，填空。

```java
//URLConnectionTest.java
import java.io.*;
import java.net.*;
import java.util.*;

public class URLConnectionTest
{
    public static void main(String[] args)
    {
        try
        {
            String urlName;
            if (args.length > 0)
                urlName = args[0];
            else
                urlName = "http://java.sun.com";

            URL url = new URL(urlName);
            URLConnection connection = url.openConnection();

            //如果指定命令行，设置用户名和密码
            if (args.length > 2)
            {
                String username = args[1];
                String password = args[2];
                String input = username + ":" + password;
                connection.setRequestProperty("Authorization","Basic ");
            }
            connection.connect();

            //打印开头域(header fields)
            int n = 1;
            String key;
            while ((key = connection.getHeaderFieldKey(n)) != null)
            {
                String value = connection.getHeaderField(n);
                System.out.println(key + ": " + value);
                n++;
            }

            //打印 URConnection 的常用方法
            System.out.println("----------");
            System.out.println("类型: "
                        +_____(1)_____);// (1)connection.getContentType()
```

```
                    System.out.println("长度: "
                                    + _____(2)_____);// (2)connection.getContentLength()
                    System.out.println("编码: "
                                    + _____(3)_____);// (3)connection.getContentEncoding()
                    System.out.println("发送时间: "
                                    + _____(4)_____);// (4)connection.getDate()
                    System.out.println("getExpiration: "
                                    + connection.getExpiration());
                    System.out.println("getLastModifed: "
                                    + connection.getLastModifed());
            }
            catch (IOException exception)
            {
                    System.out.println("Error: " + exception);
            }
        }
    }
```

2．编程题

2.1 参考例 14-1 程序，编写通过 URLConnection 类的方法获取 Content、Content-Type、ContentLength 和 Date 等信息。其中 getDate()返回的 long 型时间可用 newDate()转换成英文式时间表示，如图 14-6 所示。

图 14-6 编程题 2.1 参考图

2.2 在例 14-6 的聊天室程序 chatClient.java 中增加如下功能：

1）当其中一个客户机离开聊天室时，显示信息"客户***离开聊天室"，其中"***"是客户名，如图 14-7a 所示。

2）当一客户进入聊天室时，显示信息"客户***进入聊天室"，如图 14-7b 所示。

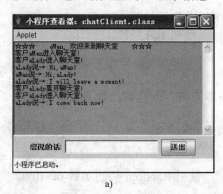 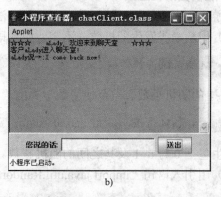

图 14-7 编程题 2.2 参考图

a) 客户离开聊天室显示的信息 b) 客户进入聊天室显示的信息

第15章 游戏编程初步

游戏正在流行,在游戏中有许多智力游戏,可以测试和锻炼智力。我们可以在游戏中学习游戏编程和算法,创造出新的游戏。本章介绍游戏程序设计的目的正在于此。将游戏变为开发智力工具,引导学生对学习计算机等知识技能的动力,而不是仅仅是玩,玩,玩!

下面首先介绍经典的数码 Puzzle 游戏的程序设计和实现。然后介绍将数码 Puzzle 游戏移植到拼图游戏,同时也介绍游戏的不同设计、改进和创新等。

15.1 综合案例——数码 Puzzle 游戏

数码 Puzzle 是一个测试智力的小游戏,在窗口中有 1~8 个数字和一个空位,游戏的目标是利用空位的向上、向下、向左和向右移动并与相应的数字实现交换,使原来无序的数字按顺序排列,如图 15-1 所示。

下面分块来实现游戏程序。

15.1.1 界面设计

为设计出游戏程序,需要将数字打乱,即随机放置整数 1, 2, ..., 8。为减少重复代码,学习 Java 的类继承,在下面的例 15-1 程序继承了例 6-8 的类 DigitPuzzle_1。

图 15-1 例 15-2 程序运行结果

1. 随机数的发生

本游戏程序中使用了随机数,有几种方法可以发生随机数。

(1) 用数学类发生随机数,不需要引入语句。因为方法

```
Math.random()
```

发生 0~1 的随机小数。结合使用数学类的"往零方向"取整数函数 Math.floor(),语句

```
m=(int)(Math.floor((n*Math.random())));           //(15.1.1)
```

可以发生包括 0 与 n-1 及其之间的随机整数。

(2) 用引入语句"import java.util.Random;",使用 Random 类的函数 nextInt()

```
m = (new Random()).nextInt(n);
```

发生包括 0 与 n-1 及其之间的随机整数。在这个类中还有 nextDouble(), nextFloat()分别发

生介于 0 与 1 之间的随机双精度和浮点小数。当然可以在语句（15.1.1）中用 nextDouble() 或 nextFloat()替代 Math.random()得到随机整数。使用（15.1.1）是因为在 Math 类库中没有类似于 nextInt()能直接生成随机整数的相应方法。

2. 实现界面设计

下面的例题程序中，方法 generRandPerm(int n)实现随机放置整数 0,1, ..., n-1 的一个排列。其中使用了布尔标志数组 boolean[] flag = new boolean[n]使选择存放在数组 rnum []中的整数互不重复。

【例 15-1】 随机放置整数 1, ..., 8 DigitPuzzle 界面设计。

```java
/***********************************************************
 *@DigitPuzzle_2.java
 *@Version 1.0 May 2013
 *@Author Xie-Hua Sun
 *DigitPuzzle 游戏设计（2）
 ***********************************************************/
import java.util.Random;

public class DigitPuzzle_2 extends DigitPuzzle_1{      //继承类 DigitPuzzle_1   (15.1.2)
    //构造函数
    public DigitPuzzle_2(){
        int[] num = generRandPerm(8);                  //随机生成 0,1,...,7 的排列
        for(int i = 0;i<8;i++)
            lbl[i].setText(""+(num[i]+1));             //重新设置文字              (15.1.3)
        repaint();                                     //再次调用 Java 内置 paint()函数
    }

    //生成块编号的随机排列，即 0,1,...,n-1 排列
    public int[] generRandPerm(int n){
        int[] rnum = new int[n];                       //存储随机生成 0,1,...,n-1 排列
        int m;
        boolean[] flag = new boolean[n];               //定义布尔标志数组
        for(int i=0; i<n; i++)
            flag[i] = false;                           //表示 rnum[i]未存入数字
        for(int i=0; i<n; i++){                        //随机生成 0,1,...,8 的排列
            m = (int)(Math.floor((n*Math.random())));  //发生随机数，介于[0,n-1]

            if(!flag[m]){                              //当 rnum[m]未存储数字
                rnum[i] = m; flag[m] = true;           //标志 rnum[m]已存数字
            }
            else{                                      //当 rnum[m]已存数字时
                while(flag[m])                         //循环直到 flag[m]为 false
                    m = (int)(Math.floor((n*Math.random())));//发生随机数
                rnum[i] = m;                           //这个 m 与已存数字不重复
                flag[m] = true;                        //标志 rnum[m]已存数字
            }
```

```
            }
                return rnum;                              //返回数组
        }

        //主函数
        public static void main(String args[]){
            new DigitPuzzle_2();                          //实例化本类，启动本程序
        }
    }
```

运行程序结果如图 15-1 所示。

3．[编程说明]

（1）类的继承

在（15.1.2）的类的声明中，使用了继承类 DigitPuzzle_1。从而，在类 DigitPuzzle_1 中使用的所有成员都被继承了。所以，没有与类 DigitPuzzle_1 重复的语句，包括没有通常的引入语句"import …"。

（2）函数 repaint()的使用

函数 repaint()的作用是再次调用 Java 内置 paint()函数。通常在许多情况下，系统会自动调用这个方法，但为了确保调用，并强调此处需要重新画图时，常使用这个函数。

（3）(num[i]+1)

在语句（15.1.3）中，num[]是标签序号，与标签上的实际文本数字相差 1，这里的括号已在前面说明过。

15.1.2 数码 Puzzle 游戏的实现

现在需要加入移动数字的功能，达到游戏的目的。通常有两个方法，使用键盘和鼠标。下面的程序使用向上、下、左、右箭头键使用命令，移动空格。使用键盘的好处是可以移植到在没有鼠标的手机上进行游戏操作。我们还将程序改写成使用鼠标，适于计算机上运行。

1．移动算法

为建立移动算法，需要建立坐标。为与编程一致，采用纵坐标向下的计算机平面坐标表示，为与计算机数组下标从 0 开始一致，标签的编号（今后称为块编号）从 0 开始，见图 15-1。这种块编号表示与其在图 15-2 所示的标签中文本数字，除了最后一个空白标签外均相差1。

如图 15-2 中所示，实际上有两种坐标，除了通常的平面坐标(x, y)外，还有所谓**块坐标**(u, v)。它表示每块的左上角在 uv 平面上的坐标。比如，块编号为 0 的块，其左上角在 uv 平面上的坐标是(0, 0)，所以，它的块坐标就是(0, 0)。又如，块编号为 5 的块，其左上角在 uv 平面上的坐标是(2, 1)，所以(2, 1)就是它的块坐标。如图 15-2 所示，标出了各块的编号及其块坐标。

显然对于 3 行 3 列排列，块编号 n 与块坐标(u, v)有如下关系

$$n = u + 3*v \qquad //(15.1.4)$$

相反地，有

$$u = n \% 3, \quad v = [n / 3] \quad //(15.1.5)$$

成立。此处，"%"是 Java 中取模符号，即取其相除的余数，而"[x]"是数学中取不超过 x 的最大整数符号。

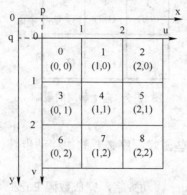

图 15-2 块编号与块坐标

设 uv 平面的原点在 xy 平面中的坐标是(p, q)，如图 15-2 所示。设各块的宽度和高度都是 50，显然，块坐标(u, v)与通常的计算机坐标(x, y)之间有如下关系式成立

$$u = [(x-p)/50], \quad v = [(y-q)/50] \tag{15.1.6}$$

公式（15.1.6）将在 15.2 节，用鼠标作为命令键的游戏编号得到应用。

至此，建立移动算法就很简单了。若采用向上箭头键作为命令空白的向上移动，空白块上方的块，简称为**上方块**则向下移动。在实际编程中，并不需要移动标签，只要移动这些标签上面的数字即可。

空白块称为**当前块**，其块坐标为(u, v)，由(15.1.4)相应块编号记为 curNum=u+3*v，则其上方块，即移动"**目标块**"的块坐标是(u, v-1)，其块编号记为 next = u+3*(v-1)。于是，移动标签文本数字的算法如下：

1）获取目标块的"文本数字"，并将其设置为当前块的"文本数字"。语句为

　　label[curNum].setText(label[next].getText());

2）将目标块的"文本数字"设置为空白。语句为

　　label[next].setText("");

3）改变当前块的块坐标。语句为

　　v -= 1;

注意，垂直移动块坐标 u 不变。对于当前块的下移、左移、右移，方法是类似的。

2．设置移动限制

空白的当前块的移动是受到限制的。比如，向上移动时，当块坐标 v=0 时是不允许移动的。如图 15-3 所示。所以，对于向上移动时，只要设置条件"y > 0"即可。对于其他方向移动，其条件是类似的。

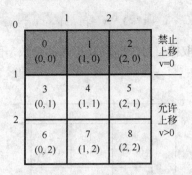

图 15-3 向上移动的限制

3．程序实现

根据以上分析，再加入一些游戏程序必要的如移动步数、信息提示等就能基本完成本程序了。

【例 15-2】 加入 KeyListener 移动数字，完成数码 Puzzle 游戏程序。

```java
/*********************************************************
*@DigitPuzzle.java
*@Version 1.0 May 2013
*@Author Xie-Hua Sun
*DigitPuzzle 游戏设计(3)
*********************************************************/
import java.awt.Label;                              //仅引入 awt 的 Label
import java.awt.event.*;                            //引入事件库

public class DigitPuzzle extends DigitPuzzle_2 implements KeyListener {
    int curNum,                                     //当前块编号
        next,                                       //目标块编号
        num = 0;                                    //移动步数计数
    int u = 2, v = 2;                               //当前块坐标初始值
    Label infor;                                    //定义信息标签

    //构造函数
    public DigitPuzzle(){
        infor = new Label("按箭头键移动空白块.");    //实例化信息标签
        infor.setBounds(10, 225, 170, 15);          //设置信息标签坐标和大小
        add(infor);                                 //加入信息标签
        addKeyListener(this);                       //加入键盘监视器
        setSize(190, 250);                          //设置框架大小
    }

    //按箭头键动作响应函数
    public void keyPressed(KeyEvent e){
        int keyCode = e.getKeyCode();               //获取虚拟键值
        curNum = u+3*v;                             //计算当前坐标值
```

```java
            if(keyCode==KeyEvent.VK_UP){              //按向上箭头键
                if(v > 0) move(0, -1);                //限制条件，调用 move()
            }
            else if(keyCode==KeyEvent.VK_DOWN){       //按向下箭头键
                if(v < 2) move(0, 1);                 //限制条件，调用 move()
            }
            else if(keyCode==KeyEvent.VK_LEFT){       //按向左箭头键
                if(u > 0 ) move(-1, 0);               //限制条件，调用 move()
            }
            else if(keyCode==KeyEvent.VK_RIGHT){      //按向右箭头键
                if(u < 2 ) move(1, 0);                //限制条件，调用 move()
            }
            infor.setText("移动步数: " + num);         //重新设置信息标签的文本
    }
    public void keyReleased(KeyEvent e){}             //键松开动作响应，不设计功能
    public void keyTyped(KeyEvent e){}                //键击打动作响应，不设计功能

    /*-------------------------------------------
     *移动函数
     *dv=0 时, du=1 表示右移, du=-1 表示左移
     *du=0 时, dv=1 表示下移, dv=-1 表示上移
     -------------------------------------------*/
    public void move(int du, int dv){
        next = (u+du)+3*(v+dv);                       //计算移动目标块编号
        //获取目标块的数字,并将其设置为当前块的数字
        lbl[curNum].setText(lbl[next].getText());
        //将目标块的文本设置为空白
        lbl[next].setText("");
        if(du==0){
            if(dv==1)         v += 1;                 //下移，修改当前块坐标
            else if(dv==-1)   v -= 1;                 //上移，修改当前块坐标
        }
        else if(dv==0){
            if(du==1)         u += 1;                 //右移，修改当前块坐标
            else if(du==-1)   u -= 1;                 //左移，修改当前块坐标
        }
        num++;                                        //移动步数计数增 1
    }

    //主函数
    public static void main(String args[]){
        new DigitPuzzle();                            //实例化本类，启动本程序
    }
}
```

运行程序结果如图 15-4 所示。

　　　　　　　a)　　　　　　　　　　　　　　　　b)

图 15-4　数码 Puzzle 游戏程序

a) 初始生成图　b) 按〈PageUP〉键结果

4．[编程说明]

（1）关于引入语句"import java.awt.Label;"

本程序继承了父类 DigitPuzzle_2，而 DigitPuzzle_2 继承了 DigitPuzzle_1。DigitPuzzle_1 中虽然有引入语句"import java.awt.*;"，但本类需要定义新的 Label infor，根据 Java 的继承规则需要引入语句（15.1.4），或者语句

　　　import java.awt.*;　　　　　　　　　　　　　　　　　　　　　　　　//(15.1.7)

使用（15.1.6）的结果是仅引入 awt 的 Label 类，节省资源，速度快。在简单的程序中使用（15.1.7），将 awt 类库中的所有类都引入，并不会有什么影响。但在要求速度和需要大量资源的程序中，比如，图像或视频的实时处理中，用（15.1.7）将可能出现影响。

（2）KeyListener 的引入

本程序需要引入键盘事件监视器 KeyLister，因此需要语句（15.1.5）和（15.1.6）。这个监视器有 3 个响应函数 keyPressed()、keyReleased()和 keyTyped()，必须全部重载。在本程序中，只为 keyPressed()设计了功能，对其他两个函数没有设计，所以其函数体是空的。但是，即使是空的函数体语句，必须写入程序中。这是 Java 语言的规定，否则，在编译时将出现错误。

15.2　综合案例——拼图游戏

数码 Puzzle 游戏的本质与拼图游戏相同。本节考虑将数码 Puzzle 游戏移植到拼图游戏中，并使用鼠标代替键盘发出命令。

15.2.1　用 JLabel 实现拼图游戏

1．移植数码 Puzzle 游戏的思想

将 AWT 的标签 Label 更改为 Swing 标签，从而可以将小图作为标签的图标替代数码 Puzzle 游戏中的数字，实现图像的拼图。程序分为两部分，PicPuzzle_1.java 和 PicPuzzle_2.java，前者还可被继承为鼠标游戏程序所用。

2. 程序实现

【例 15-3】 键盘操作，使用方向键。

```java
/***********************************************
 *@PicPuzzle_1.java
 *@Version 1.0 May 2013
 *@Author Xie-Hua Sun
 ***********************************************/
import java.awt.*;                              //引入 awt 类库
import javax.swing.*;                           //引入 swing 类库

public class PicPuzzle_1 extends JFrame {
    int u, v;                                   //空白块当前的块坐标
    JLabel[] label;                             //定义标签数组
    Label infor;                                //定义信息标签

    //构造函数
    public PicPuzzle_1(){
        setTitle("拼图  作者  孙燮华");            //设置标题
        setLayout(null);                         //不设置布局管理器
        int[] num = generRandPerm(9);            //随机生成 0,1,...,8 的排列
        label = new JLabel[9];                   //实例化标签数组
        addLabel(num);                           //加入含图标签
        infor = new Label("按箭头键移动空白块.");   //实例化信息标签
        infor.setBounds(10,170, 170, 15);        //设置信息标签坐标和大小
        add(infor);                              //加入信息标签
        setSize(180,230);                        //设置框架大小
        setVisible(true);                        //设置框架可见
    }

    //加入(含图)标签函数
    public void addLabel(int[] num){
     for(int i=0; i<3; i++){
          for(int j=0; j<3; j++){
                int k = j*3+i;                   //计算块编号 k
                if(num[k]!=8)
                  label[k] = new JLabel(new ImageIcon(       //设置图标
                    ".\\pics\\pic["+num[k]+"].jpg"));                     //(15.2.1)
                else{                            //当块编号等于 8 时，设置空白图标
                  label[k] = new JLabel(new ImageIcon(".\\pics\\pic0.jpg"));   //(15.2.2)
                  u = i; v = j;                  //记录空白图标的当前块坐标
                }
                label[k].setBounds(10+i*50,10+j*50, 50, 50);  //设置位置和大小
                add(label[k]);                   //加入信息标签
          }
     }
```

```java
        }
        //随机生成 0,1,...,n 排列函数
        public int[] generRandPerm(int n){
            int[] rnum = new int[n];                          //存储随机生成 0,1,...,8 的排列
            int m;                                            //临时变量
            boolean[] flag = new boolean[n];                  //定义布尔标志数组
            for(int i=0; i<n; i++)
                flag[i] = false;                              //表示 rnum[i]未存入数字
            for(int i=0; i<n; i++){                           //随机生成 0,1,...,8 的排列
                m = (int)(Math.floor((n*Math.random())));     //发生随机数，介于[0,n-1]
                if(!flag[m]){                                 //当 rnum[m]未存储数字
                    rnum[i] = m; flag[m] = true;              //标志 rnum[m]已存数字
                }
                else{                                         //当 rnum[m]已存数字时
                    while(flag[m])                            //循环直到 flag[m]为 false
                        m = (int)(Math.floor((n*Math.random())));//发生随机数
                    rnum[i] = m;                              //这个 m 与已存数字不重复
                    flag[m] = true;                           //标志 rnum[m]已存数字
                }
            }
            return rnum;                                      //返回数组
        }
        //主函数
        public static void main(String args[]){
            new PicPuzzle_1();                                //实例化本类，启动本程序
        }
}
/******************************************************
*@PicPuzzle_2.java
*@Version 1.0 May 2013
*@Author Xie-Hua Sun
*使用 JLabel，不使用布局管理器，键盘操作
******************************************************/
import java.awt.*;                                            //引入 awt 类库
import java.awt.event.*;                                      //引入 awt 的事件类库
import javax.swing.*;                                         //引入 swing 类库

public class PicPuzzle_2 extends PicPuzzle_1 implements KeyListener{
    int curNum,                                               //当前块编号
        next,                                                 //移动目标块编号
        num = 0;                                              //移动步数计数

    //构造函数
    public PicPuzzle_2(){
        addKeyListener(this);                                 //加入键盘监视器
```

```java
}

//按箭头键动作响应函数
public void keyPressed(KeyEvent e){
    int keyCode = e.getKeyCode();            //获取虚拟键值
    curNum = u+3*v;                          //计算当前块编号

    if(keyCode==KeyEvent.VK_UP){             //按向上方向键
        if(v > 0) move(0, -1);               //限制条件调用 move()
    }
    else if(keyCode==KeyEvent.VK_DOWN){      //按向下方向键
        if(v < 2) move(0, 1);                //限制条件调用 move()
    }
    else if(keyCode==KeyEvent.VK_LEFT){      //按向左方向键
        if(u > 0) move(-1,0);                //限制条件调用 move()
    }
    else if(keyCode==KeyEvent.VK_RIGHT){     //按向右方向键
        if(u < 2) move(1,0);
    }
    infor.setText("移动步数: " + num);        //重新设置信息标签的文本
}

public void keyReleased(KeyEvent e){}        //键松开动作响应，不设计功能
public void keyTyped(KeyEvent e){}           //键击打动作响应，不设计功能


/*------------------------------------------
 *移动函数
 *dv=0 时，du=1 表示右移，du=-1 表示左移
 *du=0 时，dv=1 表示下移，dv=-1 表示上移
 -------------------------------------------*/
public void move(int du, int dv){
    next = (u+du)+3*(v+dv);                  //计算移动目标块编号
    //获取目标块的图标，并将其设置为当前块的图标
    label[curNum].setIcon(label[next].getIcon());
    //将"移动目标"的图标设置为空白
    label[next].setIcon(new ImageIcon(".\\pics\\pic0.jpg"));
    if(du == 0){
        if(dv==1)        v += 1;             //下移，修改当前块坐标
        else if(dv==-1)  v -= 1;             //上移，修改当前块坐标
    }
    else if(dv==0){
        if(du==1)        u += 1;             //右移，修改当前块坐标
        else if(du==-1)  u -= 1;             //左移，修改当前块坐标
    }
    num++;                                   //移动步数计数增 1
}
```

```
    //主函数
    public static void main(String args[]){
        new PicPuzzle_2();                    //实例化本类，启动本程序
    }
}
```

运行程序结果如图 15-5 所示。

a)

b)

图 15-5 JLabel 拼图游戏

a) 初始运行界面 b) 按向上方向键结果

3．[编程说明]

（1）当前目录的表示

本程序使用的 9 幅图存放在子目录 pics 中，而子目录 pics 存放在 Java 文件所在的目录，即所谓当前目录下。在 Java 中，当前目录用一小圆点表示，且用两条反斜杠表示路径。比如，子目录 pics 中，图标 pic[0].jpg，其相对路径是 ".\\pics\\pic[0].jpg"，参见语句（15.2.2）。注意到字符串相加的规则，就不难理解语句（15.2.1）了。

（2）移动图标

游戏中，不需要移动标签，只要移动标签上的图标即可。而移动图标，只要改变相应的图标的标号即可。依靠这个规则，设计方法 int[] generRandPerm(int n)返回一个 0,1,…,9 的随机排列，对应图标号，从而达到图标的随机排列。

15.2.2 用鼠标实现移动图片

1．移动算法

设计用鼠标操作代替键盘操作，在某些情况下更方便。移动算法如下：

1）当空白块有上方块时，若鼠标单击上方块，则上方块与空白块交换。

2）当空白块有下方块时，若鼠标单击下方块，则下方块与空白块交换。

3）当空白块有左方块时，若鼠标单击左方块，则左方块与空白块交换。

4）当空白块有右方块时，若鼠标单击右方块，则右方块与空白块交换。

5）对其余情况，无动作。

2. 程序实现

【例 15-4】 不使用布局管理器的鼠标操作。

```java
/***********************************************************
*@PicPuzzle_3.java
*@Version 1.0 May 2013
*@Author Xie-Hua Sun
***********************************************************/
import java.awt.*;                                    //引入 awt 类库
import java.awt.event.*;                              //引入 awt 的事件类库
import javax.swing.*;                                 //引入 swing 类库

public class PicPuzzle_3 extends PicPuzzle_1 implements MouseListener{
    int curNum,                                       //当前块编号
        next,                                         //目标块编号
        num = 0;                                      //移动步数计数

    //构造函数
    public PicPuzzle_3(){
        addMouseListener(this);                       //加入鼠标监视器
        infor.setText("单击鼠标键移动空白块.");        //设置信息
    }

    //按鼠标键动作响应函数
    public void mousePressed(MouseEvent e){
        int x = (int)((e.getX()-14)/50),              //计算鼠标块坐标(x, y)        (15.2.3)
            y = (int)((e.getY()-40)/50);                                          //(15.2.4)

        curNum = u+3*v;                               //计算当前块编号

        if((x==u)&&(y+1==v))                          //鼠标单击上方块
            move(0,-1);
        else if((x==u)&&(y-1==v))                     //鼠标单击下方块
            move(0,1);
        else if(((x+1) ==u)&&(y==v))                  //鼠标单击左方块
            move(-1, 0);
        else if(((x-1) ==u)&&(y==v))                  //鼠标单击左方块
            move(1, 0);
        infor.setText("移动步数: " + num);            //重新设置信息标签的文本
    }

    public void mouseReleased(MouseEvent e){}         //鼠标左键松开动作响应,不设计功能
    public void mouseClicked(MouseEvent e){}          //不设计功能
    public void mouseEntered(MouseEvent e){}          //不设计功能
    public void mouseExited(MouseEvent e){}           //不设计功能
```

```
/*-------------------------------------------
*移动函数
*dv=0 时，du=1 表示右移，du=-1 表示左移
*du=0 时，dv=1 表示下移，dv=-1 表示上移
-------------------------------------------*/
public void move(int du, int dv){
    next = (u+du)+3*(v+dv);                            //计算移动目标块编号
    //获取目标块的图标，并将其设置为当前块的图标
    label[curNum].setIcon(label[next].getIcon());
    //将"移动目标"的图标设置为空白
    label[next].setIcon(new ImageIcon(".\\pics\\pic0.jpg"));
    if(du == 0){
        if(dv==1)       v += 1;                        //下移，修改当前块坐标
        else if(dv==-1) v -= 1;                        //上移，修改当前块坐标
    }
    else if(dv==0){
        if(du==1)       u += 1;                        //右移，修改当前块坐标
        else if(du==-1) u -= 1;                        //左移，修改当前块坐标
    }
    num++;                                             //移动步数计数增 1
}

//主函数
public static void main(String args[]){
    new PicPuzzle_3();                                 //实例化本类，启动本程序
}
}
```

运行程序结果如图 15-6 所示。

a)

b)

图 15-6 用鼠标移动图片

a) 初始运行界面 b) 单击右方块结果

3. [编程说明]

1) 在移动函数中与计算机屏幕坐标一致，设计水平向右移动为正向，垂直向下为正向。

2）屏幕坐标与块坐标(x, y)之间的换算，参见（15.2.3）和（15.2.4）

```
x = (int)((e.getX()-14)/50);
y = (int)((e.getY()-40)/50);
```

其中，水平偏差 14 和垂直偏差 40 是经过实际测量与试验得到的。

15.2.3 用画布实现拼图游戏

本节考虑在 Java 的专用画图控件画布类 Canvas 中直接作图，而不是在将图像分成 9 个分图分别放置到 9 个控件中。这个方法得益于 Java 作图函数 drawImage()的强大功能。

1. 函数 drawImage()直接作图的方法

（1）Java 的作图函数 drawImage()有多种重载
- drawImage(Image image,int x, int y, ImageObserver observer);

将 image 在坐标(x, y)处，以原图的宽高画出 image，（不具有缩放功能）。
- drawImage(Image image, int x, int y, int width, int height, ImageObserver observer);

将 image 在坐标(x, y)处，宽为 width 高为 height 的大小画出，（因此，具有缩放功能）。
- drawImage(Image image, int x0, int y0, int x1, int y1,
                int u0, int v0, int u1, int v1，ImageObserver observer);

取 image 从左上角(u0,v0)到右下角(u1,v1)矩形区内的图，放到左上角(x0,y0)到右下角(x1,y1)的矩形区画出。其中 observer——报告透视过程进行的对象，一般用 this，（因此，具有缩放功能）。

【例 15-5】 函数 drawImage()的 3 种重载和图像载入画布类。

```java
/*********************************************************
*@drawImageInCanvas.java
*@Version 1.0 May 2013
*@Author Xie-Hua Sun
*********************************************************/
import java.awt.*;
import java.awt.event.*;

public class drawImageInCanvas extends Frame{
    Image nowImage;
    myCanvas canvas;

    public drawImageInCanvas(){
        setTitle("在 Frame-Canvs 中作图  作者 孙燮华");
        nowImage = Toolkit.getDefaultToolkit().getImage("image\\girl2.jpg");//载入图像
        canvas = new myCanvas(nowImage);
        add(canvas,BorderLayout.CENTER);         //画布 canvas 放在中央
        setSize(350,220);                         //设置 Frame 大小
        setVisible(true);                         //设置 Frame 可见
        //为 Frame 加入窗口监视器，可关闭窗口
        addWindowListener(new WindowAdapter() {
```

```java
            public void windowClosing(WindowEvent e){
                System.exit(0);
            }
        });
    }

    public static void main(String[] args){
        new drawImageInCanvas();                    //实例化本类，启动程序
    }
}

//继承画布类 Canvas
class myCanvas extends Canvas{
    Image image;                                    //定义对象

    //myCanvas 类构造函数
    public myCanvas(Image im){
        image = im;
    }

    //重载 paint()
    public void paint(Graphics g){
        g.drawImage(image,10,10,this);              //按原图宽高画出(无缩放)
        g.drawImage(image,180,30,100,80, this);     //在宽高都为 150 的矩形内画出(缩小)
        int no = 4;                                 //块编号
        int u = no%3, v = no/3;                     //块编号 no 对应块坐标(u, v)
        int bW = 50, bH = 50;                       //块的宽高
        int x = 0, y =2;                            //(x,y)为块坐标,(X, Y)为通常坐标
        int X = x*bW+260, Y = y*bH+20;              //计算通常坐标(X, Y)
        int U = u*bW, V = v*bH;                     //计算通常坐标(U, V)
        //将 image 在(U, V, U+bW-1, V+bH-1)一块在矩形(X, Y, X+bW-1, Y+bH-1)内画出
        g.drawImage(image, X, Y, X+bW-1, Y+bH-1,
                    U, V, U+bW-1, V+bH-1, this);
    }
}
```

运行结果如图 15-7 所示。

（2）框架 Frame 与画布的原点

如图 15-7 所示。注意，经过实际测试，画布 Canvas 的原点在框架中的坐标是(0,30)。所以，在画布中作图，使用语句

```
    g.drawImage(image,10,10,this);// 在画布中
```

相当于在框架中

```
    g.drawImage(image,10,40,this);//在框架中
```

图 15-7　在 Frame 的 Canves 中 drawImage()

2．在画布类中实现拼图游戏

【例 15-6】　设计图像载入画布类的鼠标操作。

```
/**********************************************************
 *@PicPuzzleInCanvas.java
 *@Version 1.0 May 2013
 *@Author Xie-Hua Sun
 **********************************************************/
import java.awt.*;
import javax.swing.*;
import java.awt.event.*;

public class PicPuzzleInCanvas extends Frame implements MouseListener{
    TextField infor;                                    //定义文本框
    Image nowImage;                                     //定义类 Image
    myCanvas canvas;                                    //自定义类 myCanvas
    int[] mapNo;
    int curNo;                                          //当前空白块编号
    int num = 0;                                        //移动步数计数
    public PicPuzzleInCanvas(){
        setTitle("PicPuzzle in Canvas 作者 孙燮华");      //设置标题
        infor = new TextField("单击鼠标键移动空白块",10);//实例化文本框
        nowImage = Toolkit.getDefaultToolkit().
                    getImage("images\\girl.jpg");       //载入图像
        canvas = new myCanvas(nowImage);                //实例化类 myCanvas
        mapNo = canvas.getRandNo();                     //取数组 ranNo 数据
        curNo = canvas.getCurNo();                      //当前(空白)块编号赋值
        add(infor, BorderLayout.NORTH);                 //标签 infor 放在北面
        add(canvas,BorderLayout.CENTER);                //画布 canvas 放在中央
        setSize(160,210);                               //设置 Frame 大小
        setVisible(true);                               //设置 Frame 可见
```

```java
            canvas.addMouseListener(this);              //canvas 加入鼠标监视器

            //为 Frame 加入窗口监视器，可关闭窗口
            addWindowListener(new WindowAdapter() {
                public void windowClosing(WindowEvent e){
                    System.exit(0);
                }
            });
        }

        //按鼠标键动作响应函数
        public void mousePressed(MouseEvent e){
            int x = (int)(e.getX()/50),                  //计算鼠标块坐标(x,y)
                y = (int)(e.getY()/50);
            int u = curNo%3, v = curNo/3;                //当前块坐标(u,v)

            if((x==u)&&(y+1==v)||(x==u)&&(y-1==v)||
               (x+1==u)&&(y==v)||(x-1==u)&&(y==v)){//鼠标单击当前块的上，下，左，右方块
                int n = x+3*y;                           //鼠标单击块的编号
                int m = mapNo[n];                        //编号为 n 的原图块编号赋予 m
                mapNo[curNo] = m;                        //修改 ranNo[curNo]
                mapNo[n] = 8;                            //修改 ranNo[n]
                curNo = n;                               //修改当前块编号
                canvas.setRandNo(mapNo);                 //用 ranNo 重新设置数组 randNo
                canvas.repaint();                        //调用 paint()
                num++;                                   //移动步数增 1
            }
            infor.setText("移动步数: " + num);            //重新设置信息标签的文本
        }
        public void mouseReleased(MouseEvent e){}        //松开鼠标左键动作响应，不设计功能
        public void mouseClicked(MouseEvent e){}         //不设计功能
        public void mouseEntered(MouseEvent e){}         //不设计功能
        public void mouseExited(MouseEvent e){}          //不设计功能

        public static void main(String[] args){
            new PicPuzzleInCanvas();                     //实例化本类，启动程序
        }
    }

//继承画布类 Canvas
class myCanvas extends Canvas{
    Image image;                                         //定义对象
    int[] randNo = new int[9];                           //分配内存
    int no;                                              //当前(空白)块编号

    //myCanvas 类构造函数
```

```java
    public myCanvas(Image im){
        image = im;                              //对 image 赋值
        randNo = generRandPerm(9);               //调用函数，并对 randNo 赋初值
    }

//随机生成 0,1,...,n 排列函数
    public int[] generRandPerm(int n){
        int[] rn = new int[n];                   //定义数组
        int m;                                   //临时变量
        boolean[] flag = new boolean[n];         //定义布尔标志数组
        for(int i=0; i<n; i++)
            flag[i] = false;                     //表示 rnum[i]未存入数字
        for(int i=0; i<n; i++){                  //随机生成 0,1,...,8 的排列
            m = (int)(Math.floor((n*Math.random())));//发生随机数，介于[0,n-1]
            if(!flag[m]){                        //当 rnum[m]未存储数字
                rn[i] = m; flag[m] = true;       //标志 rnum[m]已存数字
                if(m==8) no = i;                 //存储当前块编号
            }
            else{                                //当 rnum[m]已存数字时
                while(flag[m])                   //循环直到 flag[m]为 false
                    m = (int)(Math.floor((n*Math.random())));//发生随机数
                rn[i] = m;                       //这个 m 与已存数字不重复
                flag[m] = true;                  //标志 rnum[m]已存数字
                if(m==8) no = i;                 //存储当前块编号
            }
        }
        return rn;                               //返回数组
    }

//设置数组 randNo[]
    public void setRandNo(int[] rn){             //setRandNo(ranNo);
        for(int i=0; i<9; i++)
            randNo[i] = rn[i];
    }

//返回数组 randNo[]
    public int[] getRandNo(){
        return randNo;
    }

//返回当前块编号
    public int getCurNo(){
        return no;
    }

//作图方法，重载 paint()
```

```java
public void paint(Graphics g){
    int bW = 50, bH = 50;                          //块的宽高
    int x, y, u, v, X, Y, U, V;
    for(int no=0; no<9; no++){
        u = no%3; v = no/3;                        //计算块编号 no 对应块坐标(u, v)
        x = randNo[no]%3; y = randNo[no]/3;        //(x,y)-块坐标,(X, Y)-通常坐标
        X = x*bW; Y = y*bH;                        //计算通常坐标(X, Y)
        U = u*bW; V = v*bH;                        //计算块坐标(u, v)的通常坐标(U, V)
        //将 image 在(X,Y;X+bW-1,Y+bH-1)的块在(U,V;U+bW-1,V+bH-1)内画出
        g.drawImage(image, U, V, U+bW-1, V+bH-1,
                    X, Y, X+bW-1, Y+bH-1, this);
    }
}
```

3．[编程说明]

（1）画布类 Canvas

原始画布类 Canvas 必须经过继承才能应用。其中作图方法 paint() 中使用了 drawImage() 中最复杂的一种，即

```
//将 image 在(X,Y;X+bW-1,Y+bH-1)的块在(U,V;U+bW-1,V+bH-1)内画出
g.drawImage(image, U, V, U+bW-1, V+bH-1, X, Y, X+bW-1, Y+bH-1, this)
```

请仔细地分析与体会其中各参数的关系，这种用法不常见到。

（2）图像映射与数组 mapNo[]

mapNo[y] ==x 的意义是"原图 image 上编号为 x 的块，变换到编号为 y 的区域"。与表达式 revNo[x] ==y 具有相同的意义。

由于使用了画布类，数据的输入与输出需要通过一些输入和输出函数进行。

15.2.4 用框架实现拼图游戏

在框架 Frame 上也可以作图，本节给出在框架中直接作图的拼图游戏程序。

1．在 Frame 中函数 drawImage() 的 3 种重载

下面的程序给出在 Frame 中用方法 drawImage() 的 3 种重载载入图像的试验。试验发现，在 Frame 中作图与在画布类中作图的最大区别在于各自采用的坐标原点不同，如图 15-8 所示。在应用开发中，通常会遇到这类问题，需要通过试验和测量获得数据来解决问题。

【例 15-7】 方法 drawImage() 的 3 种重载，图像载入 Frame。

```java
/************************************************
*@drawImageInFrame.java
*@Version 1.0 May 2013
*@Author Xie-Hua Sun
*************************************************/
import java.awt.*;
```

```java
import java.awt.*;
import java.awt.event.*;

public class drawImageInFrame extends Frame{
    Image image;                                            //定义对象

    //构造函数
    public drawImageInFrame(){
        setTitle("在 Frame 中作图  作者  孙燮华");
        image = Toolkit.getDefaultToolkit().getImage("image\\girl.jpg");//载入图像
        setSize(350,220);                                   //设置 Frame 大小
        setVisible(true);                                   //设置 Frame 可见
        //为 Frame 加入窗口监视器，可关闭窗口
        addWindowListener(new WindowAdapter() {
            public void windowClosing(WindowEvent e){
                System.exit(0);
            }
        });
    }
    //重载 paint()
    public void paint(Graphics g){
        g.drawImage(image,10,40,this);                      //按原图宽高画出(无缩放)
        g.drawImage(image,180,60,100,80, this);             //在宽高为 150 的矩形内画出(缩小)
        int no = 4;                                         //块编号
        int u = no%3, v = no/3;                             //块编号 no 对应块坐标(u, v)
        int bW = 50, bH = 50;                               //块的宽高
        int x = 0, y =2;                                    //(x,y)-块坐标，(X, Y)-屏幕坐标
        int X = x*bW+260, Y = y*bH+50;                      //计算屏幕坐标(X, Y)
        int U = u*bW, V = v*bH;                             //计算屏幕坐标(U, V)
        //将 image 在(U, V, U+bW-1, V+bH-1)一块在矩形(X, Y, X+bW-1, Y+bH-1)内画出
        g.drawImage(image, X, Y, X+bW-1, Y+bH-1,
                    U, V, U+bW-1, V+bH-1, this);
    }
    //主函数
    public static void main(String[] args){
        new drawImageInFrame();                             //实例化本类，启动程序
    }
}
```

运行结果如图 15-8 所示。

2．在 Frame 中实现拼图游戏
（1）分块图像映射算法
1）确定当前块的块编号 curNo。
2）计算当前块坐标(u,v)，u = curNo%3，v = curNo/3。
3）鼠标按下，取得鼠标单击位置的坐标，并使用下式计算鼠标单击处的块坐标(x,y)

x = (int)((e.getX()−5)/50),　　　　　　　　　　　　　　　(15.2.5)
y = (int)((e.getY()−50)/50);　　　　　　　　　　　　　　(15.2.6)

图 15-8　在 Frame 中 drawImage()

4）if(鼠标单击当前块的上，下，左，右方块) {
　　计算鼠标单击块的编号：n = x+3*y;
　　编号为 n 的原图块编号赋予 m：　m = mapNo[n];
　　将 mapNo[curNo]的值修改：　　 mapNo[curNo] = m;
　　将 mapNo[n]的值修改：　　　　　mapNo[n] = 8;
　　修改当前块编号：　　　　　　　　curNo = n;
　　调用 paint()重画：　　　　　　　　repaint();
　　移动步数增 1：　　　　　　　　　num++;
}
else{无操作}
（2）算法实现
【例 15-8】　设计图像直接载入 Frame，鼠标操作。

```
/*********************************************************
 *@PicPuzzleInFrame.java
 *@Version 1.0 May 2013
 *@Author Xie-Hua Sun
 *********************************************************/
import java.awt.*;
import javax.swing.*;
import java.awt.event.*;

public class PicPuzzleInFrame extends Frame implements MouseListener{
    Image image;                                    //定义对象
    TextField infor;                                //定义文本框
```

```java
    int[] mapNo;
    int curNo;                                          //当前空白块编号
    int num = 0;
                                                        //移动步数计数
    public PicPuzzleInFrame(){
        setTitle("PicPuzzle in Frame  作者  孙燮华");    //设置标题
        infor = new TextField("单击鼠标键移动空白块",10);//实例化文本框
        image = Toolkit.getDefaultToolkit().getImage("images\\girl.jpg");//载入图像
        mapNo = generRandPerm(9);                       //调用函数,并对 mapNo 赋初值
        add(infor, BorderLayout.NORTH);                 //标签 infor 放在北面
        setSize(160,210);                               //设置 Frame 大小
        setVisible(true);                               //设置 Frame 可见
        addMouseListener(this);                         //canvas 加入鼠标监视器

        //为 Frame 加入窗口监视器,可关闭窗口
        addWindowListener(new WindowAdapter() {
            public void windowClosing(WindowEvent e){
                System.exit(0);
            }
        });
    }

//按鼠标键动作响应函数
    public void mousePressed(MouseEvent e){
        int u = curNo%3, v = curNo/3;                   //当前块坐标(u,v)
        int x = (int)((e.getX()-5)/50),                 //计算鼠标块坐标(x,y)
            y = (int)((e.getY()-50)/50);

        if((x==u)&&(y+1==v)||(x==u)&&(y-1==v)||
           (x+1==u)&&(y==v)||(x-1==u)&&(y==v)){//鼠标单击当前块的上,下,左,右方块
            int n = x+3*y;                              //鼠标单击块的编号
            int m = mapNo[n];                           //编号为 n 的原图块编号赋予 m
            mapNo[curNo] = m;                           //修改 ranNo[curNo]
            mapNo[n] = 8;                               //修改 ranNo[n]
            curNo = n;                                  //修改当前块编号
            repaint();                                  //调用 paint()
            num++;                                      //移动步数增 1
        }
        infor.setText("移动步数: " + num);              //重新设置信息标签的文本
    }
    public void mouseReleased(MouseEvent e){}           //松开鼠标左键动作响应,不设计功能
    public void mouseClicked(MouseEvent e){}            //不设计功能
    public void mouseEntered(MouseEvent e){}            //不设计功能
    public void mouseExited(MouseEvent e){}             //不设计功能

//随机生成 0,1,...,(n-1)排列函数
```

```java
public int[] generRandPerm(int n){
    int[] rn = new int[n];                              //定义数组
    int m;                                              //临时变量
    boolean[] flag = new boolean[n];                    //定义布尔标志数组
    for(int i=0; i<n; i++)
        flag[i] = false;                                //表示 rnum[i]未存入数字
    for(int i=0; i<n; i++){                             //随机生成 0,1,...,8 的排列
        m = (int)(Math.floor((n*Math.random())));//发生随机数，介于[0,n-1]
        if(!flag[m]){                                   //当 rnum[m]未存储数字
            rn[i] = m; flag[m] = true;                  //标志 rnum[m]已存数字
            if(m==8) curNo = i;                         //存储当前块编号
        }
        else{                                           //当 rnum[m]已存数字时
            while(flag[m])                              //循环直到 flag[m]为 false
                m = (int)(Math.floor((n*Math.random())));//发生随机数
            rn[i] = m;                                  //这个 m 与已存数字不重复
            flag[m] = true;                             //标志 rnum[m]已存数字
            if(m==8) curNo = i;                         //存储当前块编号
        }
    }
    return rn;                                          //返回数组
}

//作图函数，重载 paint()
public void paint(Graphics g){
    int bW = 50, bH = 50;                               //块的宽高
    int x, y, u, v, X, Y, U, V;
    for(int no=0; no<9; no++){
        u = no%3; v = no/3;                             //计算块编号 no 对应块坐标(u, v)
        x = mapNo[no]%3; y = mapNo[no]/3;               //(x,y)-块坐标，(X, Y)-屏幕坐标
        X = x*bW; Y = y*bH;                             //计算屏幕坐标(X, Y)
        U = u*bW+5; V = v*bH + 50;                      //计算块坐标(u, v)的屏幕坐标(U, V)
        //将 image 在(X,Y;X+bW-1,Y+bH-1)一块在(U,V;U+bW-1,V+bH-1)内画出
        g.drawImage(image, U, V, U+bW-1, V+bH-1,
                    X, Y, X+bW-1, Y+bH-1, this);
    }
}

public static void main(String[] args){
    new PicPuzzleInFrame();                             //实例化本类，启动程序
}
}
```

游戏运行结果如图 15-9 所示。读者可以尝试在程序中加入计时代码。

图 15-9 游戏运行结果

3．[编程说明]

在 Frame 中，屏幕坐标与块坐标(x, y)之间的换算参见（15.2.5）和（15.2.6），其中的参数与在画布类中不同，是通过试验得到的。

15.3 综合案例——Puzzle 游戏的改进和推广

本程序可以考虑加入计时程序段，比赛中用时最短的完成者作为优胜者。还可考虑进行 4×4 和 4×3 的推广。

经过上述推广，读者可能会有创新的思想，既然从 3×3 扩大到 4×4 或 4×3 能行，那么"缩小"一点能否？即提出如下问题："能有 2×2 或 2×3 的拼图游戏吗？"

这里不给出答案或结论，请读者自己探索此问题。

对 3×3 拼图，从任意排列达到成功的最少步数是多少？

15.4 习题

1．填空题

1.1 用方向键上、下、左、右移动标签，〈Shift〉加方向键可进行左上、右下等移动，试填空。

```
//MoveLabel.java   Puzzle 游戏界面设计
import java.awt.*;
import javax.swing.*;
import java.awt.event.*;

public class MoveLabel extends JFrame implements KeyListener
{
    JLabel lbl;
    int x = 10, y = 10;
    public MoveLabel()
```

```
{
    setTitle("键盘移动标签");
    setLayout(null);                              //不设置布局
    lbl =_____(1)_____;                         //实例化含图 girl.jpg 标签
                                                  //(1)new JLabel(new ImageIcon("girl.jpg"))
    lbl.setBounds(x, y, 50, 50);
    add(lbl);
    setSize(190,225);                             //设置框架大小
    setVisible(true);                             //设置框架可见
    addKeyListener(this);
}

public void keyTyped(KeyEvent e){ }

public void keyPressed(KeyEvent e)
{
    int keyCode = e.getKeyCode();
    if(_____(2)_____)                           //当〈Shift〉键未按下 (2) !e.isShiftDown()
    {
        if(keyCode==KeyEvent.VK_RIGHT)            //向右箭头键
            x += 10;
        else if(keyCode==_____(3)_____)         //向左箭头键(3)KeyEvent.VK_LEFT
            x -= 10;
        else if(keyCode==KeyEvent.VK_DOWN)        //向下箭头键
            y += 10;
        else if(keyCode==KeyEvent.VK_UP)          //向上箭头键
            _____(4)_____;                     //(4) y -= 10
    }
    else                                          //按下〈Shift〉键
    {
        if(keyCode==KeyEvent.VK_RIGHT)
        {
            x += 10;y += 10;
        }
        else if(keyCode==KeyEvent.VK_LEFT)
        {
            x -= 10; y -= 10;
        }
        else if(keyCode==KeyEvent.VK_DOWN)
        {
            x -= 10; y += 10;
        }
        else if(keyCode==KeyEvent.VK_UP)
        {
            x += 10; y -= 10;
        }
```

```
            }
            lbl.setBounds(x, y, 50, 50);
            repaint();
        }

        public void keyReleased(KeyEvent e){}

        //主函数
        public static void main(String args[])
        {
            new MoveLabel();
        }
}
```

1.2 填空实现由 9 个具有图标 pic[i].jpg(i=0,1,...,8)的标签的随机拼图。

```
//RandomLabel.java
import java.awt.*;
import javax.swing.*;

public class RandomLabel extends JFrame{
    JLabel[] label = new JLabel[9];
    public RandomLabel()
    {
        setTitle("RandomLabel 拼图  作者  孙燮华");
        int[] num = generRandPerm(9);//随机生成 0,1,...,8 的排列

        _____(1)_____;            //不设置布局管理器(1)setLayout(null)
        for(int i=0; i<3; i++)
        {
            for(int j=0; j<3; j++)
            {
                int k = j*3+i;
                label[k] = new JLabel(new ImageIcon(____(2)____));//放置图标 pic[i].jpg
                            // (2)".\\pictures\\pic["+num[k]+"].jpg"
                ___(3)___(10+i*100,10+j*100,100,100);//对标签 k 设置大小(3)label[k].setBounds
                add(label[k]);
            }
        }
        setSize(330,360);
        setVisible(true);
    }

    public static void main(String args[]){
        new RandomLabel();
    }
}
```

```
//随机生成 0,1,...,8 的排列函数
private int[] generRandPerm(int n)
{
    int[] rnum = new int[9];                    //存储随机生成 0,1,...,8 的排列
    int m;
    boolean[] flag = new boolean[9];
    for(int i=0; i<n; i++)
        flag[i] = false;
    for(int i=0; i<n; i++)                      //随机生成 0,1,...,8 的排列
    {
        m =    (4)    ;//发生随机数, (4)(int)(Math.floor((n*Math.random())))
        if(!flag[m])
        {
            rnum[i] = m; flag[m] = true;
        }
        else
        {
            while(flag[m])
                m =    (5)    ;//发生随机数,介于[0,n-1], (5)(int)(Math.floor((n*Math.random())))
            rnum[i] = m;
            flag[m] = true;
        }
    }
    return rnum;
}
```

2. 编程题

2.1 用 9 个 Label 进行 3 行 3 列网张布局, 间隔为 10, 实现界面, 如图 15-11 所示。

图 15-10 填空题第 1.1 题用图　　图 15-11 填空题第 1.2 题用图

2.2 增加信息提示标签"按箭头键移动空格周围数字块",并设置标签颜色, 比如, 用 pink 或 yellow. (Puzzle_1ex.java), 如图 15-12 所示。

2.3 编程, 用 9 个 JButton 进行 3 行 3 列网络布局, 如图 15-13 所示。

2.4 编程, 用 9 个 JButton 进行不设置布局, 无间隔, 可作为拼图游戏界面, 如图 15-14

所示。

图 15-12　第 2.2 题图　　　　图 15-13　第 2.3 题图

2.5　编程，用 9 个 JLabel 进行不设置布局，无间隔，可作为拼图游戏界面，如图 15-15 所示。该图由 9 幅图拼成。

图 15-14　编程题第 2.4 题图　　　　图 15-15　编程题第 2.5 题图

2.6　Puzzle 游戏设计界面，用按钮 Button 3 行 3 列具有间隔的网格布局，如图 15-16 所示。

图 15-16　第 2.6 题图

2.7　将 PicPuzzleInCanvas.java 中的画布类 Canvas 用面板类 Panel 代替，实现在面板中画图。

349

附录　部分习题答案

第 1 章选择题答案
（1）B　（2）E　（3）D　（4）C　（5）B　（6）D　（7）A　（8）C

第 2 章选择题答案
（1）D,E　（2）A　（3）E　（4）B,D　（5）A,B　（6）A　（7）C　（8）B　（9）C　（10）B　（11）B　（12）A　（13）A　（14）A　（15）A　（16）D,E,F　（17）B,D　（18）A　（19）D　（20）C　（21）A　（22）A　（23）B　（24）A　（25）A　（26）D　（27）G　（28）A

第 3 章选择题答案
（1）A,B,E　（2）B,C,E　（3）C　（4）B　（5）A 对，B 错　（6）A　（7）A　（8）D　（9）D　（10）D

第 4 章选择题答案
（1）B　（2）C　（3）A　（4）A　（5）B　（6）A，C　（7）D　（8）B　（9）A　（10）A

第 5 章选择题答案
（1）C，D　（2）A　（3）C　（4）A　（5）B　（6）A　（7）C　（8）B

第 6 章选择题答案
（1）E　（2）B　（3）C　（4）B　（5）E　（6）B　（7）B　（8）A　（9）C　（10）D　（11）E　（12）B　（13）A,B,D,C,A,A

第 7 章选择题答案
（1）C　（2）A　（3）B　（4）E　（5）C　（6）D

第 8 章选择题答案
（1）A　（2）A,C,D　（3）D　（4）D　（5）B　（6）E　（7）D　（8）B　（9）A　（10）C　（11）A　（12）A　（13）D

第 9 章选择题答案
（1）B　（2）A　（3）B　（4）B

第 10 章　选择题答案
（1）C　（2）A　（3）B

第 11 章

1．填空题答案

1.1　（1）setSize(200,200)　　　　　（2）setVisible(true)
　　　（3）i%3==0　　　　　　　　　（4）g.setColor(new Color(255,0,0))
　　　（5）i%3==1　　　　　　　　　（6）g.setColor(new Color(0,255,0))
　　　（7）g.setColor(new Color(0,0,255))

第 12 章

1．填空题答案

（1）implements Runnable　　　　（2）getImage(getCodeBase(),"frame"+i+".jpg")

（3）hTread.sleep(500)　　　　　　（4）g.drawImage(hImages[hFrame], 0, 0, this)

（5）animation.class

第 13 章

1．填空题答案

1.1　（1）new JMenu("图书查询")　　　（2）menuItem1.addActionListener(this)

　　　（3）JMB.add(M1)　　　　　　　　（4）setJMenuBar(JMB)

1.2　（1）panel.setLayout(new GridLayout(1,4))　（2）setSelected(true)

　　　（3）panel.add(jb)

　　　（4）content.add(panel,BorderLayout.NORTH)

第 14 章

1．填空题答案

（1）connection.getContentType()　　（2）connection.getContentLength()

（3）connection.getContentEncoding()　（4）connection.getDate()

第 15 章

1．填空题答案

1.1　（1）new JLabel(new ImageIcon("girl.jpg"))

　　　（2）!e.isShiftDown()

　　　（3）KeyEvent.VK_LEFT

　　　（4）y -= 10

1.2　（1）setLayout(null)

　　　（2）".\\pictures\\pic["+num[k]+"].jpg"

　　　（3）label[k].setBounds

　　　（4）(int)(Math.floor((n*Math.random())))

　　　（5）(int)(Math.floor((n*Math.random())))

参 考 文 献

[1] C S Horstmann, G Cornell. Java2 核心技术 卷Ⅰ：基础知识[M]. 京京工作室, 译. 北京：机械工业出版社, 2000.

[2] C S Horstmann, G Cornell. Java 2 核心技术 卷Ⅱ：高级特性[M]. 朱志, 等译. 北京：机械工业出版社, 2001.

[3] D M Geary. Java2 图形设计 卷Ⅰ：AWT[M]. 马欣民, 等译. 北京：机械工业出版社, 2000.

[4] D M Geary. Java2 图形设计 卷Ⅱ：SWING[M]. 李建森, 等译. 北京：机械工业出版社, 2000.

[5] 孙燮华. Java 程序设计教程 [M]. 2版. 北京：清华大学出版社, 2011.

[6] 孙燮华. Java 软件编程实例教程[M]. 北京：清华大学出版社, 2008.

[7] 孙燮华. 数字图像处理——Java 编程与实验[M]. 北京：机械工业出版社, 2010.

[8] 孙燮华. Java 程序设计实验与习题解答[M]. 北京：清华大学出版社, 2008.

[9] 宁书林, 李凯, 等. Java2 程序设计技能百练[M]. 北京: 中国铁道出版社, 2004.